建学丛书之十一

被动式建筑
节能建筑
智慧城市

冯康曾 田山明 李鹤 编

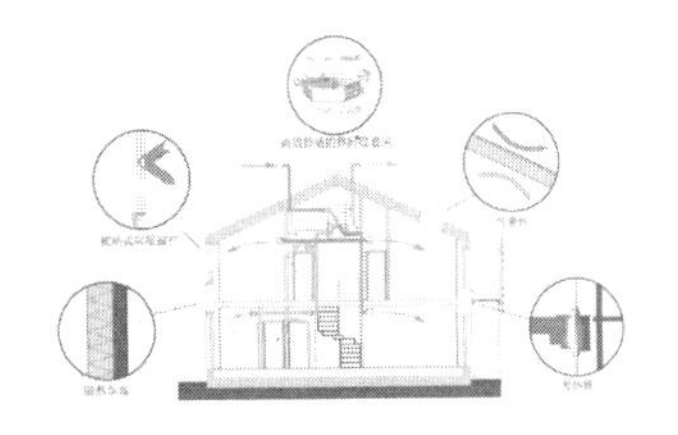

中国建筑工业出版社

图书在版编目（CIP）数据

被动式建筑·节能建筑·智慧城市／冯康曾等编 .—北京：中国建筑工业出版社，2017.1
（建学丛书之十一）
ISBN 978-7-112-20315-4

Ⅰ. ①被… Ⅱ. ①冯… Ⅲ. ①建筑设计 Ⅳ. ① TU2

中国版本图书馆CIP数据核字（2016）第323410号

本书主要内容包括：什么是被动式建筑，河北新华幕墙公司被动式超低能耗办公楼项目总结，河北涿州新华幕墙公司被动式办公楼，被动房的新风系统，被动式住宅建筑新风系统，图说被动房常用建筑配件，被动式建筑精细化施工监造101问，涿州被动式建筑检测系统，从认证标准解读被动式建筑，浅谈被动式建筑与BIM技术的结合运用，三亚长岛旅业酒店三星运营标识介绍，绿色城市与智慧城市，城市固废与绿色建筑，生态城镇和绿色资源管理，结构工程师在被动房建设中的作用，浅谈屋顶绿化在低能耗建筑中的应用，建学第一期被动式设计师培训简介及体会。

本书适用于建筑行业的所有从业人员，以及相关行业的从业人员。

责任编辑：王　跃　杨　虹
责任校对：李欣慰　姜小莲

建学丛书之十一
被动式建筑·节能建筑·智慧城市
冯康曾　田山明　李鹤　编
*
中国建筑工业出版社出版、发行（北京海淀三里河路9号）
各地新华书店、建筑书店经销
北京嘉泰利德公司制版
北京画中画印刷有限公司印刷
*
开本：787×1092毫米　1/16　印张：13½　字数：403千字
2017年1月第一版　2017年1月第一次印刷
定价：58.00元
ISBN 978-7-112-20315-4
(29753)

序

《建学》者，“建（build）”+“学（learn）”也。“建”就是建造，包括设计；要建得好，就得“学”：学习国内外先进经验，更重要的是在总结自己设计中学习。《建学丛书》就是这种学习的成果，达到超十，出到十一，本身就是一个成就。

现在世界上技术和人文科学突飞猛进。大至宇宙，小至量子，要探索的秘密真多，要运用的学问无尽。学习—实践—总结—再实践，是一个无穷尽的过程，永不休止。

就建筑而言，要学的课题也层出不穷：绿色建筑、节能、工业化、新材料、以及新方法：电脑技术的应用等。当前来说：被动房、工业化、BIM、全过程设计……是一些主要的课题，反映在《建学丛书》第十一之中。

就建筑节能而言，我国从20世纪80年代开始起步，现在已迈入新的阶段，特别表现在对被动房的设计建造中。

1986年与亚当森教授摄于斯多克霍姆

说起被动房设计，我总是要怀念我的好友，被动房概念创始人之一瑞典隆德大学的博·亚当森（Bo Adamson）教授。在我们建筑节能起步的艰难岁月中，他多次不远千里而来，给我们做各种报告，提各种建议。当我们去瑞典取经时，他总是热情接待，包括欢迎我们去他家里参观他的节能设计。

正是亚当森与德国的沃尔夫冈·菲斯特（Wolfgang Feist）教授在1988年的一次谈话中首次提出了被动房（passive house）的概念，在有关部门的支持下，发展很快，据统计，到2010年，欧洲（较集中在德国和奥地利）已有25000栋被动房通过了正式的检验和验收，采暖能耗一般可降低90%以上。

值得纪念的是，也在1986年前后，有过一个计划：由亚当森和我主持，组织有关专家编写一本中英双语的建筑节能设计手册。他对这个计划十分积极，甚至已开始构思其提纲。现在回想，他当时可能有将被动房的构思纳入这个提纲中的念头。可惜，由于某种原因，这个计划未能实现。中国古话有“机不可失，时不再来”，在我们实施“建—学”的过程中，不要忘记这句古话。

我们建学的同仁们，在奥地利专家的合作下，在21世纪初开始在国内进行被动房试点，达到北方寒冷地区冬季采暖能耗为8.5kWh/m^2·a的水平。经过试点和学习，有19位设计师通过了德国达姆斯塔特被动式建筑研究所被动房设计师的考试，充分表现了“建”和“学”的精神。这种精神，也体现在其他一些技术领域中。

我祝贺《建学丛书之十一》的刊印出版，期望在不断出现的新的版本中，能看到更多更好的新成就和新经验。

张钦楠

2016.10

目录

1

什么是被动式建筑

盛学文

摘　要：第一章概要的介绍了被动式建筑的基本特征及被动式建筑的工作方式。第二章详细论述了与被动式建筑相关的建筑物理知识，包括保温与传热、热容量及热舒适性。

关键词：被动式建筑；建筑物理；保温与传热；热容量；热舒适性

第一篇　基础

第一章　什么是被动式建筑

被动式建筑是众多节能建筑的一个分支，被动式建筑标准要求在高效利用能源的同时为住户提供经济且满足舒适性标准的生态建筑。

德国被动房研究所（PHI）通过二十余年的实践证明被动式建筑是经济可行的节能建筑。

从某种意义上说，被动式建筑仅仅是一种低能耗建筑的建设实践。典型的被动式建筑通常具有下述特征：

- 极低的供暖热能耗：供暖热能耗相当于传统建筑物的 1/10、现有节能建筑的约 1/4。
- 被动式能源的利用：充分利用建筑物内部的能源，包括住户的体温、进入建筑物的阳光等，被动式能源的利用间接地提高了室内的热舒适性。
- 适宜的外保温标准：高标准的保温门窗和建筑外保温为保持室温避免散热不良提供基本保障。

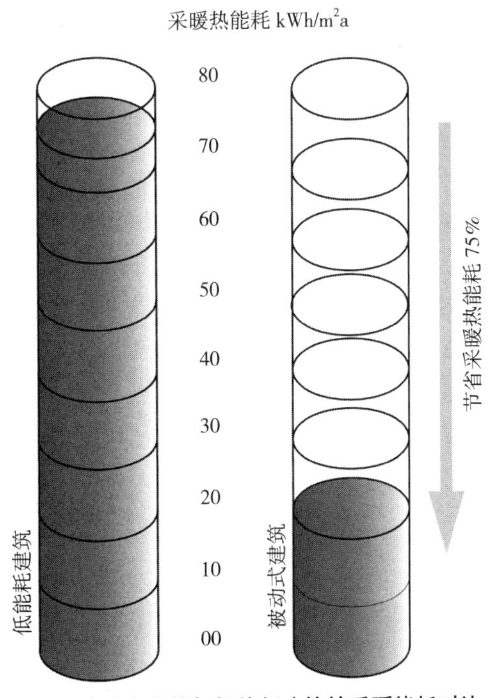

图 1　被动式建筑与低能耗建筑的采暖能耗对比

➢ 通风与通风热回收：配有高效热回收装置的通风系统工作稳定且不会产生紊流，同时可将回风中的余热进行有效的回收、利用。
➢ 节能途径与舒适性：通过建筑构件和优质的通风系统实现节能的目的，舒适性标准高于常规建筑。

第一节　被动式建筑的基本特征

1　高标准的舒适性

被动式建筑标准提供了一个以合理成本在四季为住户提供舒适室内环境的解决方案，并获得了住户的认可。

2　优异的质量

被动式建筑建立于高标准保温层和气密层的基础之上，可以说没有高标准的设计、建造质量就没有被动房。

作为被动房的基本原则之一，无热桥设计与施工是消除建筑物保温层“弱点”基本手段，可以避免室内冷角的出现和过大热损失。

精心设计、施工的气密层具有多重作用：首先，可以阻止潮气侵入保温层，在确保保温效果的同时避免了因潮气侵入所造成的围护结构内部结露、霉变损害。其次，高标准的气密性极大地降低了无组织通风所引起的热量损失，阻止了空气穿过围护结构时带入室内的污染物。

3　生态友好型的象征

与常规建筑相比，被动式建筑通过少量的建设增量成本实现了极低的运营能耗。从根据气象条件选择经济且必须的保温层厚度使得原生态能源消耗量在被动式建筑的整个生命周期内被降至一个极低的水平。被动式建筑在节省能源资源的同时大大降低了对环境的破坏，也因此满足了可持续性发展的需求。

4　经济承受力

被动式建筑不仅实现了整个生命周期的低成本，与执行现行节能标准的普通建筑相比，其初期投入的增量成本也处于一个可接受水平：由保温层加厚、门窗保温规格提高以及新风系统的高效热回收机能取代昂贵的供暖、供冷系统后的增量成本是极其有限的、可被接受的。

5　测试结果与适用范围

作为欧洲被动式建筑有效成本研究计划的组成部分，对114栋被动式公寓的实测结果表明，相对于传统建筑，被动式建筑节能90%。

早期的被动式建筑标准仅适用于中欧气候带，自被动式建筑被引入中国，中国各气候区内大量的试验性建筑的建设实践为被动式建筑的发展提供了宝贵经验和数据 PHI 已制定出新的认证标准，河北省也率先出台了第一部适用于我国寒冷地区的被动式建筑设计标准。

第二节　被动式建筑是如何工作的

被动式建筑是一个世界级的节能建筑标准，是通过建立室内与外界环境的隔绝状态以避免能量损失的一种节能建筑。

随着世界上城镇化进程的不断推进，城市中建筑物密度不断增加，仅仅依靠自然通风已无法满足建筑物的室内通风需求。为满足建筑物室内舒适度需求，为住户提供足够清新、卫生的空气，机械式通风系统逐渐成为建筑物建设与旧建筑物改造的关键。

随着机械式通风系统的普遍应用，被动式建筑的初始概念逐渐形成——能否借助新风系统解决建筑物的供暖、供冷问题？在通风系统一物两用可以节省设备投资的同时可大幅度减少空气的再循环降低室内噪声和空气紊流。

被动式建筑正是基于这一初始概念发展而来——为实现新风供暖、供冷的目标，供暖、供冷负荷必须控制在 $10W/m^2$ 以内。

1 被动式建筑定义

被动式建筑不仅仅是一个建筑物能耗标准，它同时整合了最高水平的室内舒适度需求。被动式建筑的确切定义为：

> *被动式建筑是满足 ISO7730 热舒适标准的建筑，它通过满足室内空气质量的新鲜空气提供室内供暖、供冷需求，且没有附加的空气再利用。*

这是一个纯功能性定义，不附加任何数值指标，且适用于任何气候区。可以看出，被动式建筑是一个基本概念而非随意的标准，可以由任何人根据其原则进行解释。下述内容对理解被动式建筑的概念有所帮助：

除位于“幸运气候带”内的建筑物，所有气密性建筑需要高效通风系统保证室内的空气质量，被动式建筑的通风系统可与供暖（供冷）功能兼用，且无需增加额外的管道、技术性接口和辅助风扇等设备、无超出保证空气质量需求的新风。

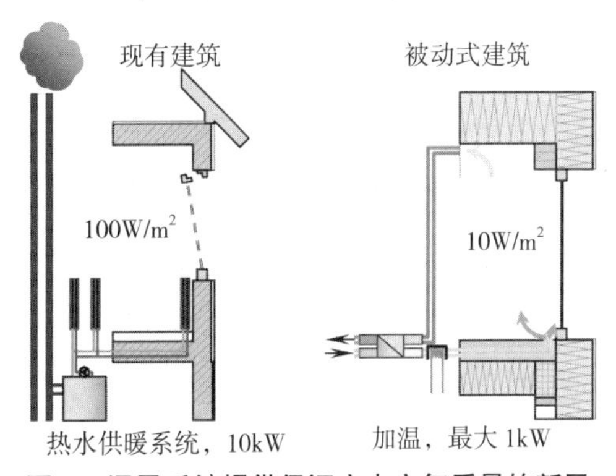

图 2 通风系统提供保证室内空气质量的新风

超低能耗自动隐含在其中：毕竟为保证空气质量的新风供暖能力极为有限，无附加采暖设备仅仅依靠新风采暖只可能在热损失极低的建筑物内实现。

为保证室内空气质量的人均新风量需求为 $30m^3/h$，为避免产生尘埃及异味，新风温度需控制在 50℃以下。空气在 20℃、正常气压下（室内舒适温度，ISO7730）的比热容为 $0.33Wh/(m^2\cdot K)$，此时有：

$$30m^3/hr/pers \times 0.33Wh/(m^3 \cdot K) \times (50K-20K) = 300W/pers$$

即满足室内空气质量的新风供暖能力为 300W/pers，按常规居住建筑中人均居住面积 $30m^2$ 计，仅依靠新风进行供暖时的最大热负荷为 $10W/m^2$——与气候无关，该数值指年间热量需要最大的时段，被动式建筑的保温级别和能耗水平取决于气候条件，极端气候条件区需要比温和气候区更高的保温级别和较高的能耗。

供暖负荷特定值不等同于供暖能耗，由于具体的供暖能耗更容易统计监测取得，为简化被动式建筑的认证工作，认证标准中给出了 $15kWh/(m^2 \cdot a)$ 的年度供暖能耗指标。申请认证时允许在供暖负荷指标（$10W/m^2$）和年度供暖能耗指标〔$15kWh/(m^2 \cdot a)$〕之间进行选择。

事实上，$15kWh/(m^2 \cdot a)$ 的难度供暖能耗仅仅是一个基准值，在中欧气候区与 $10W/m^2$ 的供暖负荷基本相当。但在斯德哥尔摩，$10W/m^2$ 的供暖负荷相当于的年度热能耗约为 $20kWh/(m^2 \cdot a)$，而在罗马则远小于 $10kWh/(m^2 \cdot a)$。

被动式建筑的实际意义在于，在任何气候区，能量消耗的服务对象永远是全人类——为当地居民提供舒适的生活空间。被动式建筑是一个功能性标准，不同的气候环境下需要依靠建筑师的自由发挥建立不同的解决方案，建筑风格和建造方法完全取决于气候。那些建设在“幸运气候区”的建筑永远是被动式建筑。

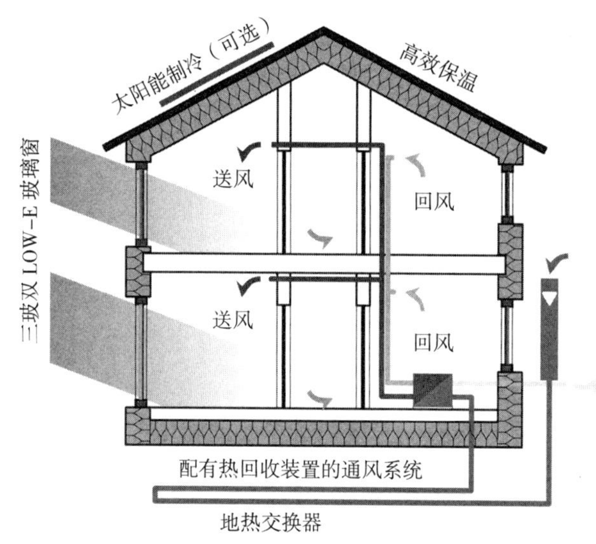

图3 被动式建筑基本工作机理

2 基本目标

作为被动式建筑，应在满足舒适性标准ISO7730《热舒适环境——PMV和PPD的测定及条件》对热舒适性的要求并保持室内空气的清新的基础上，采取必要的措施满足被动式建筑认证标准中各项指标。与现行的节能建筑不同的是，被动式建筑更为强调实际监测结果和住户体验，符合认证标准的监测结果和良好的住户体验是被动式建筑取得并保持认证的关键。

作为基本条件，被动式建筑应满足下述舒适性指标：

- 除特定业态的特殊需求外，室内气温保持在20℃~25℃之间；
- 夏季过热概率$h_{\theta \leq 25℃} \leq 10\%$；
- 室内空气CO_2含量基本保持在优良水平（≤800ppm）。

与此同时，被动式建筑尚需满足各项认证标准中规定的指标：

- 供暖、供冷负荷低于10W/m^2，或按照供暖、供冷能耗计，年耗能不超过15kWh/（m^2·a）。
- 建筑物总能耗按原生态能源消费计算，控制在120kWh/（m^2·a）以内。
- 对建筑外围护结构的气密性测试结果应满足$n_{50} \leq 0.6h^{-1}$。

3 基本措施

原则上，被动式建筑可以采取任何形式的保温、节能措施，大量的建设实践证明，通过保温、气密性和通风热回收等三个方面的措施可以将建筑物的能耗控制在一个极低水平，满足被动式建筑认证的要求。

3.1 良好的保温

保温是避免传导热损失的关键，被动式建筑通过高效保温层、高效保温门窗形成连续的建筑物保温外维护，阻断室内因外热传导所形成的热传导。

热桥效应随着保温层厚度增加而增强，被动式建筑中的热桥损失增大至与保温层整体热损失相当的量级，因此在被动式建筑的保温设计中无热桥设计起着决定性作用。

3.2 非同寻常的气密性标准

良好的气密性是被动式建筑中减少无组织通风和避免热对流损失的必要措施，在被动式建筑中，要求建筑物外维护结构具有良好的气密性，气密性测试应满足$n_{50} \leq 0.6h^{-1}$（正压、负压），对于大体量建筑还需考虑q_{50}指标。

3.3 通风热回收

建筑物中，因通风换气引起的热损失是巨大的，缺少高效的通风热回收，被动式建筑10W/m^2的供暖、供冷目标将无从谈起。在被动式建筑中，通风热回收效率通常不得低于75%。

作为一名被动式建筑设计师，应正确理解并掌握被动式建筑的工作原理和相关的建筑物理知识。

第二章　建筑物理基础

第一节　保温与传热

1　材料的导热系数

材料通过热传导对热能的传输能力是通过导热系数进行度量的。

导热系数是指单位厚度的特定材料，两侧表面温差为 1K 时单位时间内单位面积通过热传导传递的热量。

导热系数用希腊字母 λ 表示，其单位为 W/（m·K）。

1.1　固体材料的导热系数

导热系数只与特定的材料有关，不同的材料具有不同的传热系数。通常，同一的材质的传热系数与材料的密度有关，随着材料密度的增加，导热系数会有所增加。同时，传热系数且具有方向性，各向异性材料在不同方向具有不同的导热系数。

1.2　非密闭空气夹层的等价导热系数

非密闭的空气夹层对热能的传输通常包含对流传热和辐射传热两种传输方式。

$$\lambda_{Air}=(h_a+h_r)^{-1}$$ 公式 1

其中，h_a 为对流传热，其量纲为 W/（m^2·K）。

对流传热与空气层厚度、气流流动方向及对外开口面积相关。通常情况下，根据气流方向，分别采用公式 2~ 公式 4 进行计算：

$$h_a^{向上}=\mathrm{Max}(1.95, 0.025/t)$$ 公式 2

$$h_a^{水平}=\mathrm{Max}(1.25, 0.025/t)$$ 公式 3

$$h_a^{向下}=\mathrm{Max}(0.12t^{-0.44}, 0.025/t)$$ 公式 4

对于通风性较差的空气夹层（对于竖向气流，空气夹层与外界大气间开口面积介于 500~1500mm^2/m、水平气流空气夹层与外界大气间开口面积介于 500~1500mm^2/m）时，对流传热值应对上述计算值加倍选取。

h_r 为辐射传热，空气夹层辐射传热热阻取决于夹层两侧材料的表面辐射率 ε_λ，表面辐射率的量纲为 m^2·K/W。

$$h_r=5.1/(\varepsilon_{\lambda1}^{-1}+\varepsilon_{\lambda2}^{-1}-1)$$ 公式 5

常规建筑材料的表面辐射率为 0.90m^2·K/W，金属材料表面辐射率约为 0.15m^2·K/W。

2　构件的热阻和传热系数

建筑构件对热能传输能力的度量指标是传热系数，传热系数除与构件的构成密切相关外还取决于构件所处的环境。建筑构件的传热系数的定义和计算方法在 ISO6946 中有明确的规定，在中国，传热系数用 K 表示，在欧洲，传热系数用 U 表示。由于 K 值和 U 值对测试环境要求各异，同一构件的 K 值和 U 是不同的，且难以进行简单的换算、比较。

2.1　导热热阻

导热热阻是热能在物体内部以热传导方式传递时所遇到的阻力，由均一材质材料构成的物体与该材料的在传热方向的厚度 t 成正比，与材料在该方向的导热系数 λ 成反比。导热热阻通常由罗马字母 R 表示，量纲为 m^2·K/W：

$$R=t/\lambda$$ 公式 6

2.2　U 值

建筑构件的 U 值可根据下式进行计算：

$$U=(R_{si}+\Sigma R_i+R_{se})^{-1}$$ 公式 7

其中，

R_{si}、R_{se} 为构件内外表面的表面换热阻，与构件表面所处的环境有关；

R_i 为组成该构件的第 i 层材料的导热热阻。

对于组合型构件如带加强肋组合墙板等构件，首先应分别计算加强肋位置及保温填充位置的导热热阻并按其所占面积比例加权平均确定其导热热阻的上限值 R'_T。

其次，通过面积占比加权平均计算加强肋—保温填充的平均导热系数，利用平均导热系数确定其导热热阻的下限值 R''_T。

构件的 U 值则根据导热热阻上下限的算数平均值 R_T 确定。即

$$U=1/R_T=1/Ave\,(R'_T,\ R''_T) \quad \text{公式 8}$$

$$U'_T=\Sigma\alpha^J\cdot(R_{si}+\Sigma R_i^J+R_{se})^{-1} \quad \text{公式 9}$$

$$R'_T=1/U'_T \quad \text{公式 10}$$

$$R''_T=R_{si}+\Sigma\bar{R}_i+R_{se} \quad \text{公式 11}$$

$$\bar{R}_i=1/\Sigma\,(\alpha^J\cdot\lambda_i^J) \quad \text{公式 12}$$

表 1 给出了 PHPP 中所定义的各类建筑围护构件的表面换热阻取值规则，当采用 PHPP V9（2015）计算构件的 U 值时可通过构件、环境状态选项确定构件表面换热热阻。

建筑构件的表面换热阻取值 　　**表 1**

		屋面[①]	外墙[①]	楼（地）面
R_{si}（$m^2\cdot K/W$）		0.100	0.130	0.170
R_{se}（$m^2\cdot K/W$）	与室外大气接触	0.040		
	不与大气接触	0.000		
	与室内空气接触	0.100	0.130	0.170

2.3　楔形体构件的 U 值

斜面梯度不超过 5% 的楔形体构件的 U 值可根据 ISO6946 附录 C 中的规定进行计算。ISO6946 中给出了三种类型楔形体构件的 U 值计算方法。

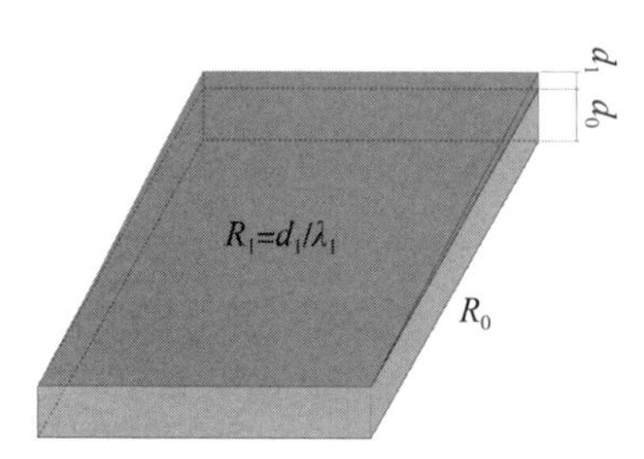

图 4　矩形基底楔形体

图四为矩形基底的楔形截面构件，其 U 值可通过下部长方体热阻 R_0 及上部纯楔形的最大热阻 $R_1=d_1/\lambda_1$，根据公式 13 计算等效热阻。

$$U_1=\frac{1}{R_1}Ln(1+\frac{R_1}{R_0}) \quad \text{公式 13}$$

① 外墙指斜度不超过 30° 的竖向结构，当屋面坡度≥ 60° 时，应按外墙进行计算。

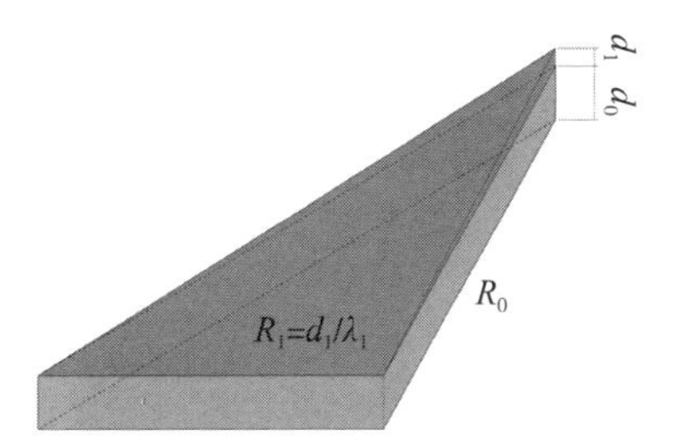

图 5　三角形基底楔形体之一

对于图五所示楔形体构件，纯楔形体部分厚度按图示取值，并根据公式 14 计算等效热阻。

$$U_1=\frac{2}{R_1}[(1+\frac{R_0}{R_1})Ln(1+\frac{R_1}{R_0})-1]$$ 公式 14

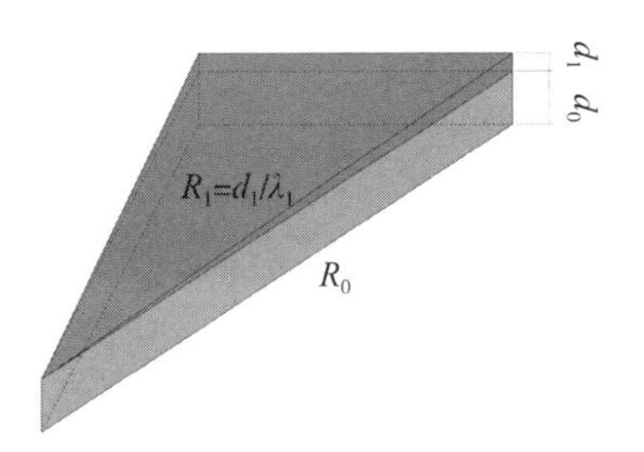

图 6　三角形基底楔形体之二

图 6 所示三角形基底的楔形体等效热阻则应根据公式 15 进行计算，并根据图中示意确定各相关参数取值。

$$U=\frac{2}{R_1}[(1-\frac{R_0}{R_1})Ln(1+\frac{R_1}{R_0})]$$ 公式 15

对与不同区域的组合则可按各区域面积占比加权平均：

$$U=\Sigma U_i \cdot A_i/A$$ 公式 16

2.4　*U* 值计算示例

算例一　匀质外墙墙体的 *U* 值计算

匀质构件的 *U* 值可以依据公式 7 通过简单的构件构成列表对构件的 *U* 值进行计算。

图 7 为一砌体外墙示例，墙体构件的构成及热阻计算在表 2 中给出。

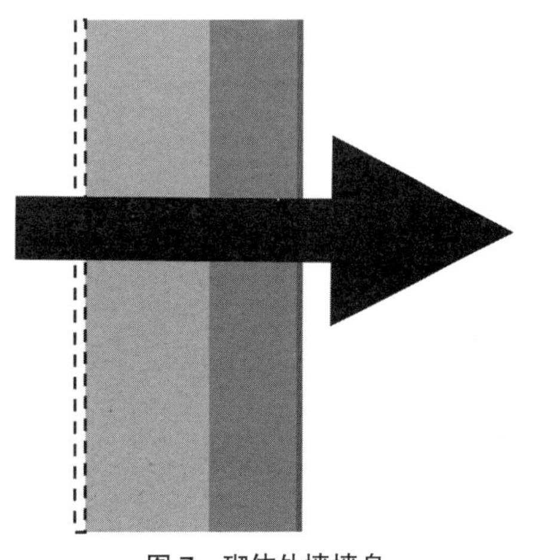
图 7　砌体外墙墙身

也可利用 PHPP 中 U-Value 工作表通过对构件类型、环境状态及构件构成情况等基本参数的输入进行计算。图八为 PHPP 计算表格。

墙体热阻计算　　表 2

序号	项目	导热系数 λ W/(m·K)	厚度 t m	热阻 R_i m^2·K/W
1	内表面表面换热 R_{si}			0.130
2	保温	0.035	0.300	8.571
3	砌体	0.570	0.215	0.377

续表

序号	项目	导热系数 λ W/（m·K）	厚度 t m	热阻 R_i m^2·K/W
4	抹灰	0.250	0.015	0.060
5	外表面表面换热 R_{se}			0.040
合计 R_T				9.178
U 值〔W/（m^2·K）〕				0.107

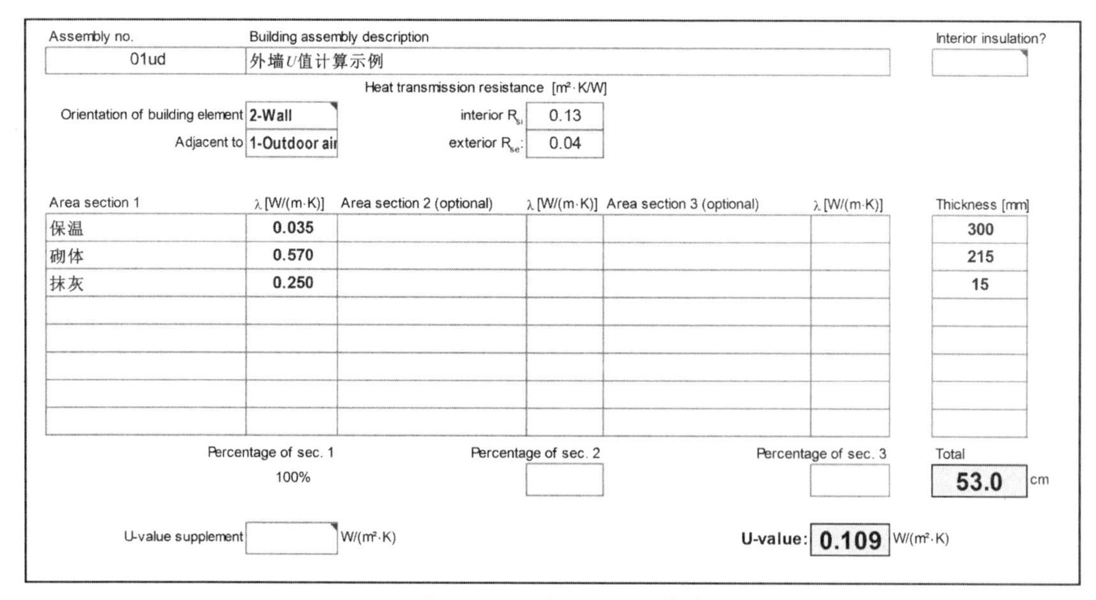

图 8　使用 PHPP 墙身 U 值计算算例一

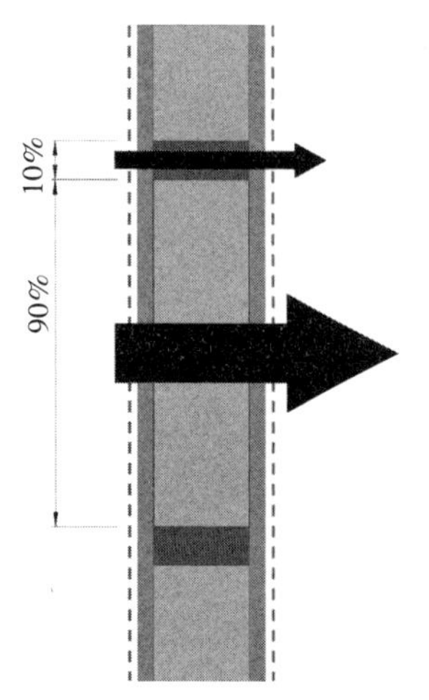

图 9　木结构外墙墙身

算例二　带加劲肋的木结构外墙墙体的 U 值计算

非匀质构件的 U 值计算基本计算顺序如下：

- 计算各种不同断面构成部分的占比情况。
- 对不同的断面构成部分分别按匀质构件的 U 值计算方法通过列表方式计算相应的 U 值（表 3、表 4）。
- 根据公式 9 计算面积加权组合值 R'_T 并根据公式 10 确定导热热阻上限值 R'_T（表 5）。
- 根据面积占比情况计算各非均质层的等效传热系数 λ''（表 6）。
- 使用等效传热系数 λ'' 计算导热热阻下限值 R''_T（表 7）。
- 根据公式 8 确定计算 U 值。

墙体保温填充部位热阻计算　　表 3

序号	项目	导热系数 λ W/（m·K）	厚度 t m	热阻 R_i m^2·K/W
1	内表面表面换热 R_{si}			0.130
2	OSB 板	0.130	0.050	0.385

续表

序号	项目	导热系数 λ W/（m·K）	厚度 t m	热阻 R_i m^2·K / W
3	保温	0.044	0.300	6.818
4	石膏板	0.250	0.030	0.120
5	外表面表面换热 R_{se}			0.040
合计 R_T				7.493
U 值（W/m^2·K）				0.1335

墙体加劲肋部位热阻计算 表 4

序号	项目	导热系数 λ W/（m·K）	厚度 t m	热阻 R_i m^2·K / W
1	内表面表面换热 R_{si}			0.130
2	OSB 板	0.130	0.050	0.385
3	加劲肋	0.180	0.300	1.667
4	石膏板	0.250	0.030	0.120
5	外表面表面换热 R_{se}			0.040
合计				2.342
U 值（W/m^2·K）				0.4270

导热热阻上限值计算 表 5

序号	截面类型	U 值 W/（m·K）	面积占比 α	$\alpha \cdot U$ W/（m^2·K）
1	保温填充部位	0.1335	90%	0.1201
2	加劲肋部位	0.4270	10%	0.0427
合计				0.1628
R'_T				6.142

等效传热系数计算 表 6

序号	材料	导热系数 λ W/（m·K）	面积占比 α	$\alpha \cdot \lambda$ W/（m·K）
1	保温填充	0.044	90%	0.0396
2	加劲肋	0.180	10%	0.0180
合计				0.0576

使用等效传热系数的墙体热阻计算 表 7

序号	项目	导热系数 λ W/（m·K）	厚度 t m	热阻 R_i m^2·K/W
1	内表面表面换热 R_{si}			0.130
2	OSB 板	0.130	0.050	0.385
3	保温 加劲肋	0.058	0.300	5.172
4	石膏板	0.250	0.030	0.120
5	外表面表面换热 R_{se}			0.040
合计 R''_T				5.847

即 U=1/Ave（6.142,5.847）=0.1668W/（m^2·K）

使用 PHPP 的 U–Value 工作表进行 U 值计算较为简便，具体计算表格详图 10。

Assembly no.: 01ud　Building assembly description: 外墙U值计算示例　Interior insulation?

Heat transmission resistance [m²·K/W]

Orientation of building element: 2-Wall　interior R_{si}: 0.13

Adjacent to: 1-Outdoor air　exterior R_{se}: 0.04

Area section 1	λ [W/(m·K)]	Area section 2 (optional)	λ [W/(m·K)]	Area section 3 (optional)	λ [W/(m·K)]	Thickness [mm]
OSB板	0.130					50
保温	0.044	加劲肋	0.180			300
石膏板	0.250					30

Percentage of sec. 1: 90%　Percentage of sec. 2: 10.0%　Percentage of sec. 3:　Total: 38.0 cm

U-value supplement: W/(m²·K)　U-value: 0.166 W/(m²·K)

图 10　使用 PHPP 墙身 U 值计算算例二

算例三　屋面的 U 值计算

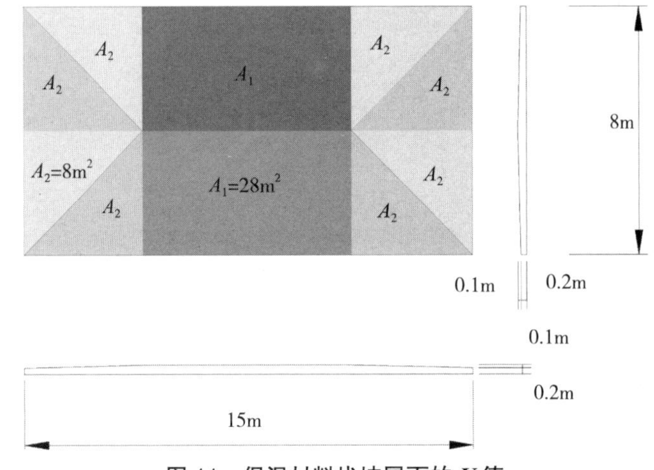

图 11　保温材料找坡屋面的 U 值

首先，按常规计算基础保温层的 U 值 U_0 及 R 值 R_0：

屋面基础保温层热阻计算　表 8

序号	项目	导热系数 λ W/（m·K）	厚度 t m	热阻 R_i m^2·K/W
1	内表面表面换热 R_{si}			0.100
2	保温	0.045	0.200	4.444
3	外表面表面换热 R_{se}			0.040
R_0				4.584
U_0〔W/（m^2·K）〕				0.2181

续表

序号	项目	导热系数 λ W/（m·K）	厚度 t m	热阻 R_i m^2·K/W
4	保温	0.045	0.100	2.222
R_1				2.222
U_1〔W/（m^2·K）〕				0.4500

对于区域 A_1，根据公式 13 有：

$$U_{A1}=0.4500\times Ln（1+2.222/4.584）=0.1779W/（m^2·K）$$

对于区域 A_2，则根据公式 14 进行计算：

$$U_{A2}=2\times 0.4500\times[（1+4.584/2.222）\times Ln（1+2.222/4.584）-1]$$
$$=0.1895W/（m^2·K）$$

根据公式 16 有：

$$U=[（2\times 28m^2）\times 0.1779W/（m^2·K）+（8\times 8m^2）\times 0.1895W/（m^2·K）]/120m^2$$
$$=0.1841W/（m^2·K）$$

使用 PHPP 的 U-Value 工作表中的小工具可以一次性确定各区域的 U 值，根据面积加权平均则需通过手工演算。

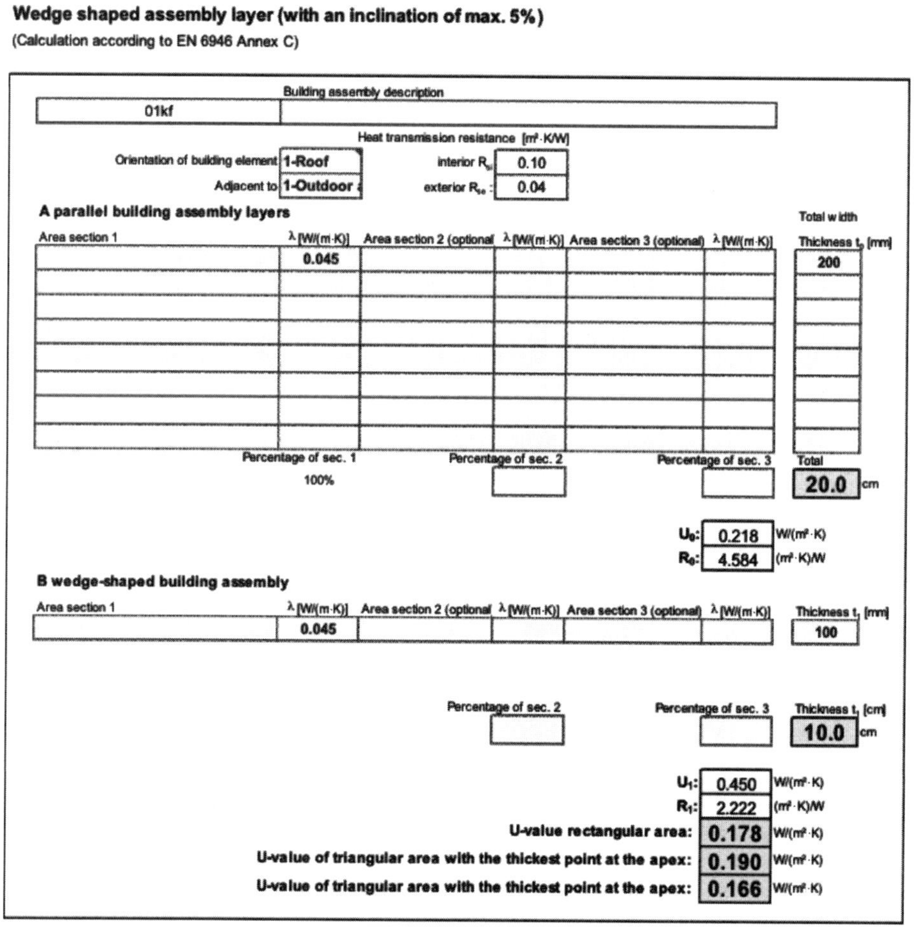

Wedge shaped assembly layer (with an inclination of max. 5%)
(Calculation according to EN 6946 Annex C)

Building assembly description: 01kf

Heat transmission resistance [m²·K/W]
Orientation of building element: 1-Roof — interior R_{si}: 0.10
Adjacent to: 1-Outdoor — exterior R_{se}: 0.04

A parallel building assembly layers

Area section 1	λ [W/(m·K)]	Area section 2 (optional)	λ [W/(m·K)]	Area section 3 (optional)	λ [W/(m·K)]	Thickness t_0 [mm]
	0.045					200

Percentage of sec. 1: 100%　Percentage of sec. 2　Percentage of sec. 3　Total: 20.0 cm

U_0: 0.218 W/(m²·K)
R_0: 4.584 (m²·K)/W

B wedge-shaped building assembly

Area section 1	λ [W/(m·K)]	Area section 2 (optional)	λ [W/(m·K)]	Area section 3 (optional)	λ [W/(m·K)]	Thickness t_1 [mm]
	0.045					100

Percentage of sec. 2　Percentage of sec. 3　Thickness t_1 [cm]: 10.0 cm

U_1: 0.450 W/(m²·K)
R_1: 2.222 (m²·K)/W
U-value rectangular area: 0.178 W/(m²·K)
U-value of triangular area with the thickest point at the apex: 0.190 W/(m²·K)
U-value of triangular area with the thickest point at the apex: 0.166 W/(m²·K)

图 12　使用 PHPP 进行楔形构件的 U 值计算

3 热桥效应与无热桥设计

热桥是热量通过物体传输时阻力异于周边时的传热路径，热桥可分为几何热桥、结构热桥和重复热桥。通常，几何热桥源于几何形体发生变化的位置，如表面折转部位，结构热桥源于构件构造发生变化的部位，重复热桥则发生在材料搭接部位。

对于未设保温层的建筑物，其外围护结构的 U 值相对极高，相对异常部位对传热的影响微乎其微，热桥效应处于可完全忽略的水平。

随着外围护结构中保温层的设置，外围护结构的 U 值被控制在一定的水平之内，传热异常部位对保温层作用的影响逐步显现，并随保温层厚度的增加而有所增加。

对于被动式建筑来说，热桥效应对保温效率的影响成为起决定性作用的关键因素之一。因此，无热桥设计是被动式建筑中重点讨论的课题之一。

3.1.1 热桥系数

根据热桥的分布形式，热桥可通过线性热桥和点状热桥两种方式对额外热损失进行描述，并通过热桥系数对热桥引起的附加热损失进行定量描述（图 13）。

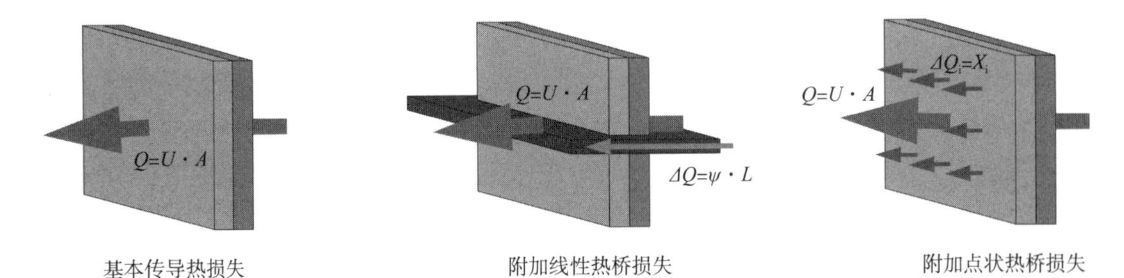

图 13 热桥热损失的描述和计量

线性热桥系数为热桥分布范围内单位长度的附加热损失，采用希腊字母 Ψ 表示，线性热桥系数的单位为 W/（m・K）。

点状热桥系数为热桥引起的附加热损失，采用希腊字母 χ 表示，点状热桥系数的单位为 W/K。

3.1.2 线性热桥系数

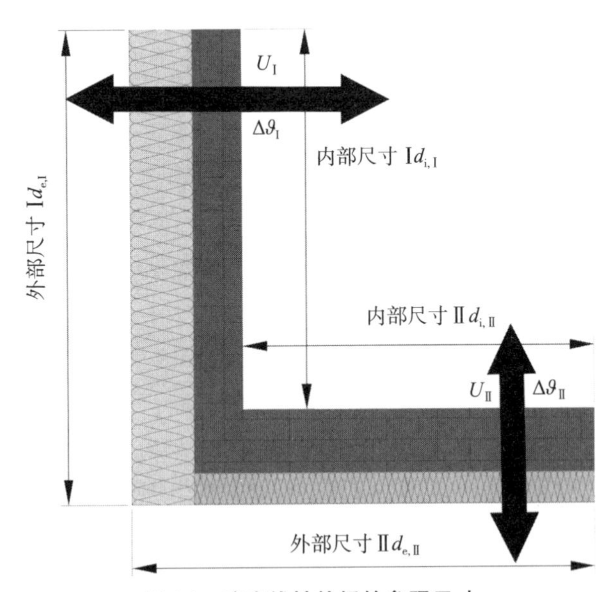

图 14 确定线性热桥的参照尺寸

参照外部尺寸的线性热桥系数可描述如下：

$$\Psi=\frac{Q_{2Dim}-Q_{1Dim}}{L\cdot\Delta\vartheta}$$ 公式 17

其中：

Q_{2Dim} 为构件的热传输总量，需通过有限元分析进行计算；

Q_{1Dim} 为根据各构件外部尺寸确定的热传输量计算值：

$$Q_{1Dim}=\Sigma A_i\cdot U_i\cdot\Delta\vartheta_i$$ 公式 18

L 为线性热桥的长度；

$\Delta\vartheta$ 为墙身转角部的内外温差。

线性热桥的热桥损失可根据公式 19 得出：

$$Q_T=L\cdot\Psi\cdot f_T\cdot G_t$$ 公式 19

其中：

Q_T 为线性热桥的热桥损失；

L 为线性热桥的长度；

Ψ 为线性热桥系数；

f_T 为环境折减系数，取决于周围大气环境，在建筑各构件中通常取为 1；

G_t 为温度差的时间积分。

3.2 无热桥设计

当热桥系数 $\Psi\leqslant 0.01$W/（m·K）时，热桥对建筑保温的影响可忽略不计。在建筑设计中，通过构造措施将热桥系数降低至 0.01W/（m·K）以下的设计方法被称作无热桥设计。

值得注意的是热桥系数 Ψ 及 χ 的取值可以是负值，即热桥处保温性能高于周边构件的保温性能，如保温外墙的阳角部位。

4 透明建筑构件的传热

建筑物中，存在大量的透明构件，如玻璃门窗、玻璃幕墙等。与非透明建筑构件不同，分析透明建筑构件的热能传输时，除热传导外还需考虑辐射方式的热传输。

透明构件以热传导方式进行热能传输时与非透明构件类似，采用传热系数 U、热桥系数 Ψ 及 χ 等指标进行度量，通常要通过构件各个组分的 U 值、Ψ 值等指标计算出与计入全部热损失后的综合传热系数作为能量平衡计算的基本依据。

对于透明构件来说，除传热系数之外与构件热物理性能密切相关的还有太阳能透射比。通过太阳能透射比可以对构件在太阳能辐射下的热能传输能力进行评判。

4.1 玻璃门窗 U 值的确定

图 15 给出了确定玻璃门窗传热的基本保温参数，相应的几何参数可参照图 16 取值。

其中，U_g、U_f 及 Ψ_g 与构件产品有关，Ψ_I 则取决于门窗构件的安装位置和安装方式。值得注意的是被动式门窗的安装方式与常规门窗的差异。

计入全部热损失后，玻璃门窗的传热系数 U_W 可按公式 20 进行计算。

$$U_W=(A_g\cdot U_g+A_f\cdot U_f+L_g\cdot\Psi_g+L_I\cdot\Psi_I)/(A_g+A_f)$$ 公式 20

4.2 玻璃的太阳能透射比 g

玻璃外窗允许阳光直接或间接进入窗口，太阳能透射比 g 值表示正常入射角的太阳辐射的透射比例。为在冬季提供正的能量平衡，通常在玻璃选用时应满足：

$$U_g-1.6\text{W/(m}^2\cdot\text{K)}\cdot g\leqslant 0$$

满足这一条件，意味着通过窗口的太阳能集热超出了对窗口热损失补偿的需求。

玻璃的 U 值与 g 值是一个矛盾体的两个方面，在建筑设计中需通过能量平衡计算和采光需求

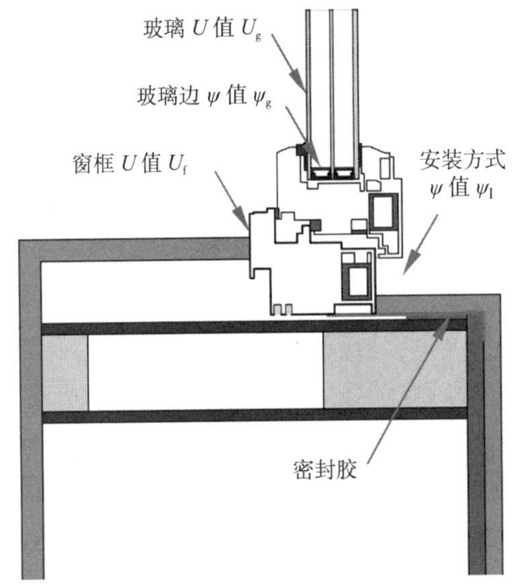
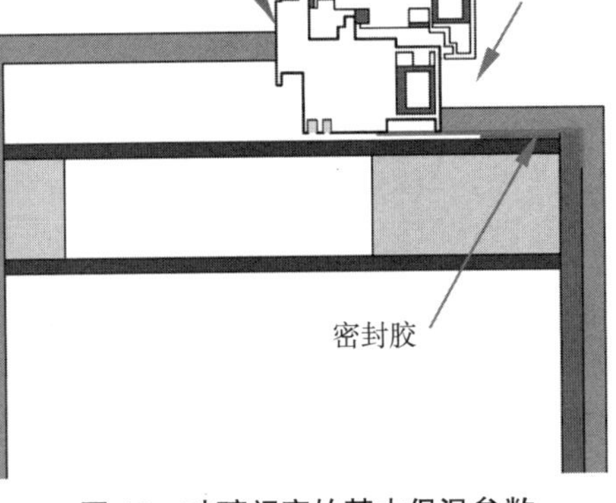

图 15　玻璃门窗的基本保温参数

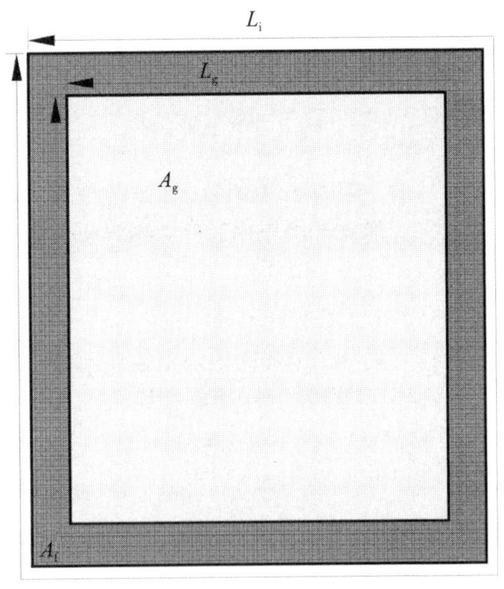

图 16　玻璃门窗的基本几何参数

分析综合考虑确定满足需求的 U 值和 g 值。

第二节　室内热容量

热容量是材料的一种能力，在物理学中被定义为“材料依靠温度存储热量的能力”。材料的热容量是通过比热 C 进行度量，国际单位制中，比热的基本量纲为 J/（kg·K）。比热的基本定义为：

$$C=\lim_{(\vartheta-\vartheta_0)\to 0}\frac{Q}{m\cdot(\vartheta-\vartheta_0)}\;\frac{\delta Q}{m\cdot d\vartheta}$$　公式 21

不同的物质具有不同的比热，同一物质在不同物态下具有不同的比热。

通常，同一物质在同一物态下的比热不随质量、形态的变化而变化，但会随温度的变化产生微小的波动，这一波动在通常情况下可以被忽略。

建筑物中，作为一种热能的存储形式，一定的室内热容量可以通过热能的存储、释放过程缓解室温的波动，起到一定的节能效果。

但通过高热容材料增加室内热容时往往会在采暖季节出现反效果：高热容材料的使用会导致采暖负荷的增加——高热容材料通常具有较高的含水量，在室内相对干燥的采暖期，高热容材料通过水分的蒸发与室内空气保持湿度平衡，水分蒸发引起的能耗无疑会对节能效果产生一定的影响。

通常，人体体温调节机制的生理反应包括血液循环调节（血管的收缩与舒张）、体内温度与体表温度变化、体重变化（排汗）、代谢产热量调节、颤栗生热等。感觉反应有热感觉、皮肤湿润感（显汗）、颤栗等。

在讨论热舒适度时应对相关的生理学参数、概念有一定的了解。

第三节　热舒适性

人类一直致力于创建一种热舒适环境。从古至今，热舒适环境在建筑物设计、建造中的最重要的考虑因素之一。

人类一直致力于创建一种热舒适环境。从古至今，热舒适环境在建筑物设计、建造中的最重要的参数之一。与舒适度相关的研究从未停止过：从早期的通过对仪器的直接观测结果评价舒适度到经验模型的建立，进而进入了机理模型时代。

1 热舒适性研究发展概况

1.1 早期的舒适度评价研究

早期观测包括了对气温、湿球温度、黑球温度及卡他度的观测，最具代表性的是 1916 年由英国 Hill 爵士提出的卡他度。

1.2 经验模型时代

经验模型的典型标志是以人的主观感受或生理反应作为评价依据。

1923 年 Houghton 和 Yaglou 确定了包括温度和湿度两个变量的裸衣男子的等舒适线，并由此提出了以受试者对冷暖的主观感受作为评价依据的有效温度指数 *ET*（Effective Temperature Index），1932 年，Vemon 和 Wamer 使用黑球温度代替干球温度对热辐射进行了修正，进而产生了修正有效温度 CET（Corrected Effective Temperature）。2000 年，Li 和 Chan 又将风速考虑进来，并根据香港实际情况对经典 *ET* 公式进行修正，提出了“净有效温度”NET（Net Effective Temperature）。

适用于热环境的人体舒适性模型有 1947 年由 McArdle 提出的预计 4 小时排汗率模型 *P4SR*（Predicted Four Hour Sweat Rate）、1957 年美国海军为了防止军事训练中的热损伤事故而提出的湿、黑球温度指数 *WBGT*（Wet Bulb Globe Temperature）及 1959 年美国国家气象局 thorn 提出的不舒适指数 *DI*（Discomfort Index）等。

Siple 和 Passel 于 1945 年提出的风寒指数 *WCI*（Wind Chill Index）及修正后自 2001 年被美国国家气象局采用的“新风寒等效温度”则是应用于寒冷环境中舒适性经验模型的代表。

1.3 机理模型时代

早在 1938 年，Buettner 就已经意识到合理的人体舒适度模型必须以人体热交换机制为基础，综合考虑环境因素、人体代谢、呼吸散热及服装热阻等各种因素的影响，由于模型的复杂性，直至十九世纪六十年代舒适度的机理模型才得以随着生物气象学和计算机技术的发展逐渐得以建立。

所有人体热平衡模型都可概括为：

$$M-W\pm R\pm C\pm ED\pm E_{\mathrm{Res}}\pm E_{\mathrm{Sw}}=\pm S \qquad \text{公式 22}$$

即关于人体能量代谢 M、人体对外做功 W、人体与环境辐射换热 R 及对流换热 C、体液蒸发（无排汗）E_{D}、呼吸换热 E_{Res}、和汗液蒸发 E_{Sw} 与人体蓄热 S 间的能量守恒关系。

基于热舒适机理模型的主要评价体系有 1970 年由丹麦学者范格教授提出的热舒适方程和 *PMV/PPD* 评价系统、基于慕尼黑人体热量平衡模型 *MEMI*（Munich Energy Balance Model for Individuals）生理等效温度 *PET* 指标（Physiological Equivalent Temperature）及近年来在世界气象组织（WMO）气候学委员会的倡导之下，由欧洲科学与技术合作计划 730 号行动建立的基于多结点模型的通用热气候指数 *UTCI*（Universal Thermal Climate Index）等。其中范格热舒适方程 *PMV/PPD* 评价系统为现行的热舒适度标准 ISO7730 及 ASHRAE55 的基本蓝本。

当人体内产生的热量与其所释放的热量达到平衡时，热舒适性得到满足，最佳的热舒适度随之被达成。依据于此，范格热舒适方程建立了运动、服装和确定环境温度诸因素间的相对关系。

1.3.1 范格热舒适方程与 *PMV/PPD* 评价指标

丹麦学者范格教授 1970 年提出了满足人体舒适状态的三个必要条件，即人体的热平衡、舒适的皮肤温度及最佳排汗率，并据此建立了人体热舒适度方程。热舒适方程建立了人体代谢率、人体对外做功、体表散热、排汗散热及呼吸散热之间的基本关系，基本的范格方程由公式 23 给出。

$$\Delta S=M-W-R-C-E_{\mathrm{Sw}}-E_{\mathrm{D}}-C_{\mathrm{res}}-E_{\mathrm{res}} \qquad \text{公式 23}$$

式中　ΔS——人体的热平衡差

M——人体的代谢率

W——人体对外做功耗能

R——着装人体外表面的辐射散热

C——着装人体外表面的对流散热

E_{Sw}——排汗散热

E_{D}——体液蒸发

C_{Res}——呼吸潜热

E_{Res}——呼吸显热

在范格热舒适方程基础上所建立的预测平均投票数 *PMV*（Predicted Mean Vote）及预计不满意者占比 *PPD*（Predicted Percentage of Dissatisfied）指标体系对室内热环境舒适度，特别是身着轻便服装、坐姿为主的人群具有较好的适用性，但对于室外热环境来说，*PMV/PPD* 指标体系的评价结果与实际存在较大偏差。

1.3.2　*MEMI* 模型与 *PET* 指标

与稳态的 *PMV* 模型不同，*MEMI* 模型假设人体内部热量是通过血液循环带至体表。因此，在 *MEMI* 模型中体表温度是模型的计算结果而非假设，出汗率也被表示为人体温度和体表温度的函数。*MEMI* 模型可表示为公式 24。

$$H+C+R+E_{D}+E_{Res}+C_{Res}+E_{SW}+E_{F}=S \quad \text{公式 24}$$

式中　H——人体产热量

C——对流散热

R——辐射散热

E_{D}——体液蒸发扩散

E_{Res}——呼吸显热

C_{Res}——呼吸潜热

E_{S}——排汗散热

E_{F}——进食、排泄引起的热交换

S——体热积蓄

在此基础上，生理等效温度 *PET* 综合考虑了主要气象参数、活动、衣着以及个体参数对舒适度的影响。较之 *PMV* 模型更为全面、深入的考虑了各项因素的影响。*PET* 指标在室外环境相关的评价和研究中被大量使用。

1.3.3　小结

范格的热舒适方程和 *PMV/PPD* 对室内舒适度的评价具有较好的适用性，*MEMI* 模型及 *PET* 指标则被广泛应用于室外热舒适环境中。除此之外，具有一定影响的热舒适评价体系还有由美国耶鲁大学 Pierce 研究所提出的新有效温度 *ET** 及基于传热物理过程分析的标准有效温度 *SET*（Standard Effective Tempreture）。

2　人与环境的热生理过程

作为一个有机生命体，人通过饮食摄取能量。所摄取的能量部分用于对外做功，部分转换为维持体温所需的热能。当摄取能量过多时，多于能量可通过各种体温调节机制向周围进行扩散。作为恒温动物，人的体温调节机制由代谢产热、颤栗生热、血管收缩扩张调节、排汗调节等机能所构成。

人体通过新陈代谢产生热能，一部分通过呼吸直接排出体外，其余部分则依靠血液循环向体表进行传递。传递至体表的热能则通过对流、辐射、传导、蒸发等各种方式与周围环境进行热交换。

其中，新陈代谢产热、排汗调节机能，对流、辐射、传导及蒸发交换方式在 PMV 模型和 MEMI 模型均有不同程度的反映，颤栗生热和血管收缩扩张调节机能仅在 MEMI 模型中给予了分析和量化。

3 基本评价参数

3.1 人体的体表面积

人体的体表面积是人与周围环境换热的量化评价中必不可少的参数之一。

1848 年，在 Bergmann 和 Rubner 首次提出动物体热的产生正比与体表面积之后，与人体体表面积的研究不断产生新的进展。目前常被引用主要有 1916 年由杜博斯提出的计算人体体表面积的杜博斯公式和基于许文生结合中国人体型于 1937 年提出的斯蒂文森公式。

3.1.1 杜博斯公式

1916 年由杜博斯等人通过 9 名观察者的身高、体重及体表面积采用最小变异系数法建立了第一个公认的人体体表面积计算公式：

$$A_D=\alpha \cdot W^{\beta} \cdot H^{\gamma} \qquad \text{公式 25}$$

或写作

$$ln(A_D)=ln(\alpha)+\beta \cdot ln(W)+\gamma \cdot ln(H) \qquad \text{公式 26}$$

其中，α、β、γ 是根据大量被测试者的测试数据进行统计，通过曲线拟合得到的一组常数。目前，ISO7730 中给出的结果为 0.202、0.425 及 0.725，这是一组适合于欧洲人体型的数据：

$$A_D=0.202 \cdot W^{0.425} \cdot H^{0.725} \qquad \text{公式 27}$$

新竹清华的 Chi–Yuang Yu 通过三维扫描对 15 种体型的 270 位试验者的测量结果拟合所确定的常数为 71.3989×10^{-3}、0.7437 和 0.4040，即

$$A_D=71.3989\times10^{-3} \cdot W^{0.7437} \cdot H^{0.4040} \qquad \text{公式 28}$$

3.1.2 斯蒂文森公式

1937 年，根据 10 例人体实测数据许文生提出了适用于中国人体型的体表面积推算的线性公式，目前流行较广的许文生公式为：

$$A_D=\begin{cases}\text{男性：}0.057H+0.0121W-0.0882\\ \text{女性：}0.073H+0.0127W-0.2106\\ \text{平均：}0.061H+0.0124W-0.2106\end{cases} \qquad \text{公式 29}$$

3.1.2.1 人体体型与推算公式

根据百度、中国知网等信息来源的资料，国内在 1980 年代开始在学术界对适用于中国人体型的体表面积有较大的纷争，但纷争的焦点多集中在估算公式的采用上，直至近年开始有学者开始关注地域与人体体型、体表面积间的关系。

事实上，无论是杜博斯公式还是许文生公式均为对测试数据统计、规律性拟合的方法而已，本无需过于执着，而作为测试对象的人群的分类、测试方法准确性、可靠性的提升才是影响推算公式适用性和准确性的关键。

GB10000–88 对我国人体体型进行了地域性分类，将全国划分为东北 / 华北区、西北区、华中区、华南区、东南区和西南区等六个区划，对各地区人群的体型特征进行了描述。中南大学孟京京等人在《人类工效学》2013 年 9 月第三期上发表的《人体表面积的计算及地理因素的影响》中列举了国内 27 个省份的人体体表面积平均值，从中可明显看出人体体表面积的地区性差异：以江西为最低，为 $1.59m^2$，黑龙江最高达 $1.78m^2$，相差 10% 以上。

建筑设计中，确定预期的住户人群的体型特征是热舒适环境分析、评价的基础。应当注意的是，热舒适环境分析面对的是具有相同特征的一类人群而非某一个体，关注点在于群体的整体特征的归纳和抽象。

各地区人群的体表面积平均值[①] 表 9

地区	A_D (m^2)	地区	A_D (m^2)	地区	A_D (m^2)
江西	1.592374	湖北	1.606946	贵州	1.611338
西藏	1.614312	海南	1.618496	广西	1.625773
四川、重庆	1.628631	浙江	1.639208	新疆	1.647334
湖南	1.648857	福建	1.657483	云南	1.664314
宁夏	1.669643	广东	1.672265	河南	1.681783
安徽	1.689126	甘肃	1.689572	内蒙古	1.699030
青海	1.703656	山西	1.703744	吉林	1.706197
河北、京津地区	1.706290	陕西	1.707095	山东	1.749230
江苏	1.753611	辽宁	1.779432	黑龙江	1.782189

3.1.3 心率与血液循环

人在外界热环境发生变化时，调整热交换的第一个生理反应是体表内血液流量的调整，人体的新陈代谢也需通过血液的流动为肌肉供氧。因此，作为驱动血液流动的心率指标是影响热舒适度评价的重要指标之一。

评价心率的指标包括计算心率指标 I_{HR}、心率 HR、平衡心率 HR_f 和极限心率 HR_{max} 等。

3.1.4 人体内水分的蒸发

人体内水分蒸发是人的主要热调节机能，人体内水分的蒸发具有两种不同的表现形式：首先是肺部与皮肤被动的水分损耗，其次是汗腺的主动分泌。

皮肤的被动水分损耗是由于人体与周围环境的水蒸气压力差所造成的一种扩散过程，肺部水分损耗除水蒸气压力外还取决于呼吸率。这两种水蒸气的扩散过程几乎不受环境温度的影响，在人休息时的水蒸气蒸发量约为 40g/hr。被动的水分损耗是与人生理需求相矛盾的，不能视为对热应力的调节机能。

当人体受到外周热感神经刺激或下丘脑中热调解中心刺激时会引发汗腺的分泌，心理刺激时同样会引发汗腺的分泌。在热条件下工作时，人的排汗率约为 1L/hr；炎热条件下重体力劳动的人排汗率可能增加至 2.5L/hr，但通常只能维持半小时。

3.1.5 体内温度

人的体内温度是指直肠温度和口腔温度，人在舒适环境下休息时，正常体温相对为一常数，直肠温度约为 37.0℃，口腔温度约为 36.7℃。

3.2 气象与环境

研究人体舒适感时需要涉及的气象要素有太阳辐射、空气的温湿度、气压与风霜雨雪等因素。

3.2.1 辐射

3.2.1.1 太阳辐射

太阳辐射来自于太阳所发出的电磁波，到达地球表面的太阳光谱范围在 0.28~3.0μm 之间，其中，0.28~0.40μm 为紫外线，0.40~0.76μm 为可见光，波长在 0.76μm 以上的被称之为红外线。太阳辐射的峰值虽然出现于可见光的范围内，但半数以上的能量是通过红外线进行传递的。

由地表或建筑向大气及外层空间发出的则通常是长波辐射，即红外辐射。

到达大气层上界的太阳辐射能随太阳与地球间的距离及太阳的活动情况发生变化，其平均值被

① 摘自《人类工效学》2013 年 9 月第 19 卷第 3 期，中南大学孟京京，曹平，吴超《人体表面积的计算及地理因素的影响》。

称为太阳常数，目前所采用的是 1981 年由世界气象组织 WMO 所公布的 1367±7W/m^2。

3.2.1.2 绝对辐射热流量

绝对辐射热流量是对辐射放射能量的基本物理量，1879 年斯洛文尼亚物理学家约瑟夫・斯特藩（1835–1893）从英国物理学家丁铎尔和法国多位物理学家所作的测量数据中归纳总结出的经验公式与 1884 年奥地利物理学家路德维希・玻尔兹曼由热力学理论出发推导出的结论相吻合，即物体单位表面积在单位时间内发出的热辐射总能量 W，与它的绝对温度 T 的四次方成正比，即斯特藩－波尔兹曼定律：

$$W=\varepsilon\sigma T^4 \quad \text{公式 30}$$

其中

ε——物体表面的发射系数，绝对黑体 $\varepsilon=1$；

σ——斯特藩－玻尔兹曼常数。可由自然界其他已知的基本物理常数算得，不是一个基本物理常数。$\sigma=5.670\times10^{-8}$W/（m^2・K^4）（2010 年数据）。

3.2.1.3 有效辐射热流量

当人处在一个特定空间内单位体表面积所接收的辐射热流量被称为有效辐射热流量，有效辐射热流量 E_{eff} 的基本量纲为 W/m^2。

有效辐射热流量确定了人与周围环境之间的辐射热交换，通过辐射热流量和人体表面的平均体温可计算出周围环境的辐射温度。

如：人体的体表发射率可取 0.95，当人的体表平均温度 T_B 为 32℃时有：

$$E_{eff}=\varepsilon\sigma\left(T_R^4-T_B^4\right)=0.95\times5.670\times10^{-8}\times[(t_R+273)^4-(t_B+273)^4]$$

$$t_R=(t_B+273)\times(1+2.1453\times10^{-3}\times E_{eff}+1)^{0.25}-273 \quad \text{公式 31}$$

3.2.1.4 辐射角系数

一个物体表面发射出的辐射能中落入另一物体表面内的百分数称为辐射角系数，辐射角系数是纯几何因子与物体的表面温度和发射率无关，如图 17 所示，$F_{1\to2}$ 和 $F_{2\to1}$ 分别为 P_1 对于 P_2 和 P_2 对于 P_1 的辐射角系数。当 P_1 和 P_2 的面积 dA_1 和 dA_2 足够小时，有：

$$F_{1\to2}=\frac{\cos\theta_1\cdot\cos\theta_2}{\pi\cdot L^2}dA_2 \quad \text{公式 32}$$

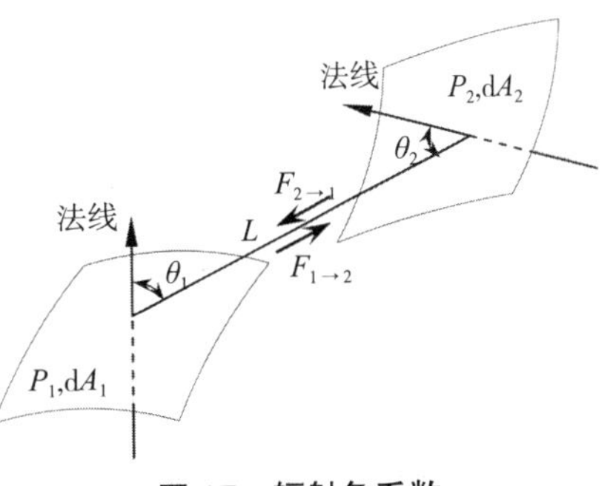

图 17 辐射角系数

辐射角系数具有互异性、完整性和可分解性，即：

- 互异性：$F_{1\to2}=F_{2\to1}$；
- 完整性：$\Sigma F_{1\to i}=100\%$；
- 可分解性：$F_{1\to2,3}=F_{1\to2}+F_{1\to3}$。

通常，表面间的角系数需通过积分运算求解，微表面与矩形表面相互垂直或平行时，角系数可以通过三角运算简单的进行计算。

图 18 中所示的微小表面与矩形表面垂直的情形角系数可通过下式进行计算：

$$F_{d1\to2}=\frac{1}{2\pi}\tan^{-1}1/X-\frac{X}{(X^2+Y^2)^{0.5}}\tan^{-1}\frac{1}{(X^2+Y^2)^{0.5}} \quad \text{公式 33}$$

微小表面与矩形表面平行时角系数可按下式计算：

$$F_{d1\to2}=\frac{1}{2\pi}\left(\frac{X}{(1+X^2)^{0.5}}\tan^{-1}\frac{Y}{(1+X^2)^{0.5}}+\frac{Y}{(1+Y^2)^{0.5}}\tan^{-1}\frac{X}{(1+Y^2)^{0.5}}\right) \quad \text{公式 34}$$

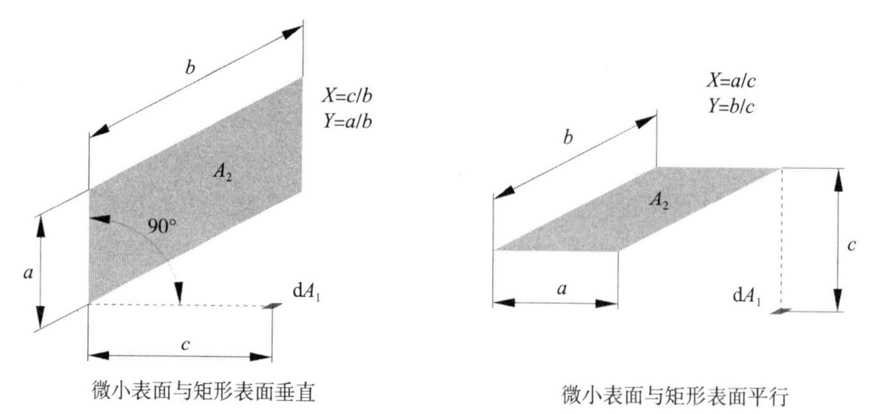

图 18　微小表面与矩形表面间角系数计算简图

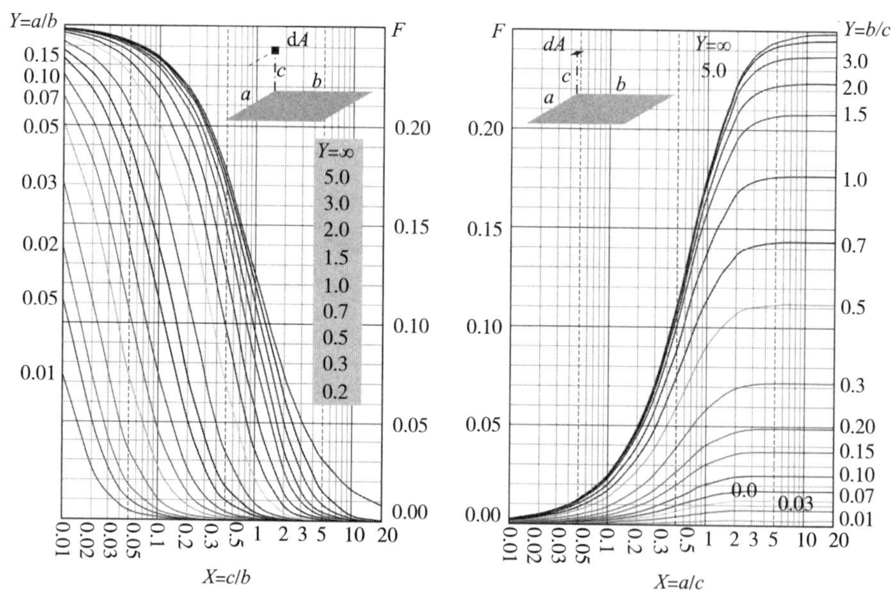

图 19　微表面与矩形表面间的辐射角系数计算图

图 19 可用于室内辐射温度的计算，人体在室内与墙、地面间的辐射角系数则可根据表 10 或通过度量图 22 或图 23 进行计算。

室内人体的辐射角系数计算　　表 10

对象	F_{max}	A	B	C	D	E
坐姿，竖向表面：窗、墙[1]	0.118	1.216	0.169	0.717	0.087	0.052
坐姿，水平表面：地面、顶棚[1]	0.116	1.396	0.130	0.951	0.080	0.055
立姿，竖向表面：窗、墙[2]	0.120	1.242	0.167	0.616	0.082	0.051
立姿，水平表面：地面、顶棚[2]	0.116	1.595	0.128	1.226	0.046	0.044
$F=F_{max}\left(1-e^{-(a/c)/\tau}\right)\left(1-e^{-(b/c)/\gamma}\right)$ [3]						
其中，$\tau=A+B(a/c)$；$\gamma=C+D(b/c)+E(a/c)$						

① 参数 a、b、c 定义参照图 20。
② 参数 a、b、c 定义参照图 21。
③ 当 $a/c \geq 7$ 时 F 的计算值出现递减现象，图 22、图 23 $a/c=\infty$ 曲线根据 $a/c=7$ 的计算值绘制。

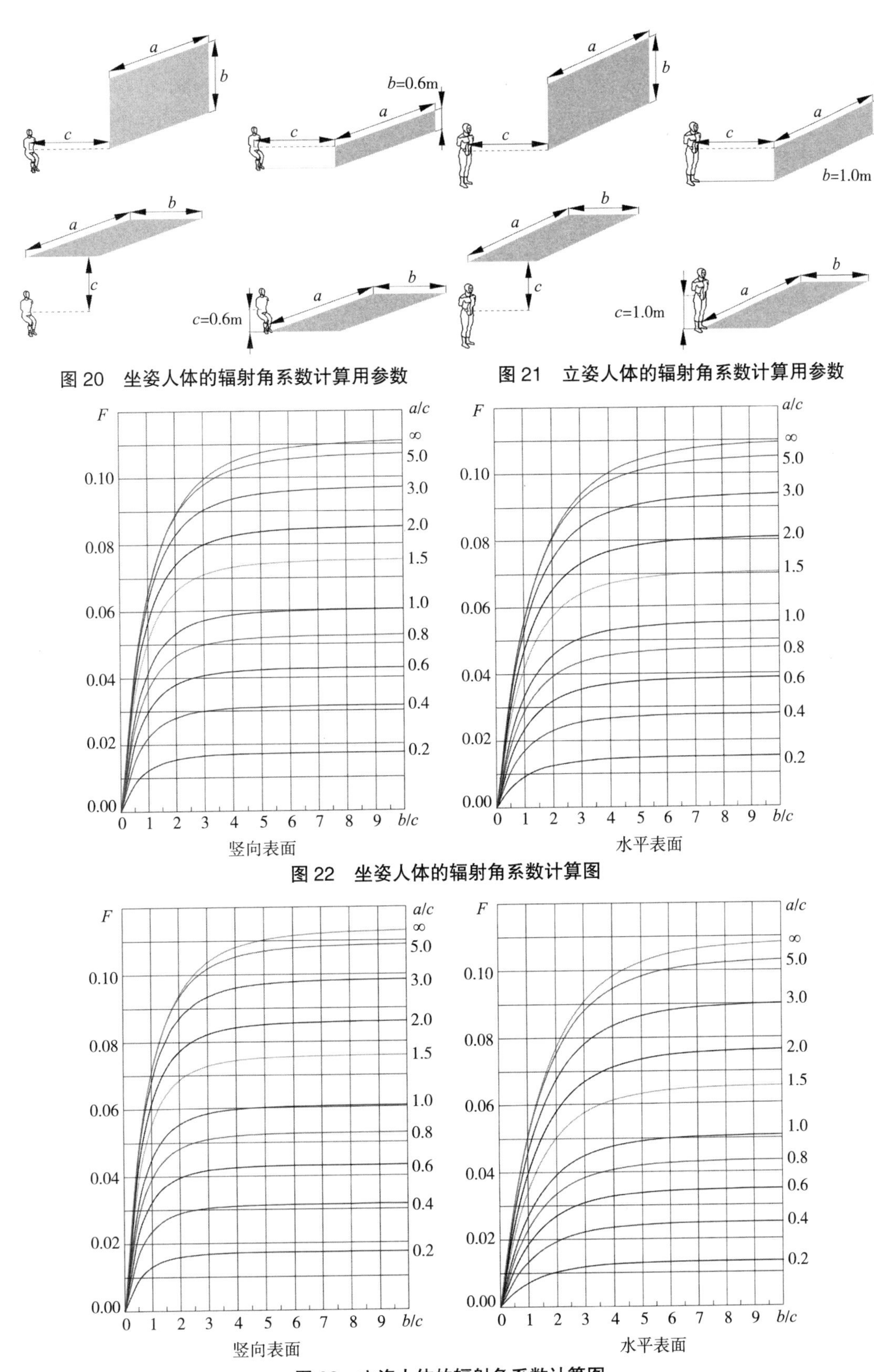

图 20 坐姿人体的辐射角系数计算用参数

图 21 立姿人体的辐射角系数计算用参数

图 22 坐姿人体的辐射角系数计算图

图 23 立姿人体的辐射角系数计算图

3.2.1.5　平均辐射温度的测量

平均辐射温度可使用标准的日射强度计、地面辐射强度计构造简单的测量系统进行测量。其中，日射强度计被用于测量短波辐射，地面辐射强度计被用于测量长波辐射。

系统由背背相向的两套强度计构成，以便同时计量相对方向的辐射强度，同时，系统应具备沿水平、垂直轴旋转的功能。测试高度为地面上方 1.1m，测试方向包括东南西北及上下等 6 个方向。

平均辐射通量密度 S_{STR} 应为测量结果在波长及方向分别加权后的平均值：

$$S_{STR}=a_K\Sigma K_iF_i+a_L\Sigma L_iF_i \quad \text{公式 35}$$

式中 a_K——短波吸收系数；

a_L——长波吸收系数；

K_i——短波辐射通量；

L_i——长波辐射通量；

F_i——辐射方向的加权值：水平方向 0.22，垂直方向 0.06。

相应的平均辐射温度为：

$$T_{mrt}=[S_{STR}/(a_L\cdot\sigma)-273.2]^{0.25} \quad \text{公式 36}$$

3.2.1.6　净辐射仪和不均匀辐射温度

现实的辐射场存在不均匀性，该不均匀性通常可以通过不均匀温度进行描述，不均匀温度是指位于辐射场中某一位置的微平面在不同朝向时的向量辐射温度，通常所说的不均匀温度是指相反朝向的向量辐射温度差异。

不均匀辐射温度可以是通过净辐射仪进行测定，净辐射仪是用于测量平面辐射的设备。

净辐射仪包含相同材料制作的反射盘和吸收盘，反射盘通常采用镀金表面，与周围环境仅通过对流传热，吸收盘采用纯黑色表面，与环境间通过对流及辐射传热。测量时通过对加热反射盘和吸收盘至相同温度所需能量输入的差异通过换算确定平面辐射温度：

$$T_{pr}^4=T_s^4+\frac{P_p-P_b}{\sigma(\varepsilon_b-\varepsilon_p)} \quad \text{公式 37}$$

式中 T_{pr}——平面辐射温度；

T_s——反射 / 吸收盘温度；

P_p——反射盘能量输入；

P_b——吸收盘能量输入；

ε_p——反射盘表面发射率；

ε_b——吸收盘表面发射率；

σ——斯特藩 – 玻尔兹曼常数。

通过连接净辐射仪的吸收盘正反两面的热流量计可以简单的确定不均匀辐射温度：

$$P=\sigma(T_{pr1}^4-T_{pr2}^4) \quad \text{公式 38}$$

$$\Delta t_{pr}=T_{pr1}-T_{pr2} \quad \text{公式 39}$$

在已知净辐射温度 T_n 时，有

$$T_n=1/2(T_{pr1}+T_{pr2})$$

$$T_{pr1}^2+T_{pr2}^2\approx 2T_{pr1}\cdot T_{pr2}$$

此时公式 38 可改写为：

$$\begin{aligned}P&=\sigma(T_{pr1}^2+T_{pr2}^2)\cdot(T_{pr1}^2-T_{pr2}^2)\\&=\sigma(1/2T_{pr1}^2+T_{pr1}\cdot T_{pr2}+1/2T_{pr2}^2)\cdot(T_{pr1}+T_{pr2})\cdot(T_{pr1}-T_{pr2})\\&=1/2\sigma(T_{pr1}+T_{pr2})^3\cdot(T_{pr1}-T_{pr2})\\&=1/2\sigma(2T_n)^3\cdot\Delta t_{pr}\end{aligned}$$

$=4\sigma T_n^3 \cdot \Delta t_{pr}$

即有

$$\Delta t_{pr}=\frac{P}{4\sigma T_n^3} \qquad \text{公式 40}$$

净辐射仪是用于测量平面辐射强度的仪器，通过对加热具有不同表面发射率的反射盘和吸收盘至相同温度所需能量输入的差异确定辐射向量的强度，图 24 为两种净辐射仪的实体照片，净辐射仪的基本构造示意在图 25 中给出。

3.2.2 气温

太阳辐射中，除臭氧吸收波长小于 0.288μm 的辐射波、水蒸气及 CO_2 吸收部分的红外辐射波外，多数太阳射线对于空气温度仅产生间接影响。空气温度主要靠与地面的接触进行热量的传递，并通

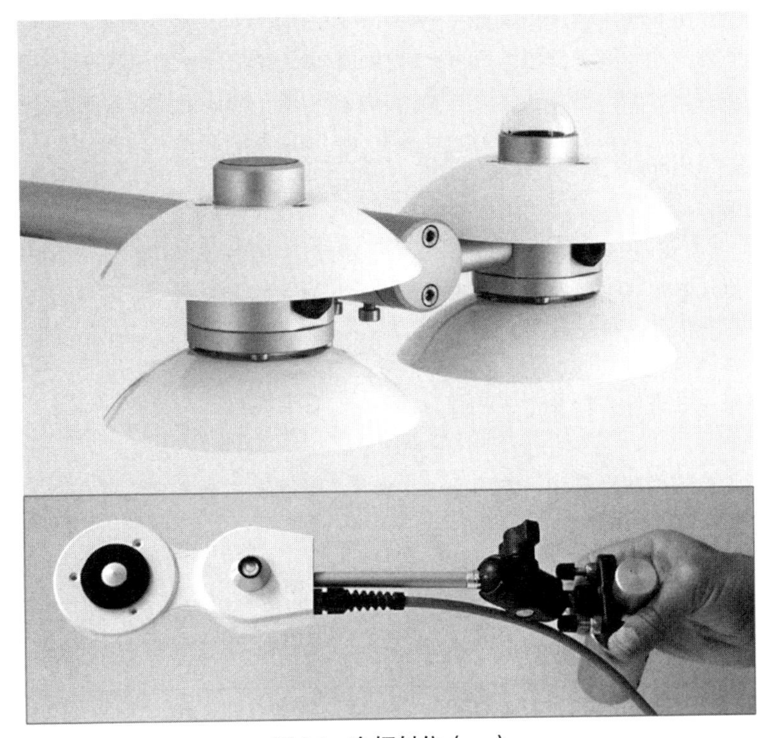

图 24 净辐射仪（一）

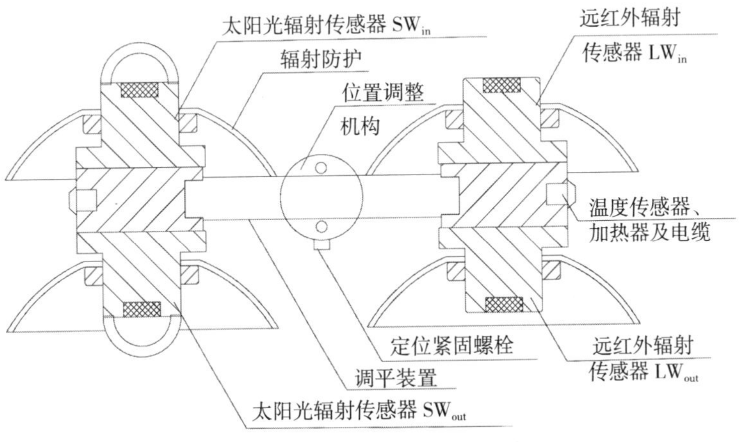

图 25 净辐射仪基本构造示意

过对流产生上、下层空气的冷热交换。因此，气温的变化有很大程度上取决于地面温度。

3.2.3　空气湿度

空气湿度是指空气中水汽的含量，空气中水汽的容量随温度升高而逐渐增大，空气湿度可以有多种表示方法：绝对湿度、比湿、水蒸气分压力和相对湿度等。

绝对湿度为单位体积空气中所含水汽的重量（g/m³），比湿 W_a 为单位重量空气中水汽的含量（g/kg）。

$$W_a=\frac{M_V}{M_a}$$ 公式 41

式中　M_V——对象中所含水蒸气的质量；

M_a——对象中所含干燥空气的质量；

湿空气中，水蒸气单独占有湿空气的容积，并具有与湿空气相同的温度时，所产生的压力，称为水蒸气的分压力，根据道尔顿定律水蒸气分压力 p_a 与干空气分压力之和等于大气压力 p。

一般常温下大气压中水蒸气分压力所占比例很低，寒冷地区比湿热地区低，冬季比夏季低，但昼夜相差不大。水蒸气分压力随海拔高度的增加而下降，其下降比例比空气压力的比例大。一定温度的空气的水蒸气含量达到饱和时的水蒸气分压力称为该温度的饱和水蒸气分压力。水蒸气分压力和比湿存在下述关系：

$$W_a=0.6220\frac{p_a}{p-p_a}$$ 公式 42

相对湿度 e 是水蒸气分压力 p_a 与同等温度、气压条件下饱和水蒸气分压力 p_{as} 的比值：

$$e=\frac{p_a}{p_{as}}$$ 公式 43

相对湿度通常表示为百分数形式：

$$PH=100e$$ 公式 44

比湿常用于焓热交换的计算中，生理学中则使用水蒸气分压力表达湿度状态最为直接、准确，而建筑材料的变质速率则与相对湿度有关。

标准大气压下空气的饱和湿度　　表 11

空气温度（℃）	绝对湿度（g/m³）	比湿（g/kg）	水蒸汽分压力（kPa）	空气温度（℃）	绝对湿度（g/m³）	比湿（g/kg）	水蒸汽分压力（kPa）
-20	1.10	0.66	0.13	-10	2.38	1.64	0.29
0	4.85	3.77	0.61	5	6.81	5.41	0.87
10	9.42	7.53	1.23	15	12.85	10.46	1.70
20	17.32	14.35	2.34	25	23.05	19.51	3.17
30	30.04	26.23	4.24	35			5.62

为直观的表述湿热空气的各种参数，空气的湿热特性通常通过焓湿图进行表述，常见的焓湿图有以含湿量和干球温度为坐标轴的 d–t 图和以焓值和含湿量为坐标轴的 h–d 图。

3.2.4　风力

气温、空气湿度和风力是常规的气象观测项目，气温、水汽压可直接调用现成的气象数据。风力则根据 WMO 规定，通常观测、记录的是高度为 10m 处的数据，而对人体舒适度产生直接影响的是在人体高度范围内，即应以人体重心高度为基准（1.1m 处）。确定垂直风廓线所必须的表面摩擦和竖向温度梯度难以获取，加之人行走引起的相对风速的确定均给风速的参数化造成一定障碍。在实际应用中，风速通常采用气象记录值的 2/3。

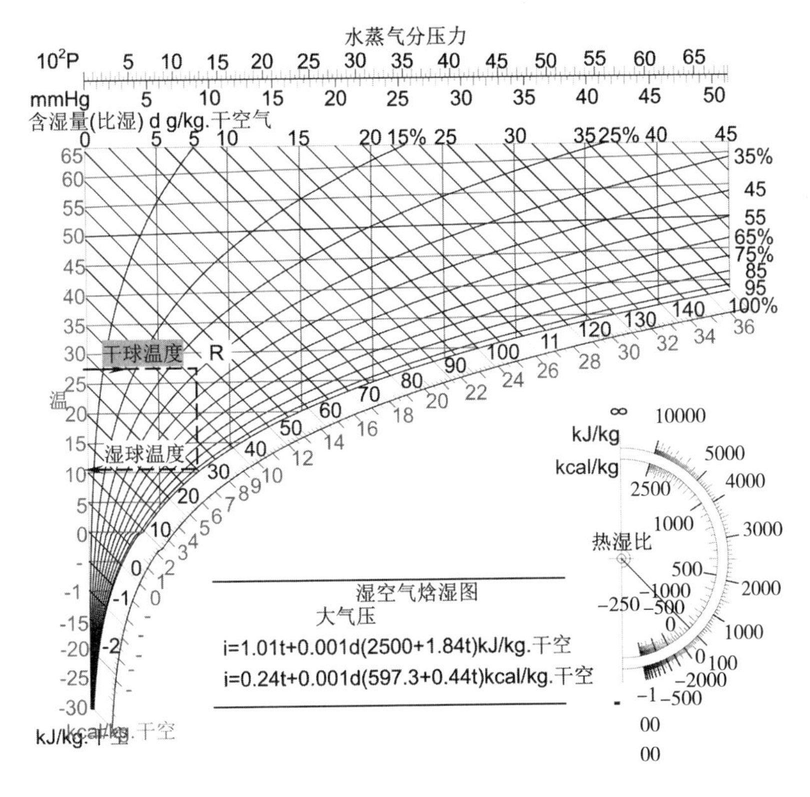

图 26　d–t 图示例

3.3　服装

着装可以减少人体的热量损失，着装热阻是人体体表散热计算所必备的参数之一。着装热阻 I_{cl} 的基本计量单位为 clo（克罗值），在气温 21℃、相对湿度小于 50%、风速不超过 0.1m/s 的环境中，人的代谢率为 1met 时感觉舒适时的着装热阻为 1clo，相当于 0.155m^2・K/W。

不同的舒适度标准对应着不同的服装热阻测试标准，与 ASHRAE 55 相对应的 ASTM–F1291 和 ISO 7730 中采用的服装热阻测试标准 ISO 9920 在测试方法、测试条件及精度要求等诸多方面存在着一定的差异。对此，清华大学建筑技术科学系硕士研究生李敏等人在《暖通空调》杂志 2015 年第 45 卷第 9 期中发表的《ASHRAE 与 ISO 的热舒适相关标准中关于服装热阻计算方法的研究与对比》一文中对标准间的差异做了详细的对比与分析。

此处收录的是 ISO 7730 中的相关内容。其中，表 12 为单件服饰的热阻参考值，典型组合的热阻可参考表 14、表 15。

在 ISO 7730 中同时还给出了各种座椅的热阻参考值，座椅的热阻参考值抄录于表 13。

单件服饰的热阻　　表 12

服装	热阻 I_{clu}		服装	热阻 I_{clu}	
	clo	m^2・K/W		clo	m^2・K/W
内衣类					
内裤及乳罩	0.03	0.005	汗衫	0.04	0.006
T 恤	0.09	0.014	衬裤、长裤	0.10	0.016
长袖衬衫	0.12	0.019			

续表

服装	热阻 I_{clu}		服装	热阻 I_{clu}	
	clo	$m^2\cdot K/W$		clo	$m^2\cdot K/W$
衬衫类					
短袖	0.15	0.023	轻薄女上衣、长袖	0.15	0.023
轻薄长袖	0.20	0.031	常规长袖	0.25	0.039
法兰绒衬衫、长袖	0.30	0.047			
裤子					
短裤	0.06	0.009	轻薄	0.20	0.031
常规	0.25	0.039	法兰绒	0.28	0.043
连衣裙、裙服					
轻薄裙（夏季）	0.15	0.023	轻薄连衣裙、短袖	0.20	0.031
厚裙（冬季）	0.25	0.039	冬装、长袖	0.40	0.062
锅炉服	0.55	0.085			
毛衣类					
毛衣类	0.12	0.019	薄毛衣	0.20	0.031
毛衣	0.28	0.043	厚毛衣	0.35	0.054
夹克类					
轻薄、夏季夹克	0.25	0.039	罩衫	0.30	0.047
夹克	0.35	0.054			
高隔热类服装					
马甲	0.20	0.031	裤子	0.35	0.054
夹克	0.40	0.062	锅炉服	0.90	0.140
户外服饰类					
羽绒服	0.55	0.085	纤维、皮工装裤	0.55	0.085
外衣	0.60	0.093	风雪外衣	0.70	0.093
其他					
短袜	0.02	0.003	薄底鞋	0.02	0.003
尼龙长裤	0.03	0.005	厚底鞋	0.04	0.006
及踝厚袜	0.05	0.008	手套	0.05	0.008
及膝厚袜	0.10	0.016	靴子	0.10	0.016

座椅的热阻　表 13

座椅	热阻 I_{clu}		座椅	热阻 I_{clu}	
	clo	$m^2 \cdot K/W$		clo	$m^2 \cdot K/W$
网状 / 金属座椅	0.00	0.000	木凳	0.01	0.002
标准办公座椅	0.10	0.016	老板椅	0.15	0.023

典型居家服饰组合的热阻取值　表 14

居家服饰组合	I_{cl}	
	clo	$m^2 \cdot K/W$
内裤、T 恤、短外衣、便鞋、薄袜	0.30	0.050
衬裤、短袖衬衫、轻便裤子、薄短裤、鞋	0.50	0.080
内裤、衬裙、长裤、连衣裙、鞋、内衣、衬衫、裤、鞋、袜	0.70	0.105
内裤、衬衫、裤、鞋、袜	0.70	0.110
内裤、衬衫、裤、夹克、鞋、袜	1.00	0.155
内裤、长筒袜、衬衫、长裙、夹克、鞋	1.10	0.170
长袖内衣裤、裙子、裤、V 领毛衣、夹克、鞋、袜	1.30	0.200
短袖内衣裤、裙子、裤、马甲、夹克、大衣、鞋、袜	1.50	0.230

典型工作服饰组合的热阻取值　表 15

工作服饰	I_{cl}	
	clo	$m^2 \cdot K/W$
内裤、锅炉服、鞋、袜	0.70	0.110
内裤、衬衫、锅炉服、鞋、袜	0.80	0.125
内裤、衬衫、裤、罩衫、鞋、袜	0.90	0.140
短袖内衣裤、衬衫、裤、夹克、鞋、袜	1.00	0.155
长袖内衣裤、保暖夹克、鞋、袜	1.20	0.185
短袖内衣裤、锅炉服、保暖夹克、裤、鞋、袜	1.40	0.220
短袖内衣裤、衬衫、裤、夹克、厚外套、工装裤、鞋、袜、帽、手套	2.00	0.310
长袖内衣裤、保暖衣裤、厚风雪大衣、工装裤、鞋、袜、帽、手套	2.55	0.395

4 热舒适性研究发展概况

与人体热舒适性相关的研究经过了观测评价时代、经验模型时代和机理模型时代等三个阶段，早期的观测包括了对气温、湿球温度、黑球温度及卡他度的观测，最具代表性的是 1916 年由英国 Hill 爵士提出的卡他度概念。

4.1 经验模型时代

进入经验模型时代的典型标志是评价开始以人的主观感受或生理反应作为基本依据。

1923 年 Houghton 和 Yaglou 确定了包括温度和湿度两个变量的裸体男子的等舒适线，并由此提出了以受试者对冷暖的主观感受作为评价依据的有效温度指数 *ET*（Effective Temperature Index），1932 年，Vemon 和 Wamer 使用黑球温度代替干球温度对热辐射进行了修正，进而产生了修正有效温度 CET（Corrected Effective Temperature）。2000 年，Li 和 Chan 又将风速考虑进来，并根据香港实际情况对经典 *ET* 公式进行修正，提出了“净有效温度”NET（Net Effective Temperature）。

适用于热环境的人体舒适性模型有 1947 年由 McArdle 提出的预计 4 小时排汗率模型 *P4SR*（Predicted Four Hour Sweat Rate）、1957 年美国海军为了防止军事训练中的热损伤事故而提出的湿、黑球温度指数 *WBGT*（Wet Bulb Globe Temperature）及 1959 年美国国家气象局 thorn 提出的不舒适指数 *DI*（Discomfort Index）等。

Siple 和 Passel 于 1945 年提出的风寒指数 *WCI*（Wind Chill Index）及修正后自 2001 年被美国国家气象局采用的“新风寒等效温度”则是应用于寒冷环境中舒适性经验模型的代表。

4.2　机理模型时代

早在 1938 年，Buettner 就已经意识到合理的人体舒适度模型必须以人体热交换机制为基础，综合考虑环境因素、人体代谢、呼吸散热及服装热阻等各种因素的影响，由于模型的复杂性，直至 19 世纪 60 年代舒适度的机理模型才得以随着生物气象学和计算机技术的发展逐渐建立。

所有人体热平衡模型都可概括为：

$$M-W \pm R \pm C \pm E_{\mathrm{D}} \pm E_{\mathrm{Res}} \pm E_{\mathrm{Sw}}= \pm S \qquad \text{公式 45}$$

即关于人体能量代谢 M、人体对外做功 W、人体与环境辐射换热 R 及对流换热 C、体液蒸发（无排汗）E_D、呼吸换热 E_{Res}、和汗液蒸发 E_{Sw} 与人体蓄热 S 间的能量守恒关系。

基于热舒适机理模型的主要评价体系有 1970 年由丹麦学者范格教授提出的热舒适方程和 *PMV/PPD* 评价系统、基于慕尼黑人体热量平衡模型 *MEMI*（Munich Energy Balance Model for Individuals）生理等效温度 *PET* 指标（Physiological Equivalent Temperature）及近年来在世界气象组织（WMO）气候学委员会的倡导之下，由欧洲科学与技术合作计划 730 号行动建立的基于多结点模型的通用热气候指数 *UTCI*（Universal Thermal Climate Index）等。其中范格热舒适方程 PMV/PPD 评价系统为现行的热舒适度标准 ISO7730 及 ASHRAE55 的基本蓝本。

当人体内产生的热量与其所释放的热量达到平衡时，热舒适性得到满足，最佳的热舒适度随之被达成。依据于此，范格热舒适方程建立了运动、服装和确定环境温度诸因素间的相对关系。

4.2.1　范格热舒适方程与 *PMV/PPD* 评价指标

丹麦学者范格教授 1970 年提出了满足人体舒适状态的三个必要条件，即人体的热平衡、舒适的皮肤温度及最佳排汗率，并据此建立了人体热舒适度方程。热舒适方程建立了人体代谢率、人体对外做功、体表散热、排汗散热及呼吸散热之间的基本关系，基本的范格方程由公式 46 给出。

$$\Delta S=M-W-R-C-E_{\mathrm{Sw}}-E_{\mathrm{D}}-C_{\mathrm{res}}-E_{\mathrm{res}} \qquad \text{公式 46}$$

式中　ΔS——人体的热平衡差

M——人体的代谢率

W——人体对外做功耗能

R——着装人体外表面的辐射散热

C——着装人体外表面的对流散热

E_{Sw}——排汗散热

E_{D}——体液蒸发

C_{Res}——呼吸潜热

E_{Res}——呼吸显热

在范格热舒适方程基础上所建立的预测平均投票数 *PMV*（Predicted Mean Vote）及预计不满意者占比 *PPD*（Predicted Percentage of Dissatisfied）指标体系对室内热环境舒适度，特别是身着轻便服装、坐姿为主的人群具有较好的适用性，但对于室外热环境来说，*PMV/PPD* 指标体系的评价结果与实际存在较大偏差。

4.2.2 *MEMI* 模型与 *PET* 指标

与稳态的 *PMV* 模型不同，*MEMI* 模型假设人体内部热量是通过血液循环带至体表。因此，在 *MEMI* 模型中体表温度是模型的计算结果而非假设，出汗率也被表示为人体温度和体表温度的函数。*MEMI* 模型可表示为：

$$H+C+R+E_{D}+E_{Res}+C_{Res}+E_{SW}+E_{F}=S \qquad \text{公式 47}$$

式中 H——人体产热量

C——对流散热

R——辐射散热

E_{D}——体液蒸发扩散

E_{Res}——呼吸显热

C_{Res}——呼吸潜热

E_{S}——排汗散热

E_{F}——进食、排泄引起的热交换

S——体热积蓄

在此基础上，生理等效温度 *PET* 综合考虑了主要气象参数、活动、衣着以及个体参数对舒适度的影响。较之 *PMV* 模型更为全面、深入的考虑了各项因素的影响。*PET* 指标在室外环境相关的评价和研究中被大量使用。

4.2.3 小结

实践证明，范格的热舒适方程和 *PMV/PPD* 对室内舒适度的评价具有较好的适用性，*MEMI* 模型及 *PET* 指标则被广泛应用于室外热舒适环境中。除此之外，具有一定影响的热舒适评价体系还有由美国耶鲁大学 Pierce 研究所提出的新有效温度 *ET** 及基于传热物理过程分析的标准有效温度 *SET*（Standard Effective Tempreture）。

5 基本机能与换热

5.1 新陈代谢

人体新陈代谢所产生的热量与人的活动水平有关，新陈代谢所释放的能量依赖于肌肉运动。通过肌肉运动产生的能量根据人体运动的方式将转换为热能或用于做功。

作为人体内部热能产生的主要方式，新陈代谢所产生的大部分能量通常会转换为热能，人体发热量会会随着运动剧烈程度的增加而增加。

在剧烈运动时，由于人体做功需耗费部分能量，热能转换率会有所降低。通常，在人从事重体力劳动时，热能转换率会下降至 75% 左右。即近 25% 的新陈代谢产能会转换为机械能用于对外做功。

5.1.1 度量方法

人体的代谢速度可以通过代谢率进行度量，代谢率以静坐时单位体表面积发热功率为基准表示各种活动时的能量代谢水平。代谢率的计量单位为 met，以人体重量计，1met 相当于 3.5ml/（kg•min）的耗氧量，即 1.1627W/kg 的单位耗能；按人体的体表面积计算时，1met 相当于 58.15W/m^2。

在对人体代谢率进行评价时，评价对象在前一小时内的活动量的平均值对评价的准确性十分重要。这是因为，人体的内热容量可以“记住”约一个小时的人体发热。

人在睡眠时新陈代谢速度最低为 0.7met。

5.1.2 测定

人体代谢率的测定并不属于建筑物理的范畴，但由于和人体舒适性有着密不可分的联系。建筑师有必要对人体代谢率的测定有一个概念性的了解。

代谢率测定方法的分级与测量精度　　表 16

级别		方法	精度	作业现场检查
第一级	筛分法	1A：按职业分类	粗略信息，很有可能出错	不必要，但需技术设备和工作组织信息
		1B：按活动分类		
第二级	观察法	2A：群组估算表	有较大可能出错，精度 ±20%	有必要进行操作和工时研究
		2B：具体活动表		
第三级	解析法	特定条件下测量心率法	出错可能性一般，精度 ±10%	需研究确定典型时段
第四级	测量法	4A：测量耗氧量法	误差在测量或工时研究允许范围，精度 ±5%	有必要进行操作和工时研究
		4B：双标水法		
		4C：直接测热法		

代谢率的测定通常是依据 ISO8996 或 GB/T18048《热环境人类工效学——代谢率的测定》所规定的方法实施的，根据《热环境人类工效学——代谢率的测定》，测定方法分为四级，依次为：筛分法、观察法、解析法和测量法。分级的级别越高则相对精度也越高。

基本的测定方法分级及特点由表 16 给出。

5.1.3　第一级 筛分法

筛分法是通过表征特定职业或活动的工作负荷平均值进行估计代谢率的简易方法，可以通过职业或活动进行分类给出代谢率的估计值而无需作业现场调查。具体实施可根据 GB/T18048:2008 附录 A 中分类表格对照、套用。

5.1.4　第二级 观察法

通过观察，根据作业者姿势、工作类型以及特定的工作速度确定人体动作代谢率并与基础代谢率相加得到人体代谢率。或按时间轴对活动进行记录，并通过对各时间段代谢率按时间长度的加权平均确定人体代谢率。有时为确定一个周期内各种活动工况下的代谢率有必要进行活动和持续时间的研究。

5.1.4.1　根据运动需求估算代谢率

根据运动估算代谢率应首先判别运动涉及部位、身体姿势、运动负荷及速度：

- 运动涉及的身体部位可分为手、单臂、双臂或全身；
- 身体姿势包括坐姿、立姿、跪姿、下蹲或弯腰站立；
- 各部位的运动负荷可根据观察人员的主观判断，按轻度、中度或重度进行区分 4；

利用 GB/T18048——2008 附录 B 中的表格对各种典型活动的代谢率根据观察记录一一进行确定，并利用其结果通过公式 48 对单个工作周期内的代谢率进行计算。

$$M=\frac{1}{T}\sum_{i=1}^{n}M_i t_i \qquad \text{公式 48}$$

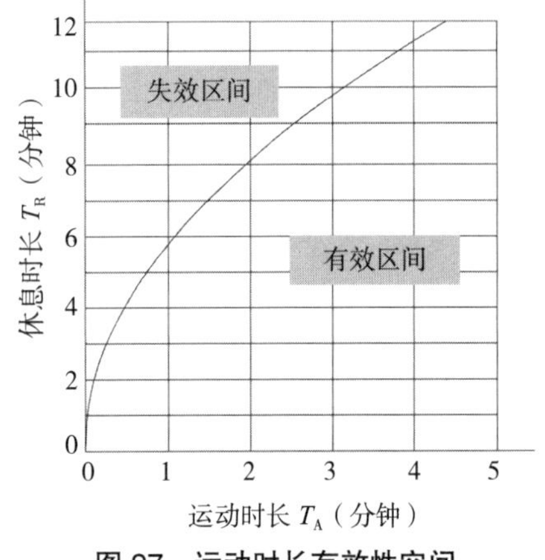

图 27　运动时长有效性空间

5.1.4.2　工作时长的有效性

当工作时长偏短时有可能引起代谢率估算偏低，即西蒙森效应。图 27 为 GB/T18048:2008 所给出的代谢率估算过程中工作时长与休息时长复合后有效性的限制曲线。曲线中，时长单位为分钟。通过曲线拟合，可近似求出运动时长的拟合曲线为：

$$T_A > 0.03055 \cdot T_R^2$$ 公式 49

具体实施时的查表估值、插值方法及注意事项需参照 GB/T18048 第 5 节的具体说明。

5.1.5 第三级 解析法

通过记录一个典型周期内的心率测定代谢率。这需要通过一定条件下耗氧率与心率的相关性进行推算，实施者应具有一定的热环境工程学专业知识。

5.1.5.1 心率与代谢率

人体所承受的肌肉负荷与其心率对应的耗氧量存在一定的对应关系，特别是在中等热环境下，被测试者心率在 120 次 / 分钟以下，且较其最大心率低 20 次 / 分钟时，心率与代谢率会呈线性关系。即：

$$HR = HR_0 + RM \cdot (M - M_0)$$ 公式 50

式中 M——人体的代谢率，W/m^2；

M_0——休息时人体的代谢率，W/m^2，M_0=55W/m^2；

HR_0——中度热环境下休息时的心率，次 / 分钟。

RM——单位代谢率对应的心率增加值，可通过人的心率变化范围和代谢率变化范围的比值计算、确定：

$$RM = (HR_{max} - HR_0) / (M_{max} - M_0)$$ 公式 51

人的极限代谢率 M_{max} 可以表示为年龄 A 和体重 W 的函数可表示为：

$$M_{max} = (\alpha - 0.22A) \cdot W^{0.666}$$ 公式 52

M_{max} 与性别有关，男性和女性的差异在于公式中参数 α 的取值[①]，对于男性，值 α 为 41.7，女性则取为 35.0。

至于极限心率 HR_{max}，则仅与人的年龄有关，可通过下式计算确定：

$$HR_{max} = 205 - 0.62A$$ 公式 53

5.1.5.2 代谢率估算

特定时刻的心率可以被认为是中等热环境中休息状态下的心率与各种影响因素引起的心率增量之和：

$$HR = HR_0 + \Delta HR_M + \Delta HR_S + \Delta HR_T + \Delta HR_N + \Delta HR_E$$ 公式 54

式中 HR_0——中等热环境中休息状态下的心率，次 / 分钟；

ΔHR_M——中等热环境中由于动态肌肉负荷引起的心率增量，次 / 分钟；

ΔHR_S——由于静态肌肉工作引起的心率增量，次 / 分钟；

ΔHR_T——由于热负荷引起的心率增量，次 / 分钟；

ΔHR_N——由于精神负担造成的心率增量，次 / 分钟；

ΔHR_E——其他因素引起的心率增量，次 / 分钟。

当没有精神负担和热负荷影响时解析法可以较为简单的取得准确度较高的结果，当存在较大热负荷、静态肌肉工作、小肌肉群处于动态工作状态或存在精神负荷时公式 50 的斜率（RM）会产生变化。

5.1.6 第四级 耗氧测量法

GB/T18048 中介绍了三种测量方法，所有测量方法只可能由专家组织、实施，耗氧测量法为其中之一。

5.1.6.1 测量方式

耗氧测量法包含部分测量和整体测量两种测量方式。其中，部分测量方式适用于长时间的轻微

---

① GB/T18048 为 ISO8996 的中文译本，ISO8996 原版为欧盟规范，各参数以中欧地区人群为基准。事实上，人的极限代谢率除与其性别有关外，尚与其种族、生活的自然环境、饮食结构等因素密切相关。目前尚缺少相关的具体信息，但此处所给出的规律性结论是共通的。

和中等强度的运动，完整测量方式则适用于短暂的高强度运动。

图 28 给出了部分测量方式的示意，对于耗时较长的轻微或中等强度的运动，在活动开始一定时间，通常是 3~5 分钟过后会进入平稳状态。运动开始 5 分钟后，在不影响活动的前提下完全对呼出气体进行完全采样或定期采样，直至运动结束。

整体测量方式的采样则需与运动同步开始，运动持续时间通常不超过 3 分钟。运动结束后被测试应静坐恢复，并继续采样工作直至测量值回复至静坐水平。整体测量的结果应通过扣除静坐时的代谢率，以取得与运动相当的代谢率当量。

图 29 示意性描述了整体测量方式的各要素及要素间的相互关系。

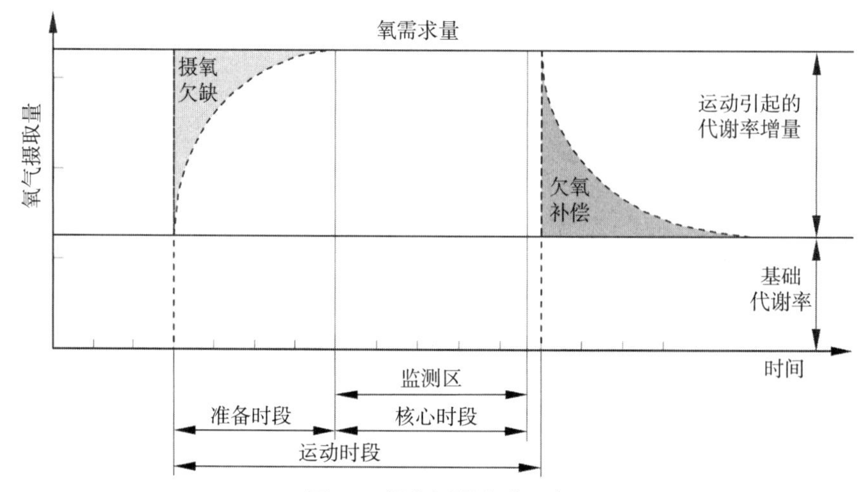

图 28　部分测量方式示意

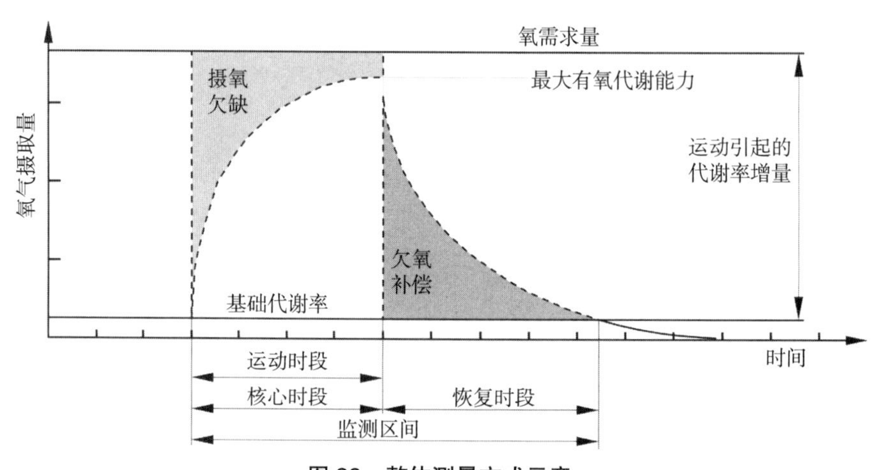

图 29　整体测量方式示意

5.1.6.2　耗氧率与代谢率

人体的储氧能力极为低下，需要不间断地通过呼吸作用自大气中摄取氧，无法直接供氧时肌肉仅能维持极为短暂的无氧工作。对于长时运动来说，氧化代谢是主要的能源供给方式。可以通过能量当量在耗氧率和代谢率之间进行换算。

能量当量 EE 取决于呼吸商 RQ，二者间基本换算关系为：

$$EE=5.88\cdot(0.23\cdot RQ+0.77) \quad \text{公式 55}$$

其中，呼吸商 RQ 为人所呼出的二氧化碳与呼入氧气的体积比，即 $RQ=V_{CO_2}/V_{O_2}$；测定代谢率时通常取 RQ=0.85 而非测定二氧化碳生成速率，则有：

$$EE=5.88\times(0.23\times0.85+0.77)=5.677\text{Wh/L}(O_2)$$

此假定引起的最大误差为 ±3.5%，但通常不会超过 ±1%。

代谢率 M 则可表示为能量当量与耗氧量及人体表面积的函数。

$$M=EE\cdot V_{O_2}/A \qquad \text{公式 56}$$

体表面积 A 则可根据杜博斯方程进行估算：

$$A=0.202\cdot W^{0.425}\cdot H^{0.725} \qquad \text{公式 57}$$

式中，H 和 W 分别为人的身高和体重，身高单位为 m，体重单位为 kg。得出的结果为 m^2。

5.1.6.3　摄氧量测定

呼出气体采样结果为室温状态下的饱和水蒸气，其体积需换算成标准状态（STPD 状态，θ=0℃，p=101.3kPa，干燥气体）进行计算。

转换系数 f 可通过下式确定：

$$f=\frac{273\times(p-pH_2O)}{(273+\theta)\times101.3} \qquad \text{公式 58}$$

呼出气体的体流量 $\tilde{V}$、耗氧速率 $\tilde{V}_{O_2}$ 和 CO_2 生成速率 $\tilde{V}_{CO_2}$ 可通过下述公式分别进行计算：

$$\tilde{V}=V_{STPD}/t \qquad \text{公式 59}$$

$$\tilde{V}_{O_2}=\tilde{V}\times(0.209-F_{O_2}) \qquad \text{公式 60}$$

$$\tilde{V}_{CO_2}=\tilde{V}\times(F_{CO_2}-0.3\times10^{-3}) \qquad \text{公式 61}$$

当呼吸商 $RQ\neq1$ 时可进一步考虑收缩效应的影响：

$$\tilde{V}_{O_2}=\tilde{V}\times(0.265\times(1-F_{O_2}-F_{CO_2})-F_{O_2}) \qquad \text{公式 62}$$

$$\tilde{V}_{CO_2}=\tilde{V}\times(F_{CO_2}-(1-F_{O_2}-F_{CO_2})\times0.380\times10^{-3}) \qquad \text{公式 63}$$

5.1.6.4　代谢率计算

当采用部分测量方式测定代谢率时，代谢率可由公式 64 进行计算确定，整体测定方式时，还应从部分方式代谢率 M_P 中剔除恢复期间与活动无关的坐姿状态代谢率部分 M_S：

$$M=M_P\times(t_m+t_r)/t_m-(M_S\times t_r/t_m) \qquad \text{公式 64}$$

5.1.7　第四级　双标水测量法

通过给被试者饮用精确定量的 $^2H_2{}^{18}O$ 利用氘 ^2H 示踪体内滞留的水，利用 ^{18}O 示踪水和碳酸氢盐在联合体内碳酸酐酶作用下的转换。通过同位素消失速率间接测定可转换为能量消耗的二氧化碳生成速率从而实现测量代谢率的目的。该方法的精度约为 ±5%。

5.1.8　直接测热法

直接测热法通过测量身体向环境中散发热量的速率估算人体代谢率。其测试精度约为 ±5%。

5.1.9　不同活动的代谢率

不同活动的代谢率　　**表 17**

活动	代谢率		
	W/m²	met	kcal/（min·m²）
倚靠	46.52	0.8	0.67
坐姿，放松	58.15	1.0	0.83
坐姿活动（办公、居所、学校、实验室）	69.78	1.2	1.00
立姿，轻度活动（购物、实验室、轻体力作业）	93.04	1.6	1.33
立姿，中度活动（售货、家务、机械操作）	116.30	2.0	1.66

续表

活动		代谢率		
		W/m²	met	kcal/（min·m²）
平地步行	2km/h	110.49	1.9	1.58
	3km/h	139.56	2.4	2.00
	4km/h	162.82	2.8	2.33
	5km/h	197.71	3.4	2.83

5.2 血管收缩与舒张

作为人体温度调节的第一生理反应，在周围热环境发生变化时，人体的第一个生理机能反应是皮下毛细血管内血流量的变化，通过血管的舒张 / 收缩调整体内与体表间的血液流量可在一定程度上调节人体体温。

血液的主要成分是水，具有较高的热容量和良好的导热性，而通过血管的收缩与舒张可对流经体表的血液量进行调整，自体内流经单位体表面积的血液流量可通过血管的收缩与扩张在不足 3ml/s 至 37ml/s 的范围内调整，从而达到控制体内与体表间热量交换的目的。

在 *MEMI* 模型中，流向体表的血液流量 V_B 可参数化为：

$$V_B=\frac{6.3+75(T_C-36.6)}{1+0.5(34.0-T_G)}$$ 公式 65

与之相应，相应通过血液由体内向体表传递的热量 F_{CS} 为：

$$F_{CS}=V_B \cdot \rho_B \cdot C_B \cdot (T_C-T_G)$$ 公式 66

其中 F_{CS}——体内、体表间通过血液流动的换热量 W/m²；

V_B——体内至体表的血液流量，L/（s·m²）；

ρ_B——血液浓度，kg/L；

C_B——血液比热，W·s/（K·kg）；

T_C——人体的体内温度，℃；

T_G——人体的体表温度，℃。

5.3 颤栗生热

在严寒环境中，血管收缩无法阻止体内温度下降、体内温度下降至阈值以下时，人可通过颤栗引发代谢量突变。

由颤栗引发的代谢热增量可量化为：

$$M_{SHIV}=\max(19.4 \cdot (34.0-T_G)(37.0-T_C),\ 0)$$ 公式 67

其中 M_{SHIV} 为颤栗引发的代谢热增量，W/m²。

5.4 体液蒸发

作为主要的人体热调节机能，体液蒸发过程在参数化中只考虑了皮肤的被动水分蒸发和排汗两部分，肺部的水分损失则在呼吸换热过程中加以考虑。

5.4.1 体表水分的蒸发

体表水分的蒸发与环境温度关系不大，主要取决于环境大气的湿度，即水蒸汽分压力 p_a 的大小，即在环境大气的水蒸汽分压力过低时（干燥环境中），体内水分被动向大气中扩散。在 MEMI 模型中可量化为：

$$E_D=m \cdot r \cdot (p_a-p_{sk})$$ 公式 68

式中 m——皮肤表面水蒸气渗透系数；

r——水的汽化热。

在*PMV*模型中，则将体液的蒸发量直接参数化为人体代谢机能与环境湿度的函数。ISO7730中，体表水分蒸发量被定义为：

$$E_D=3.05\cdot10^{-3}\cdot[5733^{①}-6.99\cdot(M-W)-p_a]$$ 公式 69

5.4.2 排汗散热

在高热环境或高代谢引起的热紧张状态下，排汗是最有效的热调节手段。

在*PMV*模型中排汗散热可由下式简单确定：

$$E_S=0.42\cdot(M-W-58.15)$$ 公式 70

*MEMI*模型则基于排汗的生理过程对排汗散热的参数化进行了细化。成年男子的排汗率S_W〔kg/（$m^2\cdot s$）〕可通过公式 71 进行计算。女性则受汗腺密度及荷尔蒙的影响排汗率略低，约为男性的 70%。

$$S_W=8.47\times10-5\times(0.1T_G+0.9T_C)-36.6$$ 公式 71

当人体排出少量汗液时，汗液可全部挥发，此时，排汗换热量等于排除汗液的汽化热，即：

$$E_S=S_W\cdot r$$ 公式 72

当排汗量较大或空气湿度过高时，汗液无法全部通过汽化带走人体表面热量，排汗热交换取决于体表与环境间湿度对比及环境中的对流换热：

$$E_S=(0.622\cdot A_D\cdot r\cdot h_C\cdot /p)(p_a-p_{sk})$$ 公式 73

5.5 呼吸换热

除排汗外，另一个人与周围环境产生热交换的方式是通过呼吸，呼吸换热包含两个部分：呼入、呼出空气间温差引起的显热交换和因肺部水分损耗引起的潜热交换。

5.5.1 呼吸显热

因呼吸温度差引起的呼吸显热C_{Res}可简单表示为呼出气体体积V_{Ex}和呼出气体与环境空气温度的函数，*MEMI*模型中据此给出了下述参数化结果：

$$C_{Res}=C_P\cdot V_{Ex}\cdot(t_{Ex}-t_a)$$ 公式 74

其中，C_P为空气比热容，t_a为环境气温，t_{Ex}则为呼出气体温度，通常取为 34℃。

*PMV*模型中则建立了呼吸显热与代谢率间的函数关系，ISO7730中进一步将呼出空气温度定义为 34℃，此时有：

$$C_{Res}=0.0014\cdot M\cdot(34-t_a)$$ 公式 75

5.5.2 呼吸潜热

肺部的水分损耗是通过呼吸排除体外。

通常，人呼吸过程中所呼出的气体可以考虑为饱和水蒸气，由于水分损耗引起的热量损失可通过呼出气体和环境大气间的水蒸汽压差和水的汽化热进行换算：

$$E_{Res}=r\cdot V_{Ex}\cdot(p_{Ex}-p_a)/p$$ 公式 76

在*PMV*模型中，则直接表示为大气中水蒸气分压力与代谢率的函数，在ISO7730中给出的计算公式为：

$$E_{res}=1.72\cdot10^{-5}\cdot M\cdot(5867^{②}-p_a)$$ 公式 77

5.6 体表换热

在封闭环境中，人体通过周围的空气对流及与周边物体间的长波辐射进行换热。对于着装人体，由于服装的阻隔，人体通过与服装间的接触换热后与周围环境产生间接换热。人体通过服装与环境间的换热量可记述为：

---

① 与*MEMI*模型的参数化结果相对比，该数值应为人皮肤表面的水蒸气分压力即为 35.7℃的饱和水蒸气压力 5867Pa。其出处未见相关的说明材料。

② 35.7℃的饱和水蒸气压力 5867Pa。

$$F_{SC}=(t_G-t_{cl})/I_{cl}$$ 公式 78

ISO7730 中则将人体体表温度 t_G 改写为人体代谢率与对外做功的函数：

$$t_{cl}=t_G-I_{cl}\cdot F_{SC}=35.7-0.028\cdot(M-W)-I_{cl}\cdot(C+R)$$ 公式 79

人体体表与周围环境间的换热亦可转换为服装外表面与周围环境的换热问题。

5.6.1　对流换热

人体着装与外界环境间的对流换热取决于着装外表面和环境间的温度梯度及对流速率。此时，根据牛顿冷却定律有：

$$C=A_D\cdot f_{cl}\cdot h_c\cdot(t_{cl}-t_a)$$ 公式 80

着装同样会影响到对流交换面积，人体体表面积与着装表面面积间的换算系数 f_{cl} 与着装热阻存在一定的联系，在 ISO7730 中着装面积系数被表示为着装热阻的函数：

$$f_{cl}=\begin{cases}1.00+1.290I_{cl} & \text{当 } I_{cl}\leqslant 0.078\text{m}^2\text{K/W 时}\\ 1.05+0.645I_{cl} & \text{当 } I_{cl}>0.078\text{m}^2\text{K/W 时}\end{cases}$$ 公式 81

而对流速率的影响则可通过对流换热系数 h_c 给出，ISO7730 中对流换热系数表示为服装表面温度与环境风速间的关系：

$$h_c=\max(2.38\cdot|t_{cl}-t_a|^{0.25},\ 12.1\sqrt{v_{ar}})$$ 公式 82

其中，$2.38\cdot|t_{cl}-t_a|^{0.25}$ 应用于自然对流状态，$12.1\sqrt{v_{ar}}$ 适用于强迫对流状态。

5.6.2　辐射换热

辐射换热满足斯特藩 – 玻尔兹曼定律，着装人体与周围环境间的辐射换热总量 R 可以被表示为：

$$R=A_D\cdot f_{cl}\cdot f_{eff}\cdot\varepsilon_p\cdot\sigma\cdot[T_{cl}^4-T_s^4]$$ 公式 83

其中，f_{eff} 为人体有效辐射表面系数，即人体处于不同姿态时有效辐射表面占比情况。

ISO7730 中考虑人体为坐姿，则有 f_{eff}=0.72，并将辐射率取为皮肤和服装的平均值 0.97 有：

$$0.72\times0.97\times5.67\times10^{-8}=3.96\times10^{-8}$$

即

$$H_R=3.96\cdot10^{-8}\cdot f_{cl}\cdot[(t_{cl}+273)^4-(\dot{t}_r+273)^4]$$ 公式 84

6　舒适性评价体系

6.1　范格热舒适方程

范格的热舒适方程是一个稳态模型，通过对人体新陈代谢机能、呼吸换热、体表换热和排汗等因素的参数化分析预测人群的热感知度水平。虽然，可以根据前一时段的分析结果对 *PMV* 指数通过加权平均更加精准的逼近实际状态，但从根本上说，*PMV* 指数为一稳态环境下的静态指数，通常仅对时间依存性较低的室内环境有较好的近似。因此，ISO7730、ASHRAE55 等与建筑物室内环境相关的国际标准均以 *PMV* 模型为基本依据。以 *PMV* 模型为基础，*PMV* 指数和 *PPD* 指数共同构成了 *PMV/PPD* 舒适度评价体系。

鉴于 *PMV/PPD* 舒适度评价体系的不足，ISO7730 中对于局部热舒适，包括气流、温度分层、楼地面温度、不对称辐射及热舒适平稳度等多个因素的影响给出了各自的评价标准，但在湿度对热舒适度的影响评价上有所欠缺。

6.1.1　预测平均热感知指数 *PMV*

PMV 指数是预测人群对热感知分级投票的平均值，热感知分为 7 个等级，图 30 给出了 7 个感知水平的定义。

范格教授通过收集到的 1396 名来自美国和丹麦的受试者的热舒适感觉投票结果归纳出 *PMV* 指数和人体热平衡差之间的相互关系，这一关系可以表示为：

$$PMV=(0.303e^{-0.036M}+0.28)\cdot\Delta S$$ 公式 85

即 *PMV* 指数可以通过对人体与环境间的热平衡差进行预测，该预测结果为一静态指数，可参

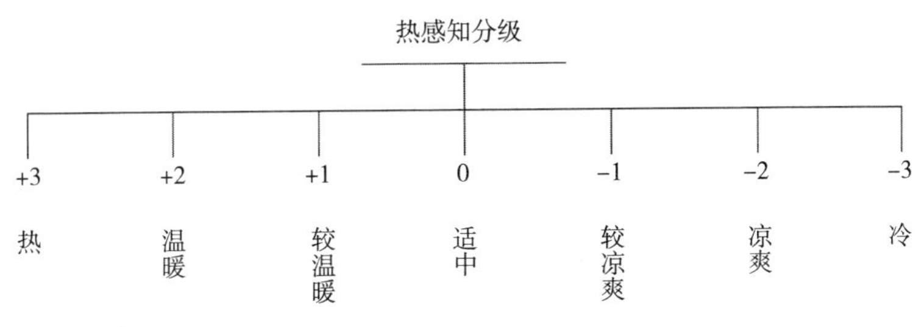

图 30 热感知分级

照前一时间段状态通过时间的加权平均得到更准确的近似。

采用 *PMV* 指数对预测人群的热感知水平时需满足一定的限值条件，具体来说，各环境参数与 *PMV* 指数应满足下述条件：

- *PMV* 指数有效范围为 *PMV*=[−2，+2]；
- 代谢率取值范围满足 W=[46.52W/m^2，232.60W/m^2] 即 W=[0.8met，4met]；
- 服装热阻取值范围满足 I_{cl}=[0.00m^2・K，0.31m^2・K] 即 I_{cl}=[0clo，2clo]；
- 空气温度满足 t_a=[10℃，30℃]；
- 平均辐射温度满足 $\dot{t}_r$=[10℃，40℃]；
- 空气平均流速满足 v_{ar}=[0m/s，1m/s]；
- 水蒸气分压满足 p_a=[0Pa，2700Pa]。

6.1.2 预计不满意者占比 *PPD*

PMV 指数为预计给定热环境中特定群体的热感知投票的平均值，为评价个体投票的分布状况，PPD 指数给出了预计群体中有过热（+2、+3）过冷（−2、−3）感觉的个体的占比情况。

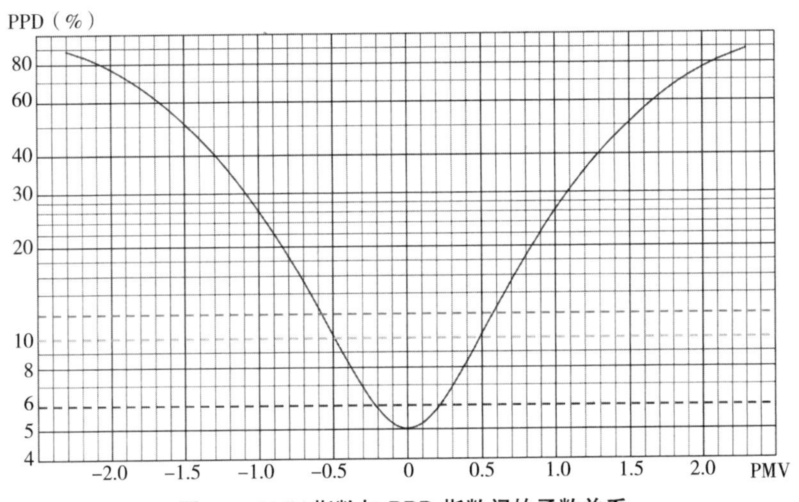

图 31 PMV 指数与 PPD 指数间的函数关系

EN ISO 7730:2005 给出了基于 1300 人调查统计结果的 *PMV* 与 *PPD* 间相互关系的规律性图表（图 31），其数学表达式为：

$$PPD=100-95\cdot e^{-0.03353PMV^4-0.2179PMV^2} \quad \text{公式 86}$$

由于 PMV 指数与 PPD 指数的计算相对过于繁复，通常采用计算机软件计算做成各种条件的图表备用。ISO7730 中给出的三个舒适度等级中 PPD 指数分别为 5%、10% 及 15%，与之对应的着装热阻、代谢率与舒适温度间的对应关系图由图 32~ 图 34 给出。其中，代谢率给出了以 met 及

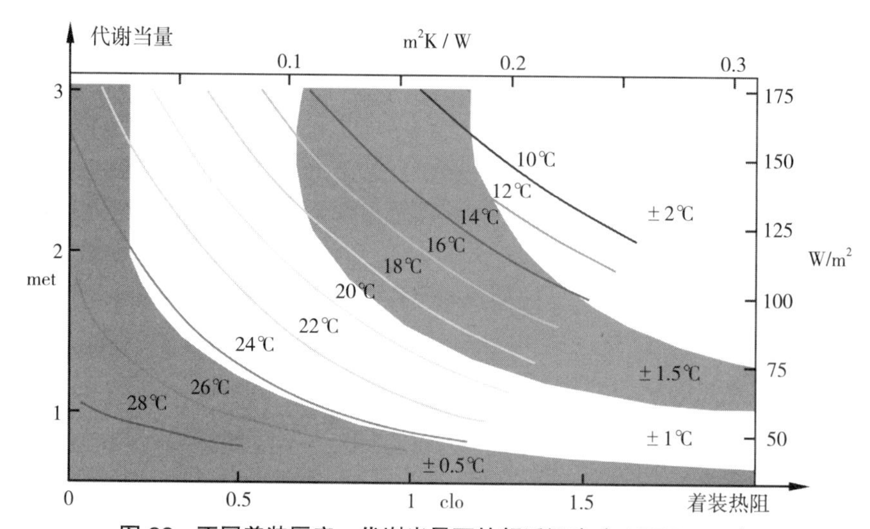

图 32　不同着装厚度、代谢当量下的舒适温度（*A*:PPD=5%）

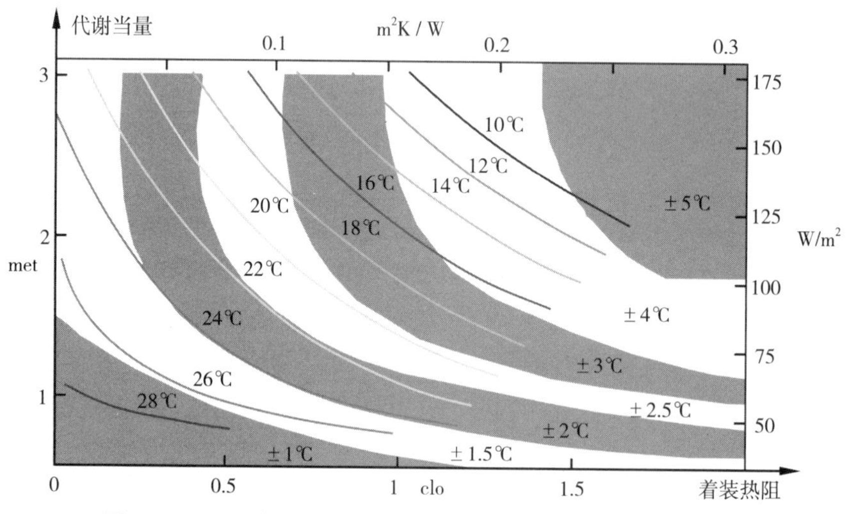

图 33　不同着装厚度、代谢当量下的舒适温度（*B*:PPD=10%）

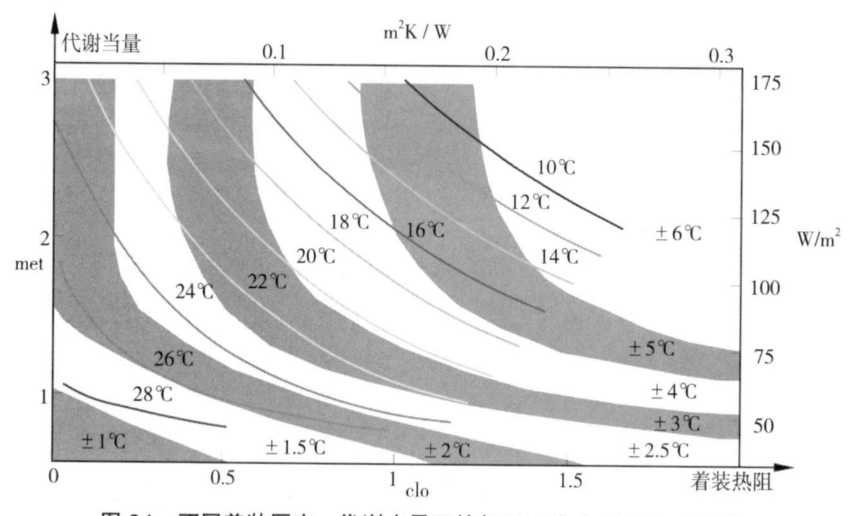

图 34　不同着装厚度、代谢当量下的舒适温度（*C*:PPD=15%）

W/m^2 两种单位度量的刻度，着装热阻则采用了 clo 及 $m^2 \cdot K/W$ 两种单位制的标识。

6.1.3　局部热舒适

预测平均热感知指数 *PMV* 和预测不满意者比例 *PPD* 所描述的仅仅是对宏观热环境的评价，尚缺乏对局部环境中诸多热舒适度影响因素的考虑。

在 EN ISO 7730:2005 中，通过引入紊流感知度 *DR* 及温度分层不满意度 *PD* 等指标对气流、温度分层、楼地面温度及不对称辐射等因素对热环境的影响进行评判。

6.1.3.1　气流

当气流流速超过一定限值时进入过渡流状态（雷诺数 Re=2100~4000），或形成紊流（Re>4000）使人感到不适。可以通过紊流感知度 *DR* 对紊流所形成的不适感进行评价。

$$DR=(34-t_a)\cdot(\tilde{V}_a-0.05)^{0.62}\cdot(37\cdot\tilde{V}_a\cdot Tu+3.14) \qquad \text{公式 87}$$

式中　*DR*——紊流感知度，%，*DR*=[0%，100%]

t_a——局部空气温度，℃，t_a=[20℃，26℃]

$\tilde{V}_a$——局部空气名义速率，m/s，$\tilde{V}_a$=[0.05m/s，0.50m/s）

T_U——局部紊流强度，%，T_U=[10%，60%]，条件不明时取 40%

上述公式适用于低强度运动（≤ 1.2met）时，头颈高度附近气流的紊流感知度的计算。当气流位于颈部以下时，采用上述公式计算的 *DR* 值结果会超出气流的实际影响。

在夏季，开窗通风和使用电风扇通常是消解炎热感的手段之一，即通过适当的通风提高舒适温度的上限。图 36 给出了风速与舒适度限值可提高范围间的相互关系。基本参照点为气温 26℃、风速 0.20m/s，穿着夏装（0.5clo）从事低强度活动（1.2met）。

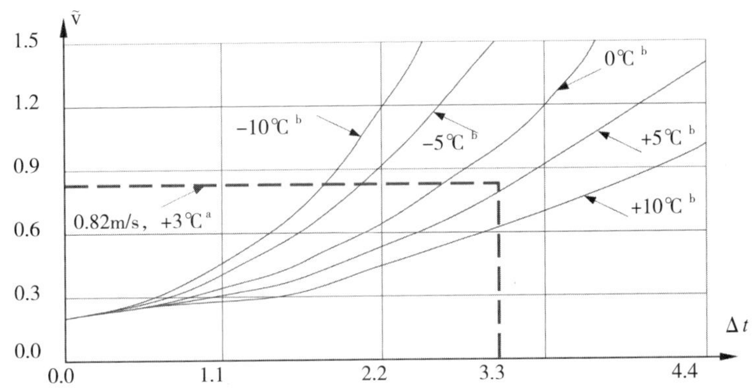

a 低强度运动时舒适温度限值可调整范围

b 气温与名义辐射温度间的差异 $\bar{t}_r-t_a$，℃

图 35　利用通风提高舒适温度限值

对于低强度活动人群来说，舒适度限值的可调整范围为风速 0.82m/s、温度调整幅度不超过 3℃（最高 29℃）。图中可以看出，当名义辐射温度低于气温时，空气流动对舒适度温度限值的影响有限，而名义辐射温度高于气温时空气流动可有效提升舒适温度的限值。换言之，阵阵袭来的轻风在烈日下较之背阴处更容易给人带来凉爽的感觉。

人对空气流动的敏感性存在较大的差异，在评价时应直接面对特定的人群且风速各分级之间差异不应超过 0.15m/s。

ISO 7730 中所给出的紊流感知度评级为 10%、20% 和 30%，与之相应的风速—气温与紊流强度关系曲线由图 36~ 图 38 给出。

可以看出，随气温的升高，人员对风速、紊流强度的敏感性有所降低。

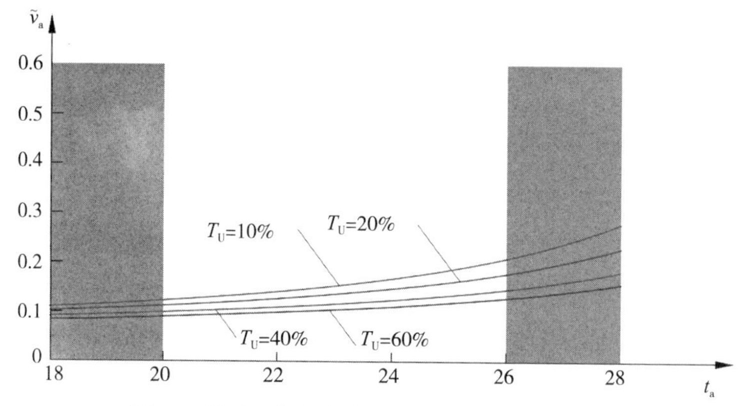

图 36　风速—气温与紊流强度（*A*：DR=10%）

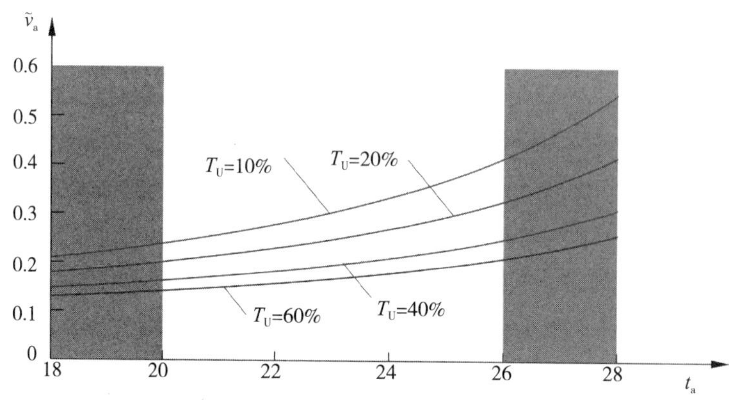

图 37　风速—气温与紊流强度（*B*：DR=20%）

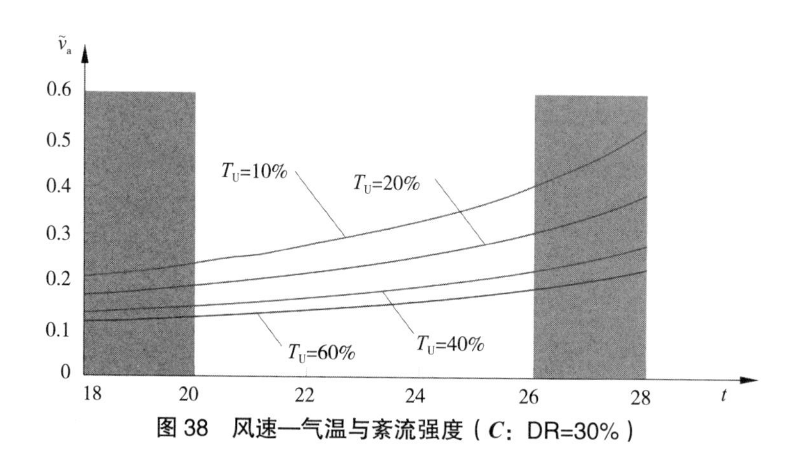

图 38　风速—气温与紊流强度（*C*：DR=30%）

6.1.3.2　温度分层

介于头部至脚踝部间过大的温度差异会给人带来不快。因温度分层引起的不舒适感可以通过不满意度 *PD* 进行描述，因温度分层引起的不满意度 *PD* 随人的头至脚踝之间的温差 Δt_{av} 变化规律如图 39 所示，*PD* 值同样可以通过公式 88 计算得出。

$$PD=(1+e^{5.76-0.856\cdot\Delta t_{av}})^{-1}$$ 公式 88

式中　*PD*——不满意度，%

Δt_{av}——人的头至脚踝之间的温差，℃，Δt_{av}=[0℃，8℃）

在舒适度分级中，对温度分层的不满意度的要求分别为不超过 3%、5% 及 10%，所对应的温度差分别为 3.0℃、3.9℃和 5.2℃。

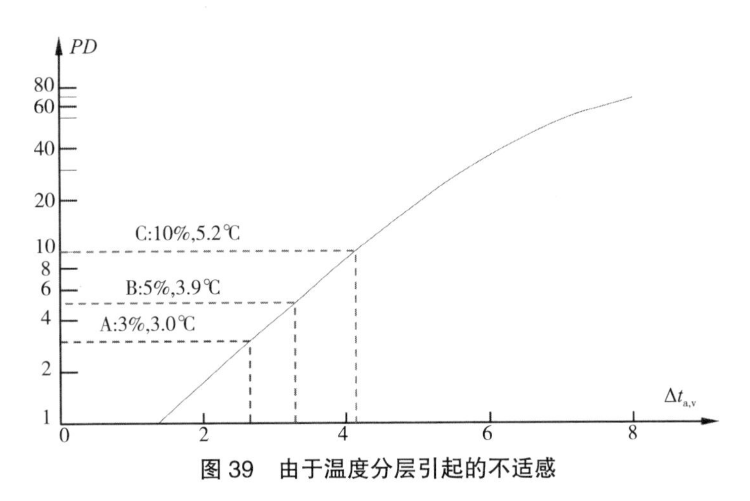

图 39 由于温度分层引起的不适感

6.1.3.3 楼、地面温度

楼地面温度的过热或过冷都会通过人的脚底神经影响其舒适感。楼地面的最舒适温度位于 23.5℃前后。*PD* 的数值解由公式 89 给出。

$$PD=100\%-94\%\cdot e^{-0.0025\cdot t_f^2+0.118\cdot t_f-1.387} \quad \text{公式 89}$$

图 40 给出了楼地面温度与不满意度 *PD* 间的对应关系，对应于舒适度三个分级标准的要求，楼地面温度引起的不满意度分别不得超出 10%、10% 和 15%。

其中，*PD*=10% 所对应的楼地面温度区间为 19℃ ~27℃；

其中，*PD*=15% 所对应的楼地面温度区间为 17℃ ~30℃。

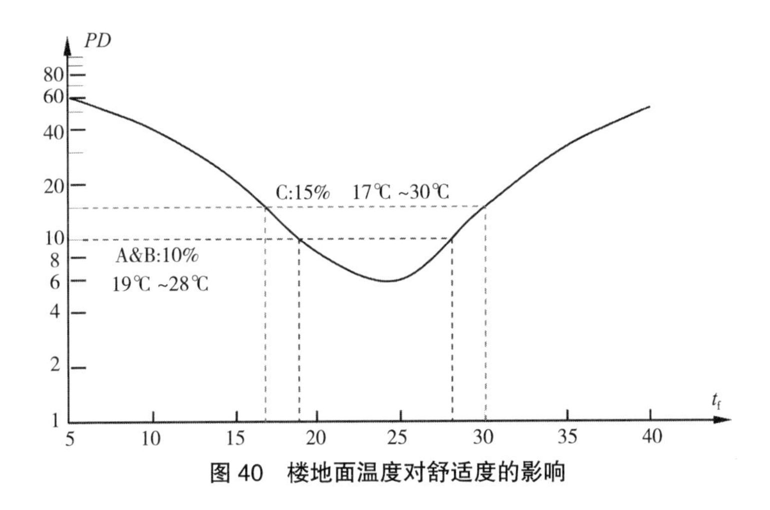

图 40 楼地面温度对舒适度的影响

6.1.3.4 不对称辐射

所谓不对称辐射是指空间内不同物体由于其表面温度差异引起的辐射对流不对称、非均匀现象。不对称辐射可通过范格教授提出的不对称辐射温度 Δt_{pr} 进行量化。不对称辐射温度的定义为：在不对称、非均匀的辐射环境中，物体的两个反向面的平面辐射温度之差。

ISO 7730 中给出了冷、热屋顶和墙面所引起的不满意度评估的预测曲线图 41，图中可明显看出，人对温热的顶棚表面与冰冷的墙身表面的敏感度较高，而对热墙面和冷屋顶敏感度较低。

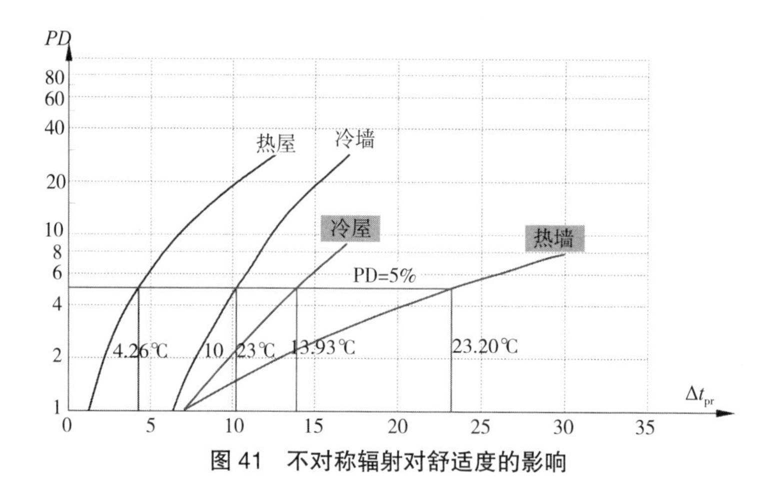

图 41　不对称辐射对舒适度的影响

与舒适度分级相对应，因不对称辐射引起的不满意度分别为 5%、5% 和 10%，当不满意度为 5% 时所对应的不对称辐射温度分别为 4℃、10℃、14℃和 23℃。

6.1.3.5　湿度

湿度对舒适度的影响，虽然在 *PMV* 指标的呼吸换热和体表换热中予以考虑，但 *PMV-PPD* 评价体系中并未单独给出明确的评价指数，仅在 ISO 7730 及 ASHRAE 55 中给出了 12g/kg 的比湿上限值。在较老的 ASHRAE 版本中，舒适区截至在比湿在 4g/kg 附近，至 2005 版，比湿下限已延伸至 0g/kg 附近，并明确说明湿度“无下限要求”。

图 42 给出了 *PMV-PPD* 体系的热舒适范围，红色区域给出了着装为 1.0clo（典型的室内着装）时的热中性区域，ASHRAE 55 及 ISO 7730 定义的热舒适区则被确定在着装为 0.5clo 至 1.5clo 的范围内。

在 ASHRAE 55:1977 中，湿度的热舒适范围下限约为 4g/kg，(图 42 截止至虚线位置的阴影区)。ASHRAE 55:2005 中则被延伸至 0g/kg 处。

奥尔吉伊的生物气候图则在水蒸气分压力下限 5mmHg（比湿 4.25g/kg）之上分别给出了热中性区、通风环境及非通风环境中的舒适度区域。

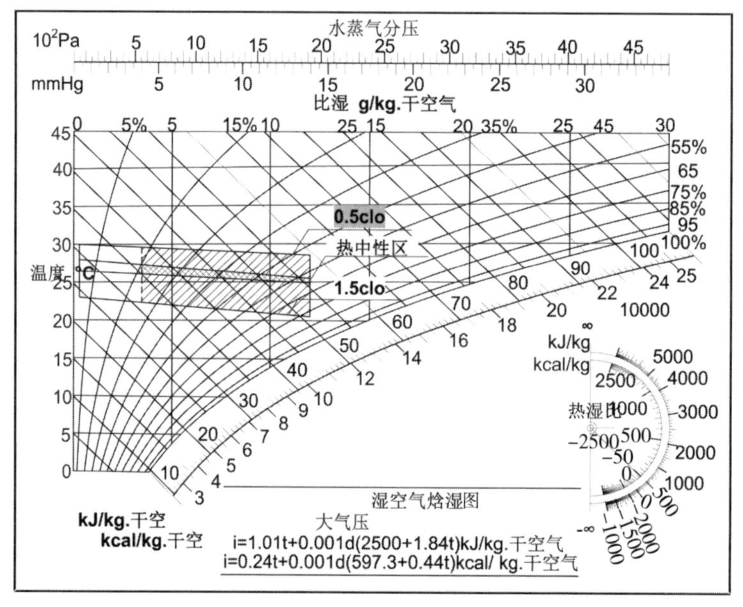

图 42　*PMV-PPD* 评价体系的舒适湿度

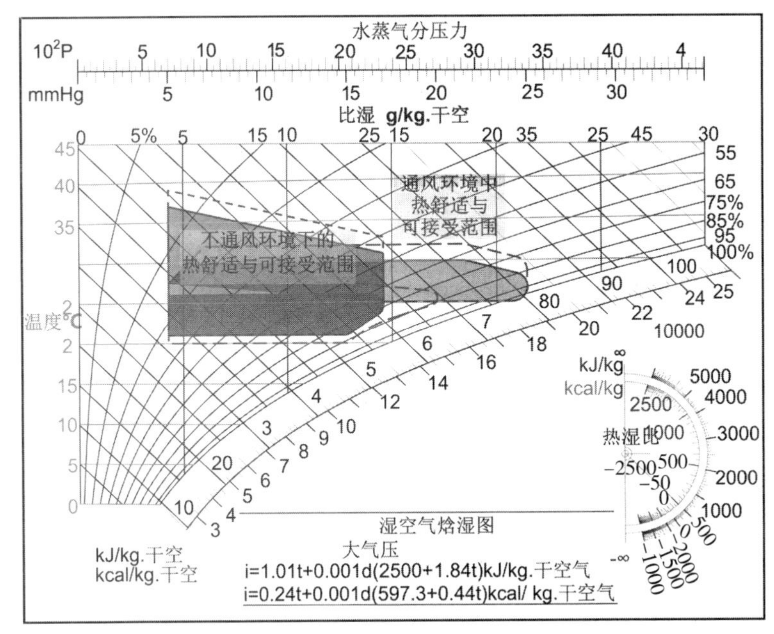

图 43 建筑生物气候图

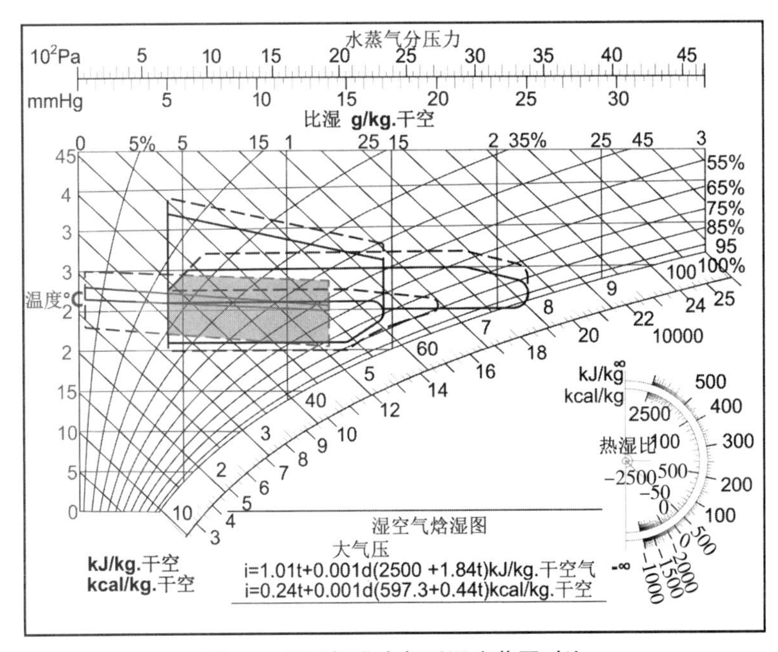

图 44 不同标准中舒适湿度范围对比

将不同舒适性模型的舒适湿度范围进行对比，可以看出，各模型舒适湿度的交集介于比湿处于 4.25g/kg~12g/kg 范围间。

从人的生理反应上可以解释为：

- 当空气湿度低于 4.25g/kg 时，干燥的周围环境引起的人体体表水分蒸发和呼吸潜热增加导致人体失水引发不适感。
- 当空气湿度高于 12g/kg 时，过高的水蒸气分压力阻碍了人体正常的排汗散热和呼吸散热机能的效率，造成气闷不适。

➢ 不同模型间舒适区气温范围的差异主要是源于不同的着装假定，与空气湿度的相关性不大。

6.1.3.6　热舒适平稳度

环境状态的平稳度也是热舒适状态的评价指标之一，ISO7730 中从气温的循环周期、漂移和状态转换也给出了具体要求：

气温产生周期性变化时，其峰谷间温差不得超出 1K；

当气温产生漂移时，漂移速度不应超过 2K/h；

热环境从一个稳态向另一个稳态过渡时，过渡期应控制在 30 分钟以上。

6.1.4　舒适度分级

ISO7730 中根据 *PPD*、*PMV*、*DR* 和 *PD* 等指数将热舒适环境分为 A、B 及 C 三级，对各指数的具体要求如下：

热舒适分级　　**表 18**

分级	整体热平衡状态		局部不舒适			
			DR(%)	*PD*(%)		
	PPD(%)	*PMV*	*DR*	竖向温差	地面温度	不对称辐射
A	<6	−0.2<PPD<+0.2	<10	<3	<10	<5
B	<10	−0.5<PPD<+0.5	<20	<5	<10	<5
C	<15	−0.7<PPD<+0.7	<30	<10	<15	<10

6.2　*MEMI* 模型与 *PET* 指标

基于 *MEMI* 模型，Höppe 和 Mayer 给出了生理等效温度 *PET* 的概念，并以 *PET* 作为基本评价指标。

生理等效温度 *PET* 是通过给定气象条件确定人体体表温度后回带至 *MEMI* 基本模型（公式 45）和体表换热方程（公式 76）反算得出的人对大气温度的体感温度。

PET 根据人体感觉和生理应激水平分为 9 级，表 19 给出了 *PET* 指标的基本分级规则。

生理等效温度的分级规则　　**表 19**

PET	人体感觉	生理应激水平
<4℃	严寒	极端的冷应激反应
4~8℃	寒冷	强烈的冷应激反应
8~13℃	冷	中等的冷应激反应
13~18℃	凉爽	轻微的冷应激反应
18~23℃	舒适	无应激反应
23~29℃	温暖	轻微的热应激反应
29~35℃	热	中等的热应激反应
35~41℃	炎热	强烈的热应激反应
≥ 41℃	酷热	极端的热应激反应

7　被动式建筑的舒适性评测

当以某种适当的途径满足了被动式建筑标准的要求时，所有舒适性标准得到自然满足。热舒适性总会随着建筑物保温性能的提高而有所改善。

➢ 被动式建筑的室内设计温度为20℃。*PMV-PPD* 评价体系中当着装厚度在0.25~1.25clo范围内时室温20±1℃所对应的*PPD*指数在5%以内（图32），即被动式建筑的室内设计温度指标恰好满足A级热舒适*PPD*<6%（表18）的基本要求。

➢ 除非出现空气泄漏，趋于均衡的温度场所引起的气流速度在主要的生活空间区域可保持在一个极低的水平。在部分通风口、加热板及外窗周边等区域，可能产生部分气流超出0.08m/s的A级舒适度限值（DR=10%，表18，图36）但基本上不会影响到生活空间。

在图45中给出了窗户内表面温度与室内气温间温差对室内空气流动影响的CFD模拟结果。当温差被控制在3.5℃以下，受温差影响，窗户下方的地面附近在距离外窗约100mm的位置会形成峰值流速约0.11m/s的气流，虽然气流速度超出最佳舒适度要求的0.08m/s的极限速率，但出现在生活空间外缘小区域内的这股气流不会对生活空间的舒适度产生影响。

➢ 被动式建筑中外围护构件平均有效传热系数低于0.85W/（m^2·K），室内处于坐姿的人头部至脚踝间温度分层不会超出2℃。即在被动式建筑中因温度分层引起的*PD*指数不会超出1.7%（图39），完全满足*A*级舒适度*PD*指数不超过3%的要求。

➢ 被动式建筑中良好的外围护保温性能有效的抑制了室温与外围护结构内表面间温度的差异。即使在冬季，满足被动式建筑标准的屋顶、外墙的保温性能可以保证其室内表面温度与室内气温间的差异始终保持在1.0℃以内；满足被动式建筑品质要求的外窗则可保证窗户内侧的表面温度与室温间的差异被控制在3.5℃以内。

换言之，屋顶、底板间温差不会超出2.0℃；外窗、内墙墙身间温差不会超出4.5℃。即暖顶、冷墙现象（图41）

➢ 空气湿度不得超过闷热的限制；
➢ 空气流动的极限速率及不满意度（0.8m/s，6%）；
➢ 辐射温度与空气温度的差异；
➢ 辐射温度的最大方向差异（小于5℃）；
➢ 人处于坐姿时，头部和踝关节间的室温分层（小于2℃）；
➢ 室内不同地点的最大感知温度差异（不超过0.8℃）。

针对室内不同地点的感知温度差异，丹麦科学家P.O.弗兰克指出：室内不规则的温度场是导致住户投诉的重要因素之一。

一个有趣的现象，当以某种适当的途径满足了被动式建筑标准的要求时，所有舒适性标准得到自然满足。热舒适性总会随着建筑物保温性能的提高而有所改善。事实上，可以通过下述要点理解这一现象：

➢ 保温性能的提高减少了自内而外的热量流失；
➢ 室内空间与外围护结构内表面间的热量交换减少，即二者间温差有所降低。
➢ 热量交换的减少意味着温度损失的降低。

良好的外围护保温性能能够有效的抑制室温与外围护结构内表面间温度的差异。即使在冬季，满足被动式建筑标准的屋顶、外墙的保温性能可以保证其室内表面温度与室内气温间的差异始终保持在1.0℃以内；满足被动式建筑品质要求的外窗则可保证窗户内侧的表面温度与室温间的差异被控制在3.5℃以内。

$$\vartheta_{室内空气}-\vartheta_{窗户内表面}\leqslant 3.5℃ \quad 公式90$$

当外围护结构内表面温度与室内气温差异得到有效控制时，各项舒适性指标可以得到全方位的满足：

➢ 除非出现空气泄漏，趋于均衡的温度场所引起的气流速度可保持在一个极低的水平；
➢ 当室外温度不低于室内温度以下3.5℃时，来自不同方向辐射的温度差异不会超出3.5℃；
➢ 当建筑外围护构件的平均有效传热系数不超过0.85W/（m^2·K）时，室内处于坐姿的人头

部至脚踝间温度分层不会超出 2℃。

➢ 室内不同位置的感知温度不会超出 0.8℃。

被动式建筑中上述所有舒适性指标已得到理想的实现，一个自动的辐射热气候已在被动式建筑中形成，无需通过表面加热补偿去刻意营造。

被动式建筑的上述特征已由三个相互独立的科研课题所证实：

➢ 被动式建筑室内空气温度和风速测量的红外图像记录。

➢ 伯恩哈德利普的感知舒适性生理测试结果。

➢ 对保温建筑的居民进行社会调查的结果。

在图 45 中给出了窗户内表面温度与室内气温间温差对室内空气流动影响的 CFD 模拟结果。当温差被控制在 3.5℃以下，受温差影响，窗户下方的地面附近在距离外窗约 100mm 的位置会形成峰值流速约 0.11m/s 的气流，虽然气流速度超出最佳舒适度要求的 0.08m/s 的极限速率，但出现在生活空间外缘小区域内的这股气流不会对生活空间的舒适度产生影响。

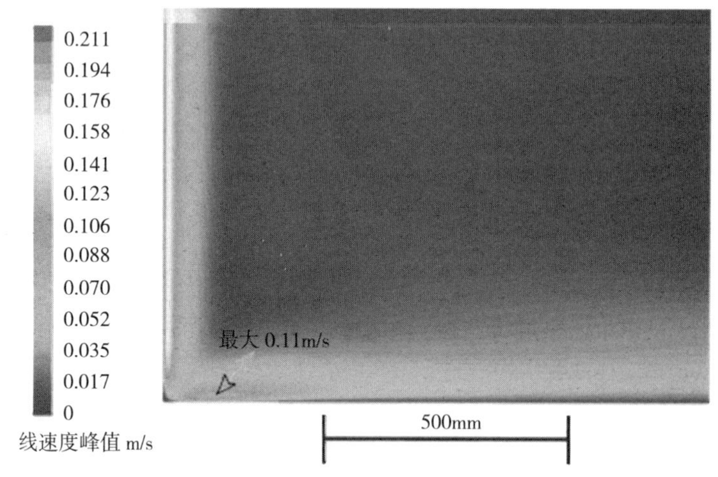

图 45　外窗表面温度与室温间温差引起的气流扰动

一般来说，人体在室内感觉最舒适的温度是 15℃ ~18℃为宜，如果室内空气不流通或者相对湿度小于 35%，且室内气温超过 25℃以上时，人体就开始从外界吸收热量，你就会有热的感觉。若气温超过 35℃，这时人体的汗腺开始启动，通过微微涔汗散发积蓄体温，心跳加快，血液循环加速，就会感到头昏脑胀，全身不适和疲劳，有昏昏欲睡的感觉，而且酷热难熬。

相反，当气温低于 4℃以下，你会感到寒冷。当室温在 8℃ ~18℃时，人体就会向外界散热，加上室内微风吹拂流通，室内相对湿度在 40% ~60%之间，你会感到身体舒适健康。湿度对人体的影响，在室内舒适温度范围内不太明显。但在 28℃、相对湿度达 90%时，你就会有气温达 34℃的感觉。这是因为湿度大时，空气中的水汽含量高，蒸发量少，人体排泄的大量汗液难以蒸发，体内的热量无法畅快地散发，因此，你就会感到闷热。仅仅从相对湿度来讲，人体最适宜的空气相对湿度是 40% ~50%，因为在这个湿度范围内空气中的细菌寿命最短，人体皮肤会感到舒适，呼吸均匀正常。根据气象专家统计，当相对湿度达 30%时，中暑的气温是 38℃，当相对湿度达 80%和气温在 31℃，体质较弱的人有时也会引起中暑，如果冬天遇到低温高湿天气，人们就会感到阴湿寒冷。

结论：

健康的湿度环境是 45%~65%，在这样的湿度条件下，人体感觉最舒适，各种病菌不易传播。湿度高于 65% 会使人体呼吸系统和黏膜产生不适，免疫力下降。

2

河北新华幕墙公司被动式超低能耗建筑项目总结

田山明

摘　要：本文通过对河北新华幕墙公司被动式超低能耗办公楼项目的总结，较为全面地阐述了该项目从设计、施工、检测到验收的实施全过程。以获得德国被动式建筑研究所被动式建筑认证为目标，以被动式建筑五个要素“保温、门窗、气密性、无热桥、新风系统”为核心，以被动式建筑精细化施工监造为手段，以完美的被动式建筑气密性检测结果为依据，以全面的新风系统运行状态监测为保障，建成了目前全国最有影响力的被动式超低能耗公共建筑。

关键词：河北新华幕墙公司；德国被动房研究所认证；住房和城乡建设部科技中心被动式超低能耗建筑示范项目

1　项目简介

1.1　项目背景

河北新华幕墙有限公司，是集设计、研发、生产、安装、服务于一体的专业幕墙、门窗生产企业。产品涵盖玻璃幕墙、铝（塑）板幕墙、石材幕墙、全玻幕墙、点式幕墙、铝合金门窗、塑钢门窗、木门窗、铝包木门窗、中空玻璃及不锈钢装饰等。拥有建筑幕墙设计与施工一体化一级资质、金属门窗一级资质，年产值近 4 亿元。

为了顺应国家关于建筑节能降耗的政策，2013 年 5 月，公司组团前往欧洲，考察先进的节能门窗技术和产品，第一次接触到“被动式超低能耗”房屋。通过了解，认识到这是一项既符合国家产业政策，又可给人们带来更舒适的居住环境的建筑节能技术。它既拥有超高的节能效果，可大大减少建筑耗能，从而降低能源生产造成的空气污染；又能阻隔大气中雾霾对室内人员的侵害，为居住者创造一个健康的室内环境。而且，只要把好物理设计和精细化施工关口，使用我国现有的建筑技术和材料完全可以达到要求，增量成本也是合理和可以接受的。正逢公司新厂区开始建设，于是，公司决定，首先把新办公楼按照“被动房”的要求建设，既可以探索这项节能技术的可行性，为“被动式超低能耗”建筑在我国的推广试水，又可以充分展示公司的节能产品，为研发高性能的门窗幕墙提供平台。

为此，公司派团考察了德国、奥地利、瑞士的被动式建筑范例，与多个有资质的欧洲国家被动式建筑设计机构进行了交流，选择了奥地利希波尔和伯尔建筑物理研究所承接本项目的物理设计、监造工作，并联合建学建筑与工程设计所有限公司共同承担本项目的设计、技术和施工监造、技术培训等工作。奥方专家组于2013年10月来现场考察、商务谈判，三方达成一致。合作协议签订以后，奥方指派希波尔公司总裁Schoeberl先生亲自负责本项目，资深设计师Dawid Michulec操刀设计，建学设计紧密配合。经过紧张的二次设计工作，2014年3月，办公楼开始施工，并于2015年3月顺利竣工。

1.2 项目进展情况

该项目于2013年8月开始基础施工，2013年10月确定按德国被动式超低能耗建筑标准进行修改设计。当时，基础及钢框架已施工完毕。2014年3月起按修改后的图纸进行结构楼板施工及二次结构施工。

2014.6 该项目通过住房和城乡建设部组织的专家评审，被评为2014年被动式超低能耗绿色建筑示范工程。

2014.6.18 样板间气密性检测，检测单位：中国建筑科学研究院检测中心。样板间的气密性数值是 $n_{50}=0.5h^{-1}$。

2014.9.30 德国达姆施塔特国际被动式建筑研究所负责人考夫曼先生亲临现场检查施工质量，指导工作。

2014.11 德国达姆施塔特国际被动式建筑研究所指定的气密性检测专家进行整楼气密性检测。办公楼的气密性数值是 $n_{50}=0.1h^{-1}$

2015.6.18 住房和城乡建设部及河北省住房和城乡建设厅召开“河北新华幕墙公司办公楼”被动式建筑现场技术交流会，德国达姆斯塔特国际被动式研究所费斯特教授颁发“被动式建筑”认证证书。

图1 钢结构施工过程

图2 维护结构施工过程

图3 外墙保温施工过程

图4 竣工

项目位置：该项目位于河北涿州松林店经济开发区内。为京津冀协同发展的核心区域，距天安门60km，距北京新机场25km，距天津150km，距保定市78km，距涿州市区10km。

该项目所处地区是我国建筑气候分区的寒冷地区，具有典型的寒冷地区的气候特征。该项目的建成，为中国寒冷地区气候的问题和可行的建筑技术解决方案，提供了很有价值的示范作用。

项目概况：总建筑面积：5796.92m²，四层，局部出屋面机房。

其中：办公楼建筑面积：3934.88m²，公寓建筑面积：1862.04m²

钢结构框架，钢筋混凝土楼板，钢筋混凝土独立柱基

外围护墙体：加气混凝土砌块

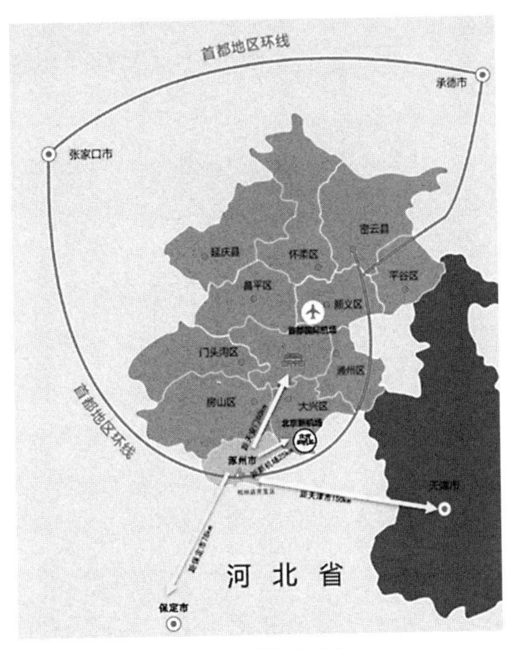

图5 项目位置

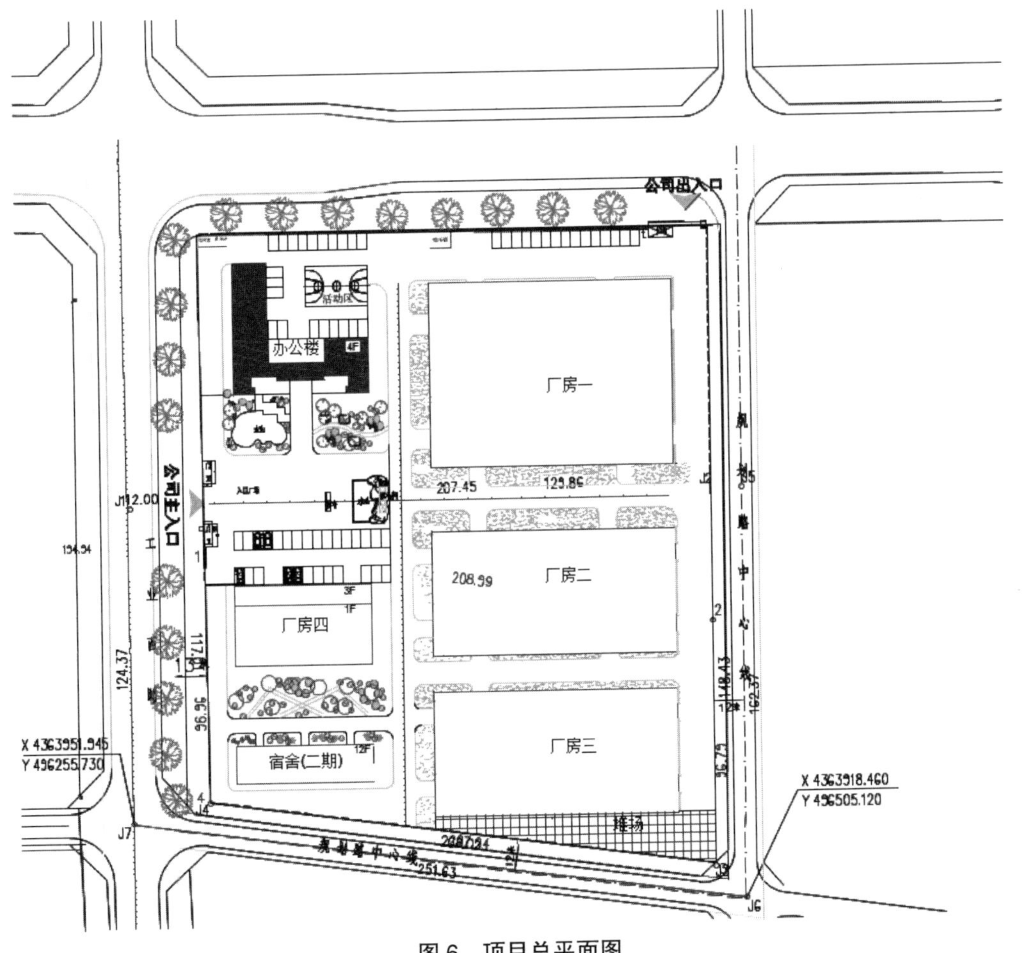

图6 项目总平面图

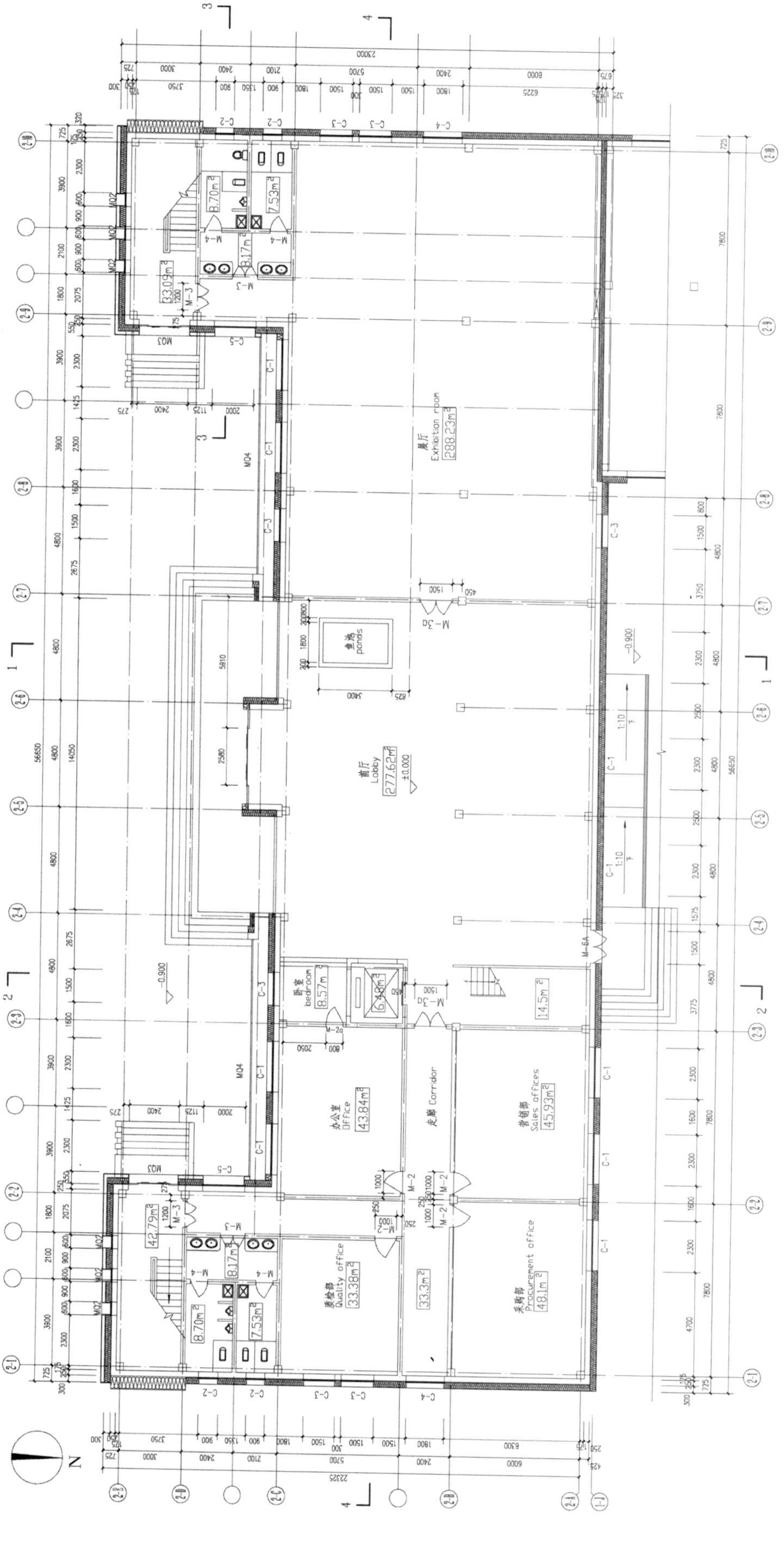
展厅
Exhibition room
288.23m²
前厅
Lobby
277.62m²
±0.000
鱼池
ponds
卧室
bedroom
8.57m²
办公室
Office
43.84m²
走廊 Corridor
营销部
Sales offices
45.93m²
质检部
Quality office
33.38m²
采购部
Procurement office
48.1m²
办公楼首层平面图 1:100

图 7　办公楼首层平面图

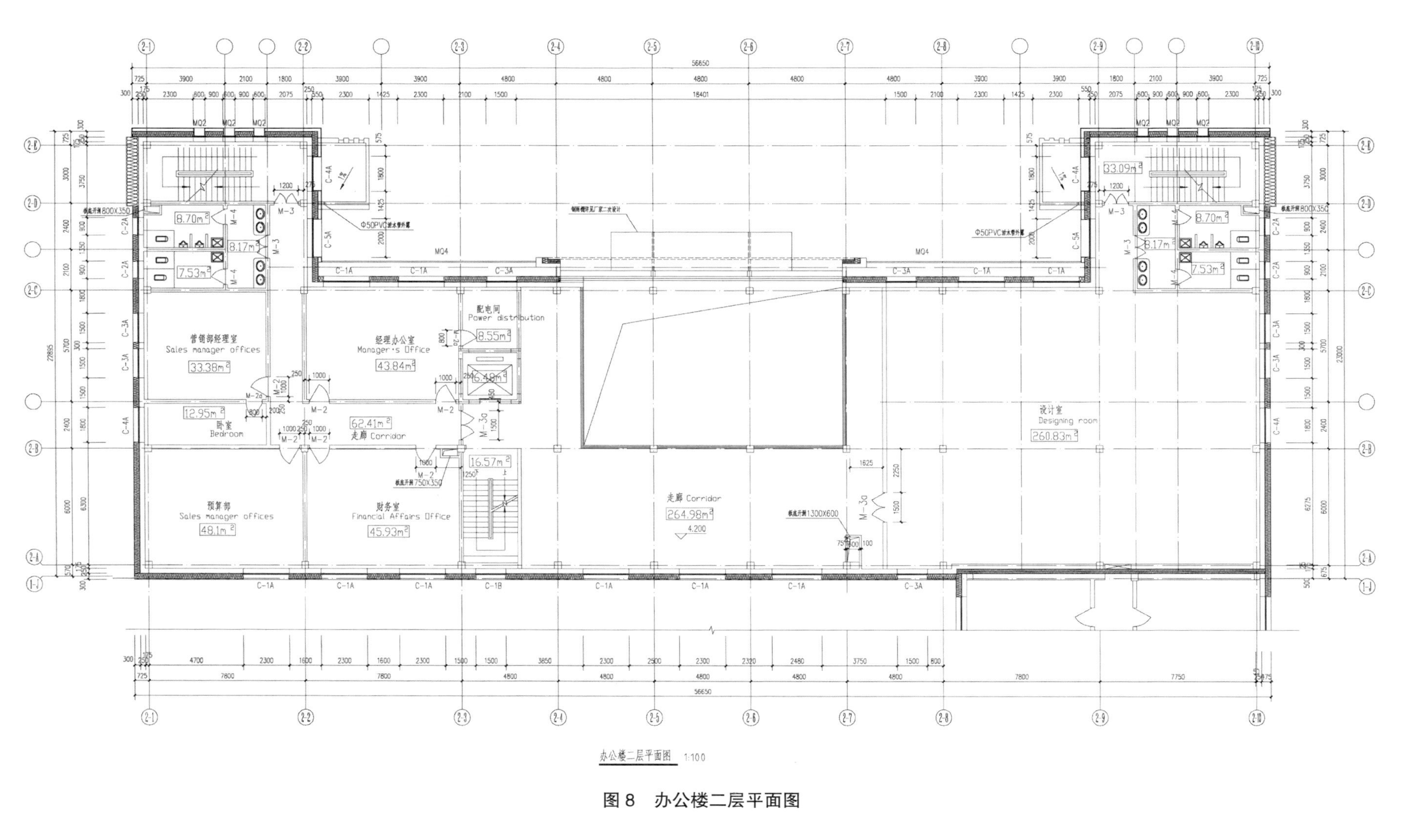

营销部经理室
Sales manager offices
33.38m²
经理办公室
Manager's Office
43.84m²
配电间
Power distribution
8.55m²
12.95m²
卧室
Bedroom
62.41m²
走廊 Corridor
16.57m²
预算部
Sales manager offices
48.1m²
财务室
Financial Affairs Office
45.93m²
走廊 Corridor
264.98m²
4.200
设计室
Designing room
260.83m²
33.09m²
8.70m²
8.17m²
7.53m²
办公楼二层平面图 1:100

图 8　办公楼二层平面图

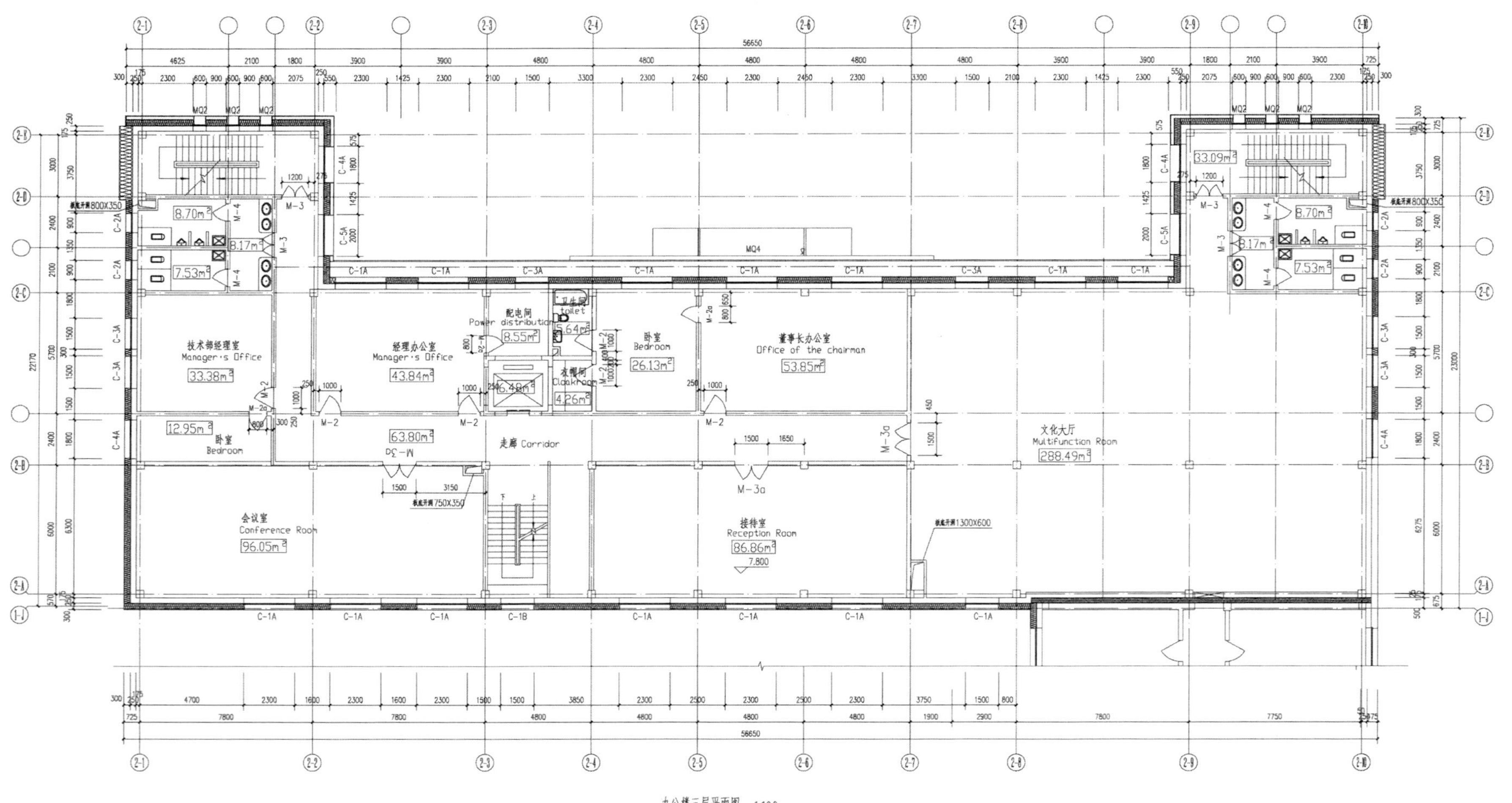
技术部经理室
Manager's Office
33.38m²
经理办公室
Manager's Office
43.84m²
配电间
Power distribution
8.55m²
卫生间
toilet
5.64m²
衣帽间
Cloakroom
4.26m²
卧室
Bedroom
26.13m²
董事长办公室
Office of the chairman
53.85m²
卧室
Bedroom
12.95m²
63.80m²
走廊 Corridor
文化大厅
Multifunction Room
288.49m²
会议室
Conference Room
96.05m²
接待室
Reception Room
86.86m²
办公楼三层平面图 1:100

图 9 办公楼三层平面图

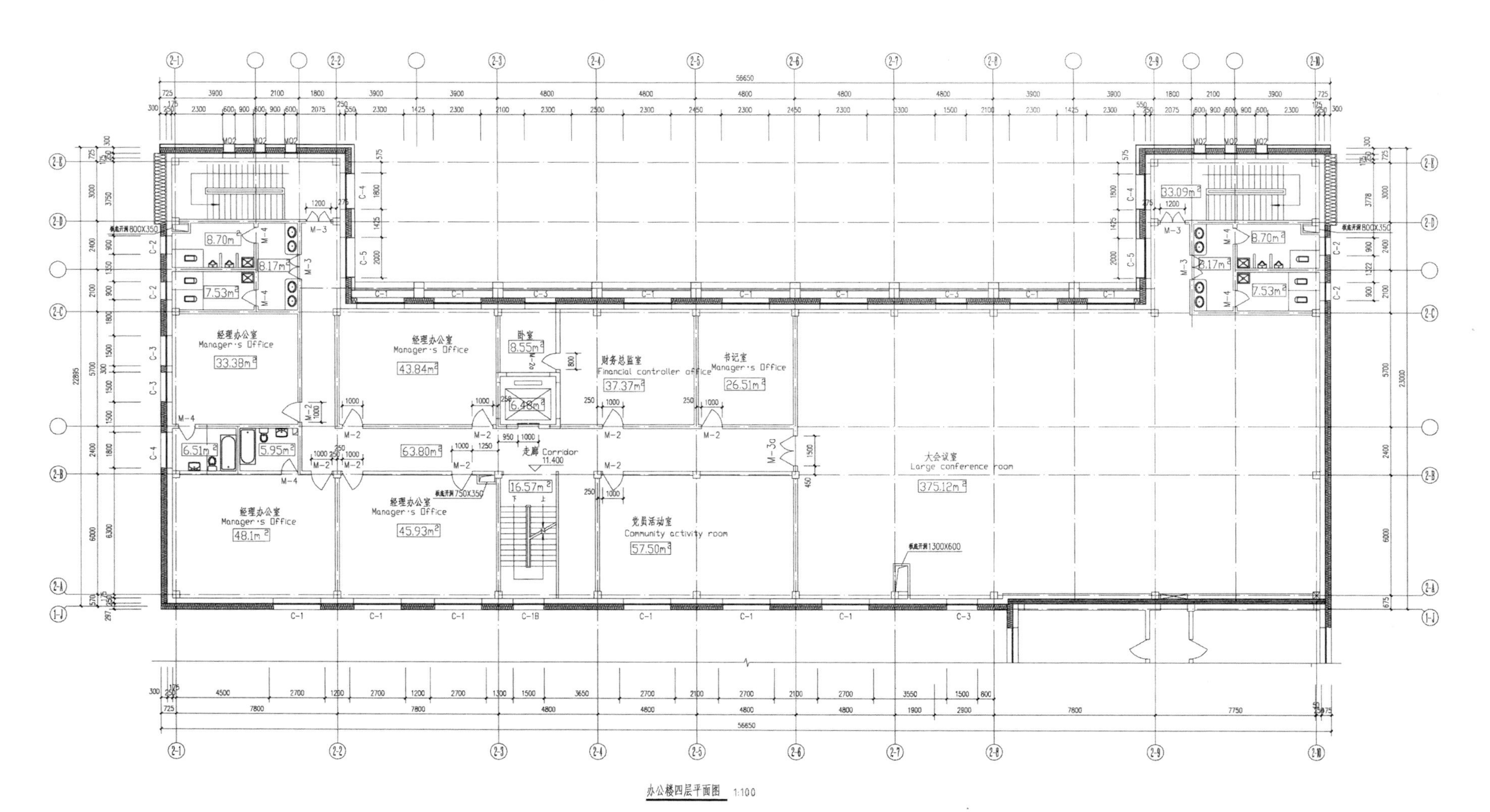

图 10　办公楼四层平面图

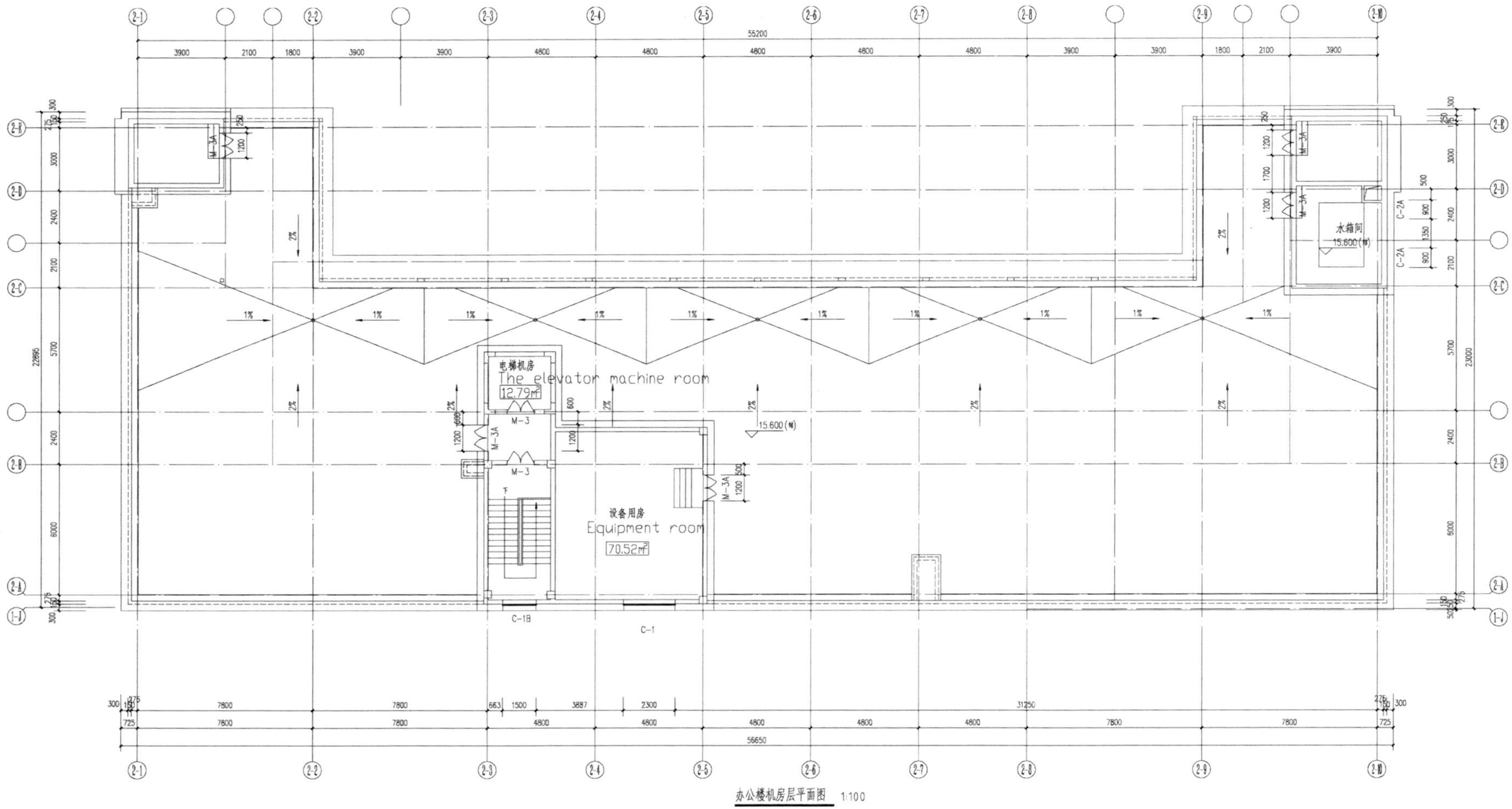

电梯机房
The elevator machine room
12.79㎡

设备用房
Equipment room
70.52㎡

水箱间
15.600(顶)

15.600(顶)

办公楼机房层平面图 1:100

图 11 办公楼机房层平面图

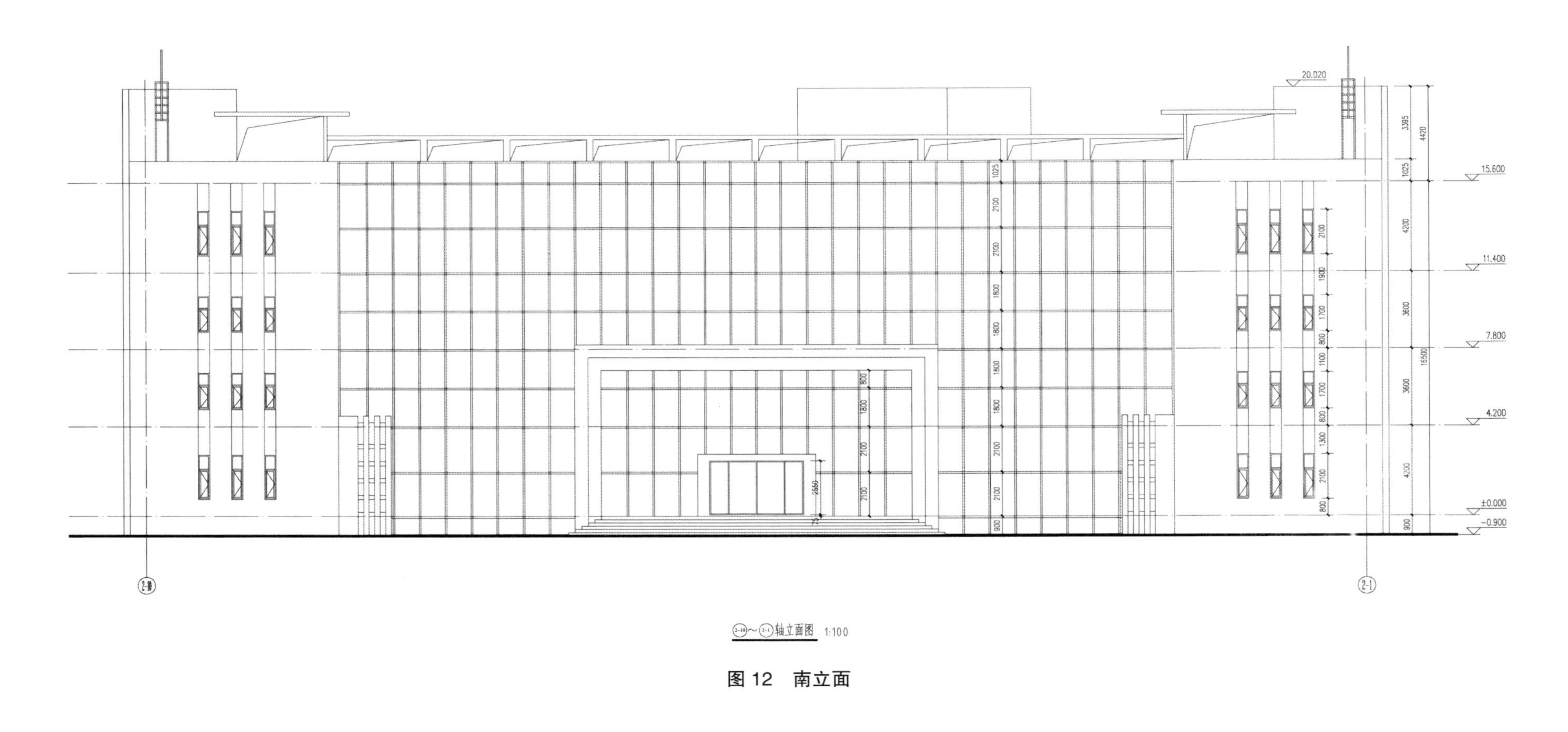
20.020
15.600
11.400
7.800
4.200
±0.000
-0.900
3395
4420
1025
4200
3600
3600
4200
900
16500
2-1
2-10～2-1轴立面图 1:100

图 12 南立面

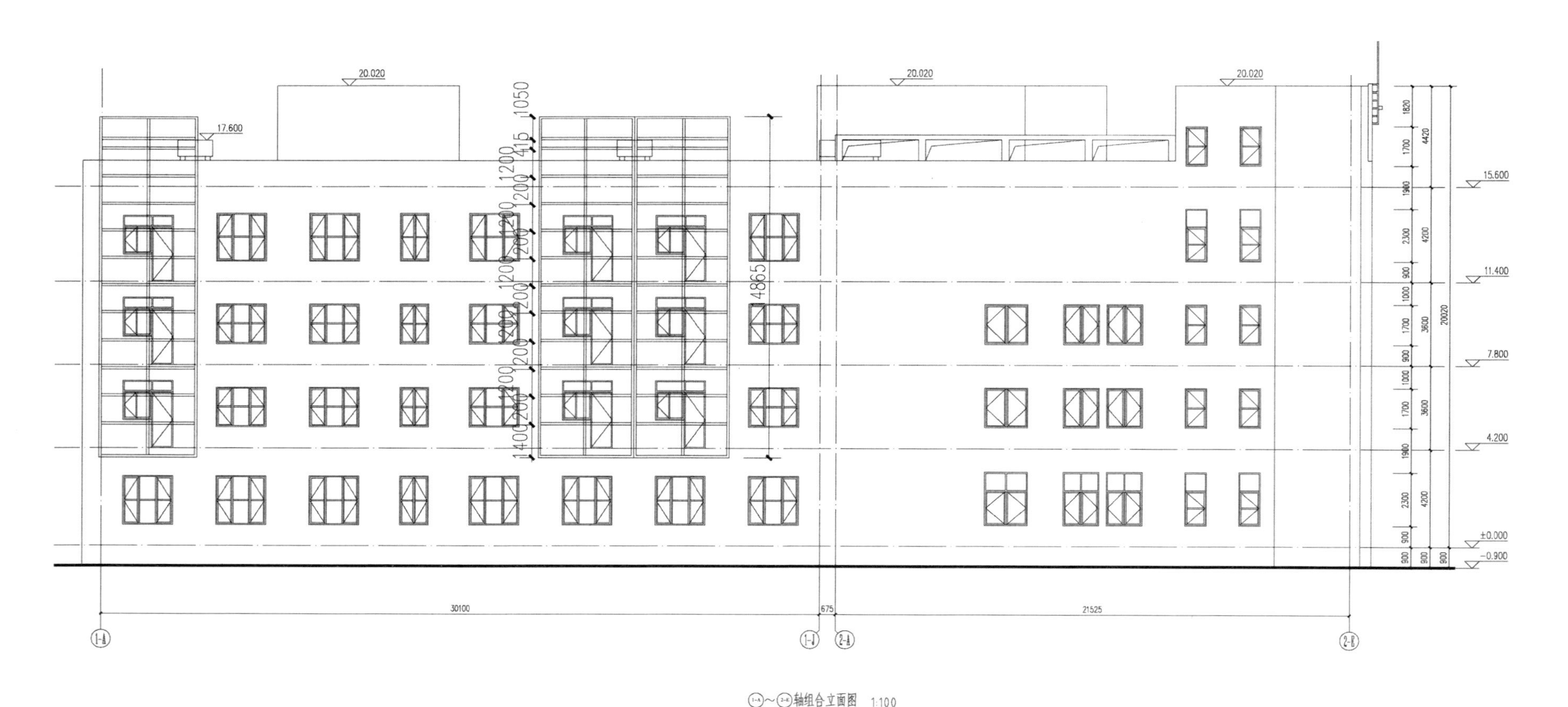
20.020
20.020
20.020
17.600
15.600
11.400
7.800
4.200
±0.000
−0.900
14865
30100
675
21525
1-A
1-J
2-A
2-B
1-A～2-B轴组合立面图 1:100

图 13　西立面

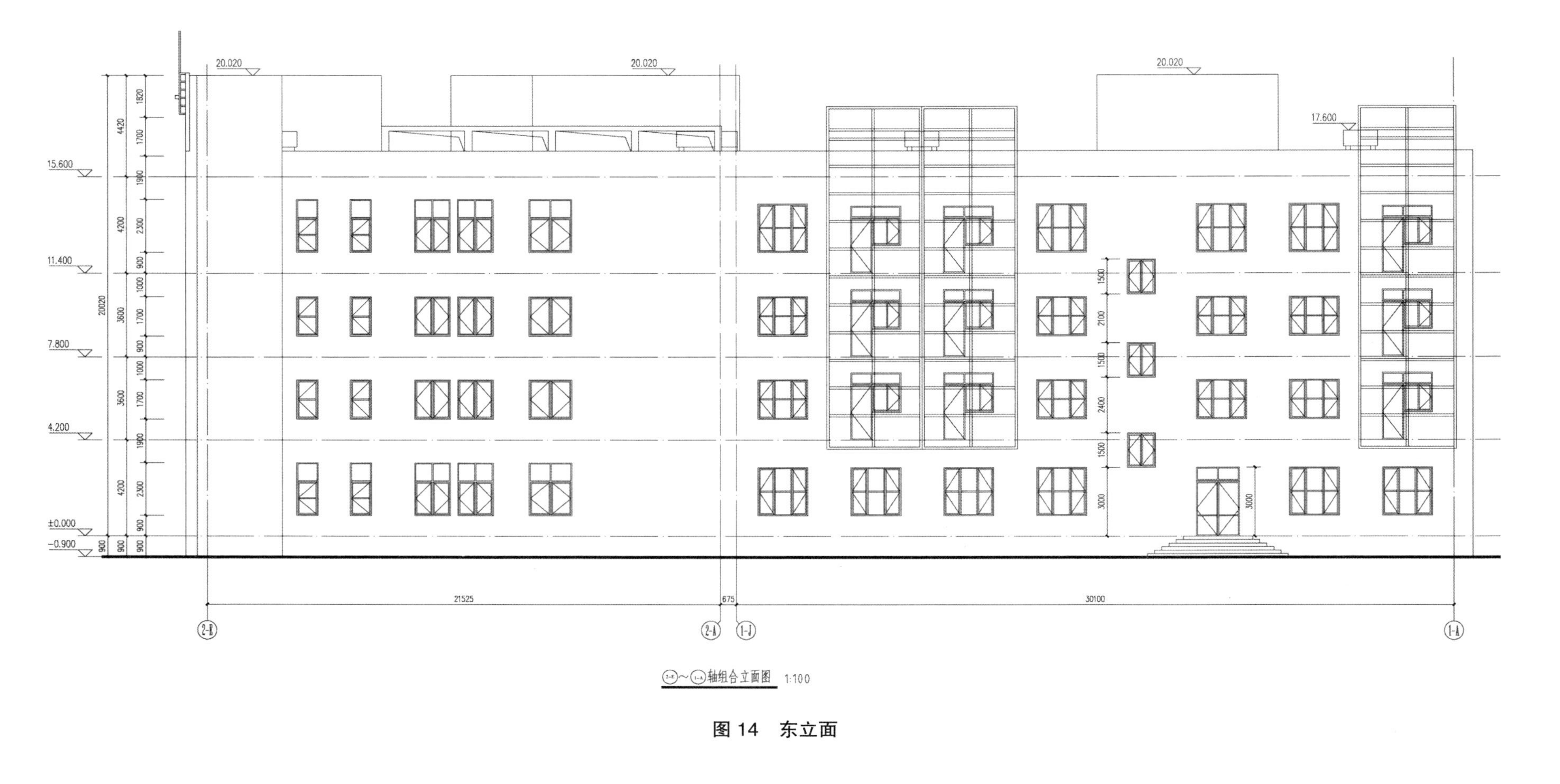
20.020
20.020
20.020
17.600
15.600
11.400
7.800
4.200
±0.000
-0.900
20020
4420
4200
3600
3600
4200
900
1820
1700
1900
2300
900
1000
1700
900
1000
1700
1900
2300
900
900
900
1500
2100
1500
2400
1500
3000
3000
21525
675
30100
2-B
2-A
1-J
1-A
轴组合立面图 1:100

图14 东立面

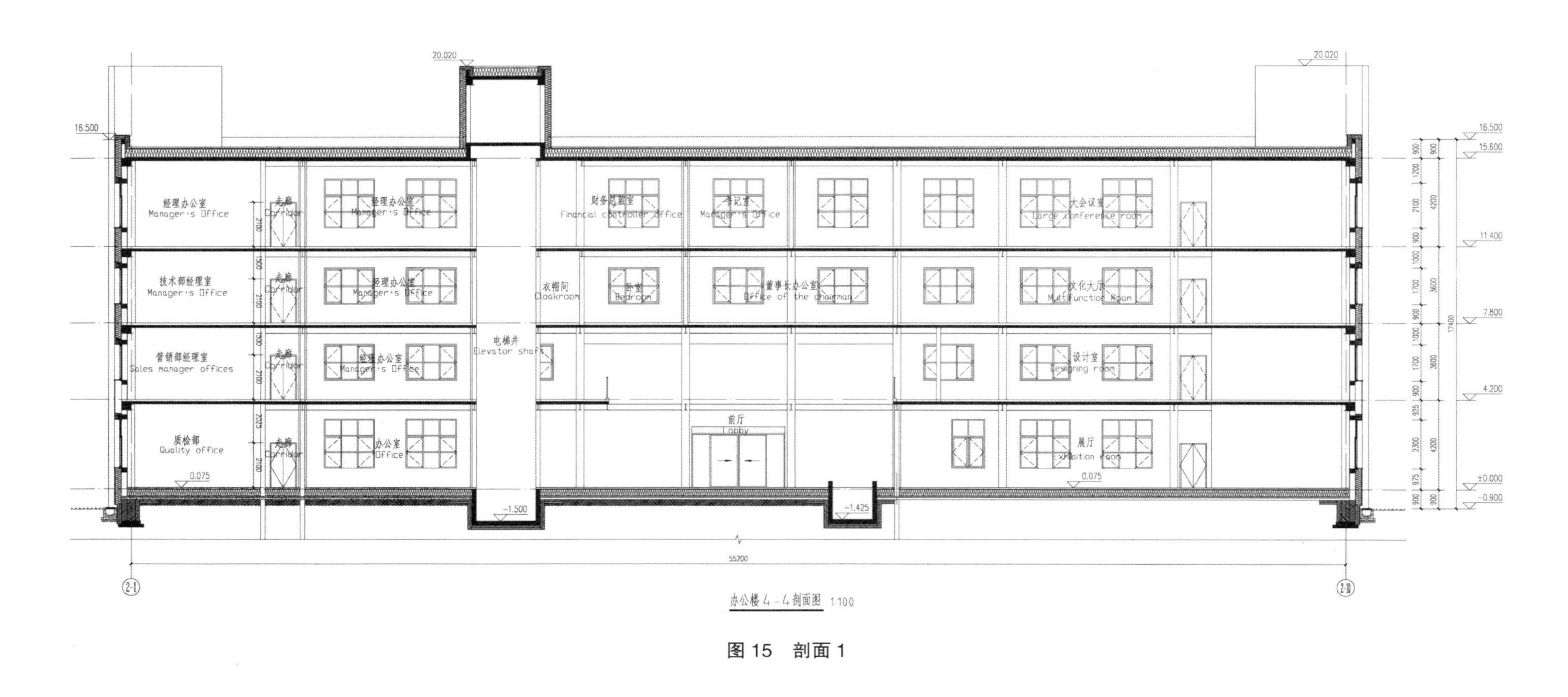
经理办公室
Manager's Office
技术部经理室
Manager's Office
营销部经理室
Sales manager offices
质检部
Quality office
走廊
Corridor
经理办公室
Manager's Office
办公室
Office
电梯井
Elevator shaft
财务总监室
Financial controller office
书记室
Manager's Office
衣帽间
Cloakroom
卧室
Bedroom
董事长办公室
Office of the chairman
前厅
Lobby
大会议室
Large conference room
文化大厅
Multifunction Room
设计室
Designing room
展厅
Exhibition room
办公楼4-4剖面图 1:100

图15 剖面1

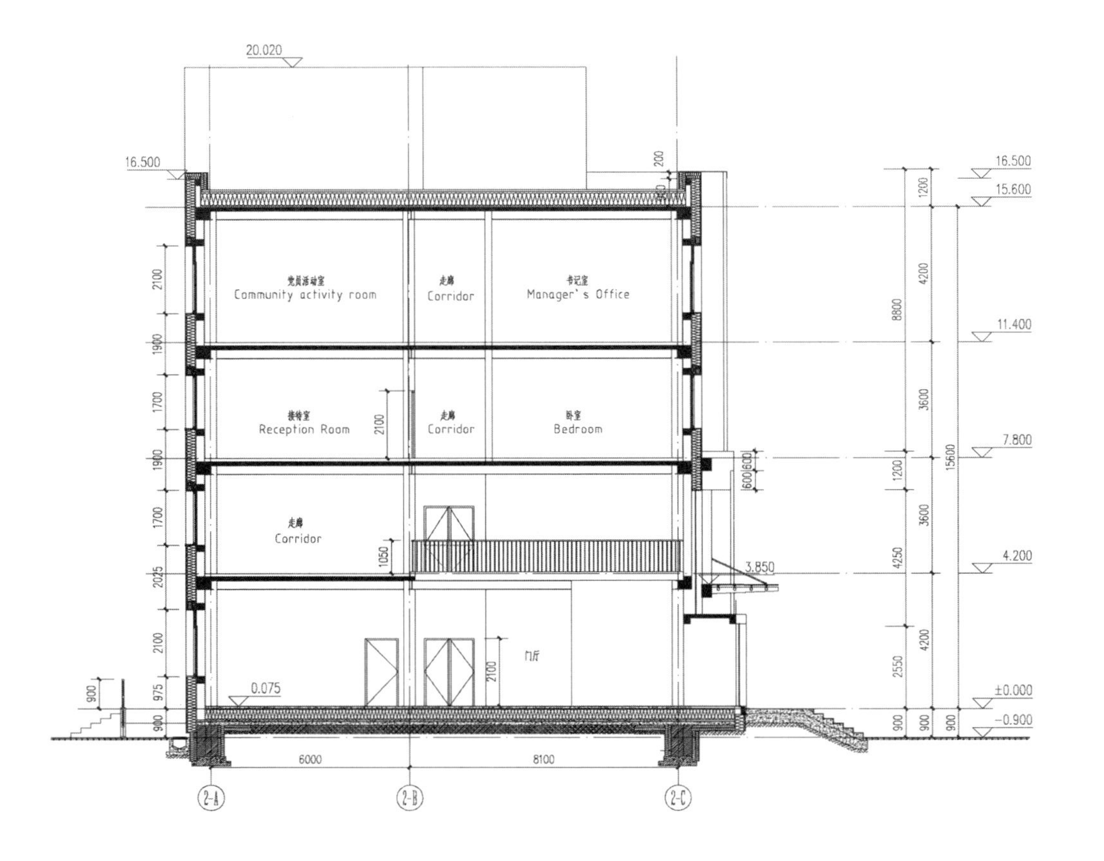

办公楼 1-1剖面图 1:100

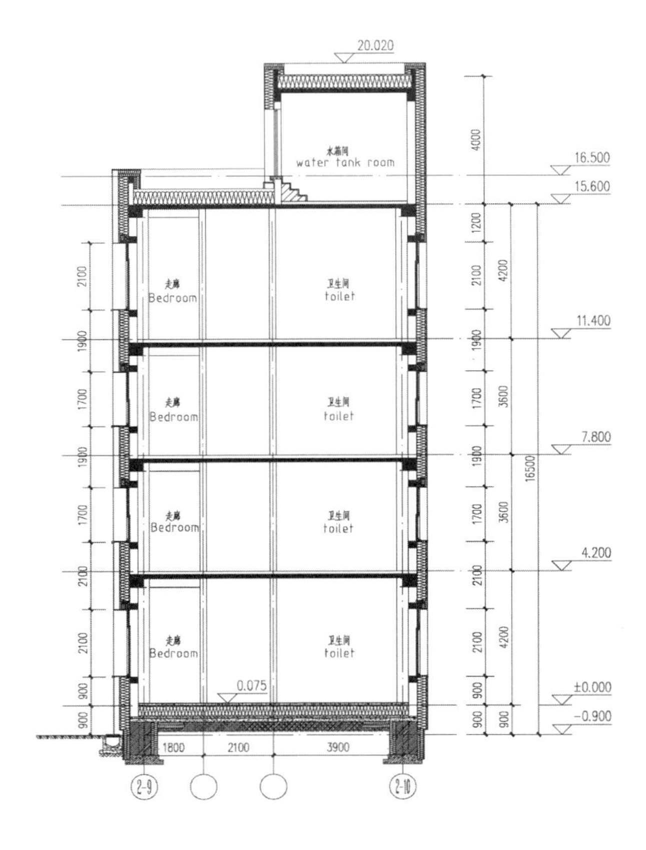

办公楼 3-3剖面图 1:100

图 16　剖面 2

2 项目实施

2.1 建筑节能规划设计

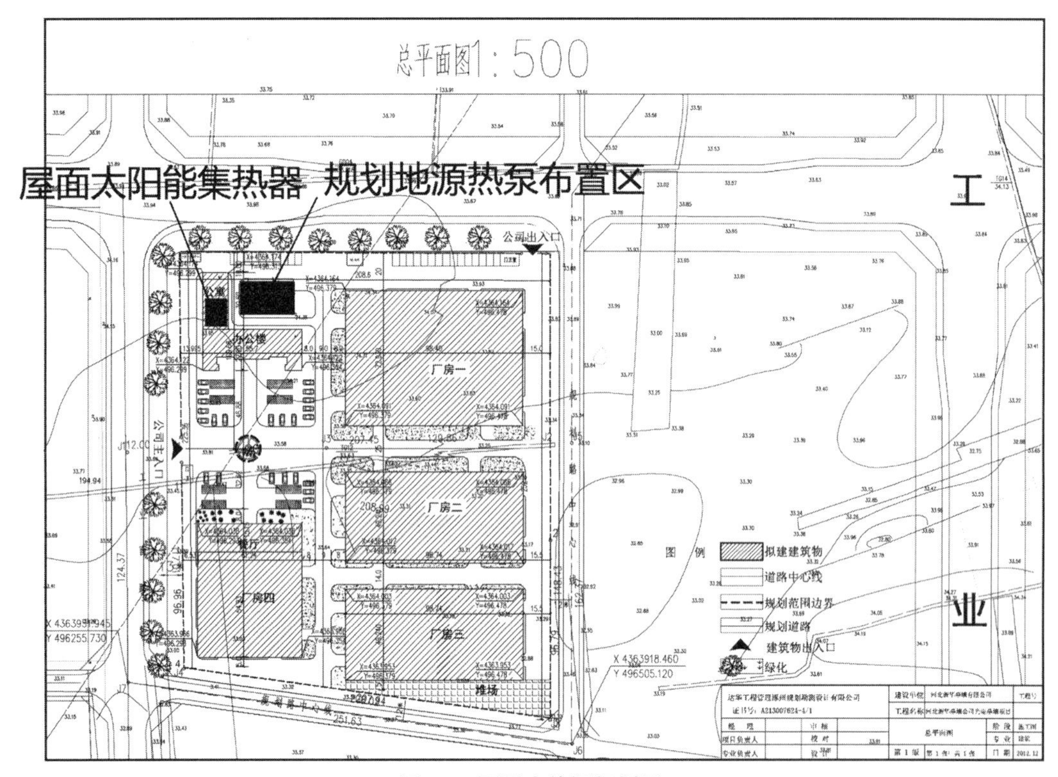

图 17 可再生能源规划图

（1）办公楼及公寓位于建设场地的西北角，涿州地区主导风向为东北风及南风。办公楼南边场地开阔，东北方向无建筑，有利于气流扩散。

（2）办公楼正立面朝向正南，与南侧建筑物间距 88.85m。全年全天日照无遮挡，满足被动式建筑日照要求。

（3）单体建筑体型系数及窗墙比。

体型系数：

建筑名称	体型系数
办公楼	0.22
公寓	0.22

窗墙比：

办公楼	数值	公寓	数值
南立面	0.37	南立面	—
北立面	0.21	北立面	0.04
东立面	0.29	东立面	0.27
西立面	0.29	西立面	0.26

（4）公寓屋面预留太阳能集热器布置区。

（5）办公楼北侧规划地源井布置区。

2.2 围护结构节能技术

（1）非透明围护结构各部位传热系数

围护结构部位	外墙	屋面	地面	外窗
传热系数 W/（m^2·K）	0.1	0.1	0.1	< 0.8

1）地面及外墙保温节点：

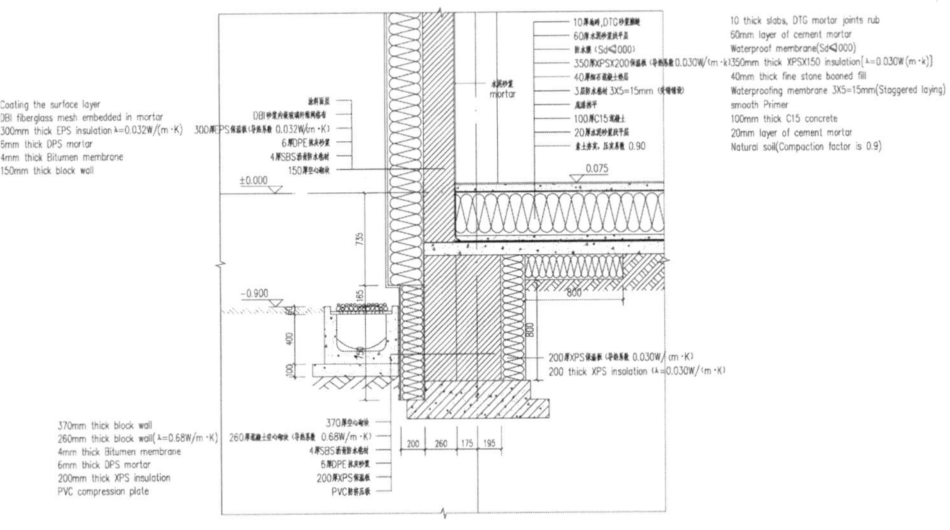

图 18　地面及外墙保温节点

地面保温做法：（自上而下）

① 10 厚地砖，DTG 砂浆擦缝

② 60 厚水泥砂浆找平

③ 防水膜（Sd ≤ 1000）（改：铝膜卷材防水一道）

④ 350 厚 XPS（200）保温板〔导热系数 0.030W/（m·k）〕

⑤ 40 厚细石混凝土垫层

⑥ 3 层防水卷材 3×5=15mm（交错铺设）

⑦ 冷底子找平

⑧ 100 厚 C15 混凝土层

⑨ 20 厚水泥砂浆找平层

⑩ 素土夯实，压实系数 0.90

基础墙内侧保温做法：

200 厚 XPS 保温板〔导热系数 0.030W/（m·k）〕

基础墙外侧保温做法：（由内而外）

① 370 厚水泥砖墙

② 260 厚混凝土砌块

③ 6 厚 DPE 抹灰砂浆

④ 200 厚 XPS 保温板〔导热系数 0.030W/（m・k）〕

⑤ DBI 砂浆内嵌玻璃纤维网格布

外墙保温做法：（由内而外）

① 250 厚加气混凝土砌块墙〔导热系数 0.18W/（m・k）〕

② 260 厚混凝土砌块

③ 6 厚 DPE 抹灰砂浆

④ 200 厚 XPS 保温板〔导热系数 0.030W/（m・k）〕

2）屋面及女儿墙保温节点：

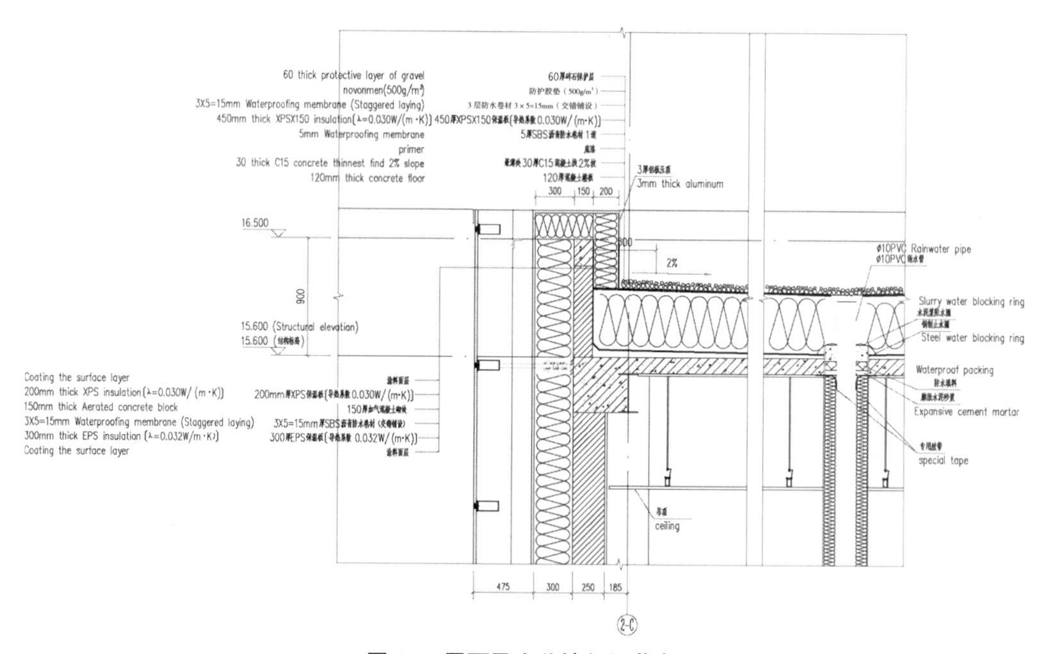

图 19　屋面及女儿墙保温节点

屋面保温做法：（自上而下）

① 60 厚碎石保护层

② 防护胶垫（500g/m^3）

③ 3 层防水卷材 3×5=15mm（交错铺设）

④ 450 厚 XPS（150）保温板〔导热系数 0.030W/（m・k）〕

⑤ 5 厚铝膜防水卷材

⑥ 冷底子油

⑦ 最薄处 30 厚 C15 轻质混凝土找 2% 坡

⑧ 120 厚钢筋混凝土楼板

女儿墙内侧保温做法：

① 250 厚加气混凝土砌块墙

② 5 厚铝膜防水卷材

③ 200 厚 XPS 保温板〔导热系数 0.030W/（m·k）〕

④ 3 层防水卷材 3×5=15mm（交错铺设）

（2）外窗及外门

1）被动房门窗采用德国 REHAU 的 GENEO—S980 系统塑钢门窗，窗为 86 系列内开内倒窗，门为外开门。

①传热系数：

门窗：玻璃 K=0.62W/（m^2·K）；窗框小于 $K \leqslant$ 0.8W/（m^2·K）；

安装后 $K \leqslant$ 0.85W/（m^2·K）

②太阳能总透射比：

窗：g=0.54，门：g=0.37

③玻璃

窗玻璃：

5mmplanilux+16Ar（90%）+6mm PLT 1.16 II（#3）+16Ar（90%）+6mm PLT 1.16 II（#5） Ug=0.62

门玻璃：

6mmSKN 174 II（#2）+16Ar（90%）+5mm planilux +16Ar（90%）+6mm PLT 1.16 II（#5） Ug=0.60

三玻两腔中空玻璃钢化处理，玻璃品牌为圣戈班。

采用超级暖边 Swisspacer。

2）门窗性能分级。

门窗性能分级执行标准 GB/T7106—2008，

气密性：8 级（q1 ≤ 0.5；q2 ≤ 1.5）；

水密性：6 级；

抗风压强度：满足 GB50009—2012 要求且不小于 4 级；

隔声性能：5 级。

3）遮阳系统为：可活动调光外百叶，手自一体外遮阳系统，配有光感风感调节。

（3）无热桥设计

1）南立面光电幕墙及屋顶装饰架与主体结构连接无热桥设计

2）外遮阳窗帘盒固定无热桥设计

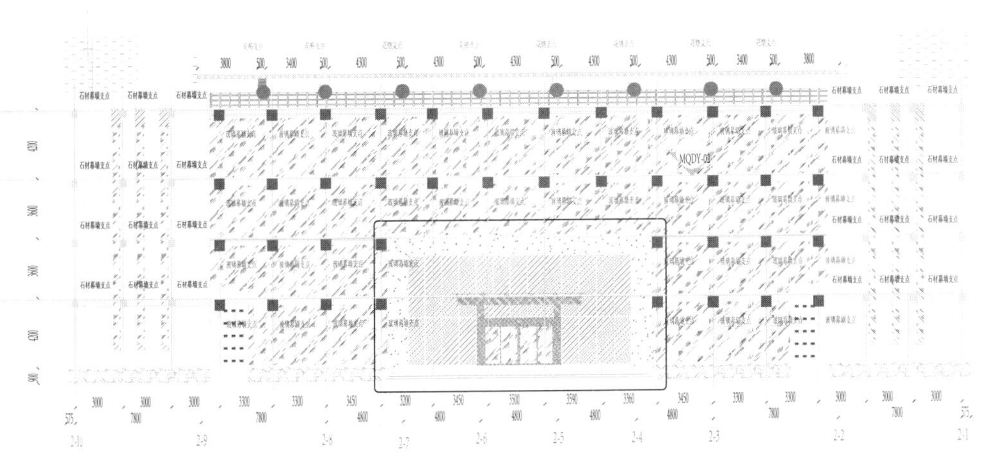

图 20　连接点布置图

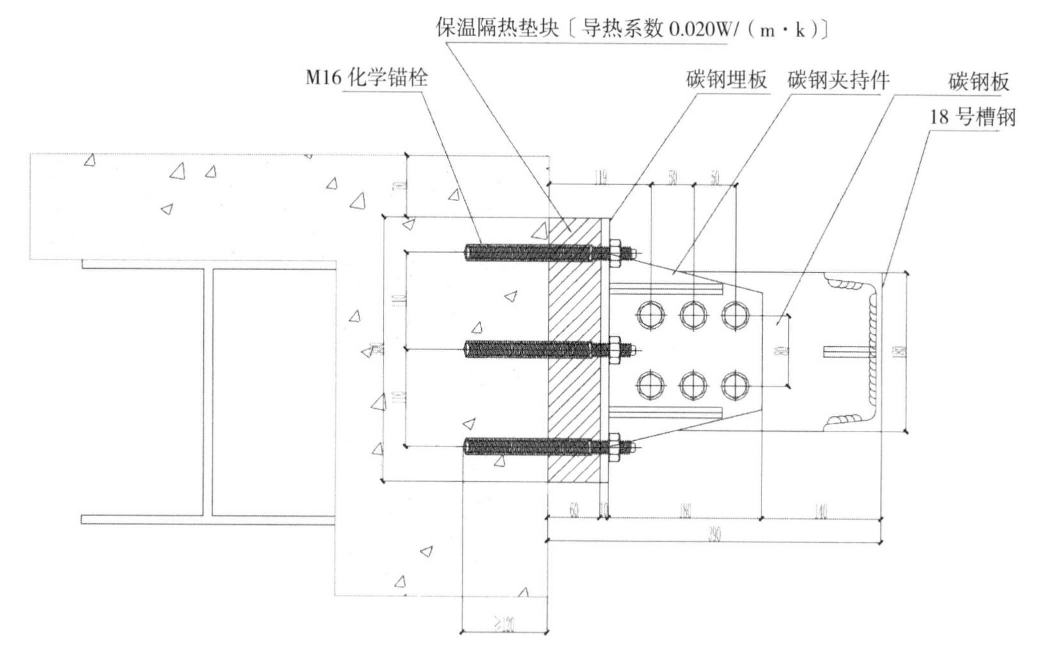

图 21　幕墙与主体结构无热桥连接节点

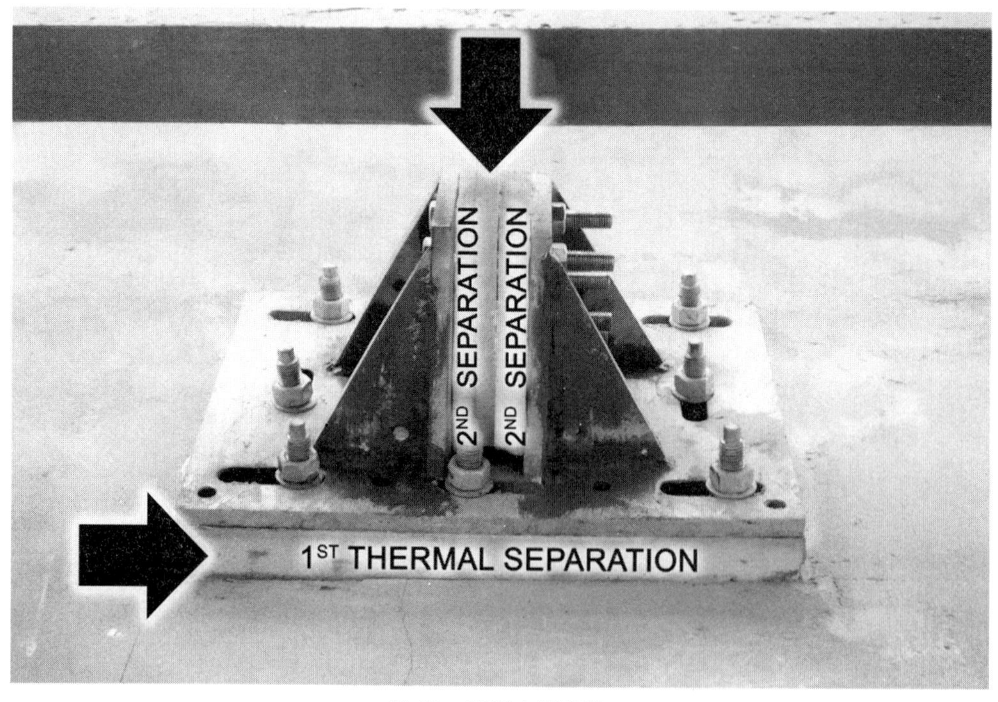

图 22　现场安装照片

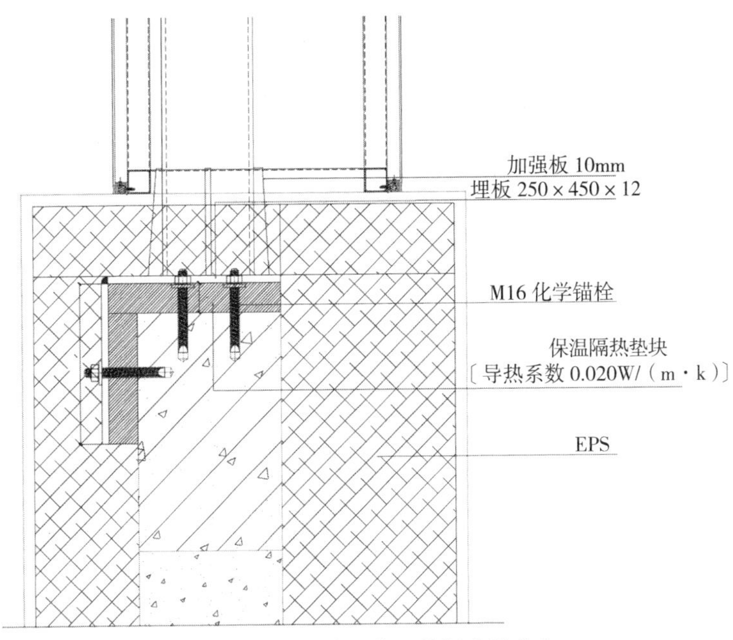

图 23 装饰架与主体结构无热桥连接节点

3）出屋面管线无热桥设计

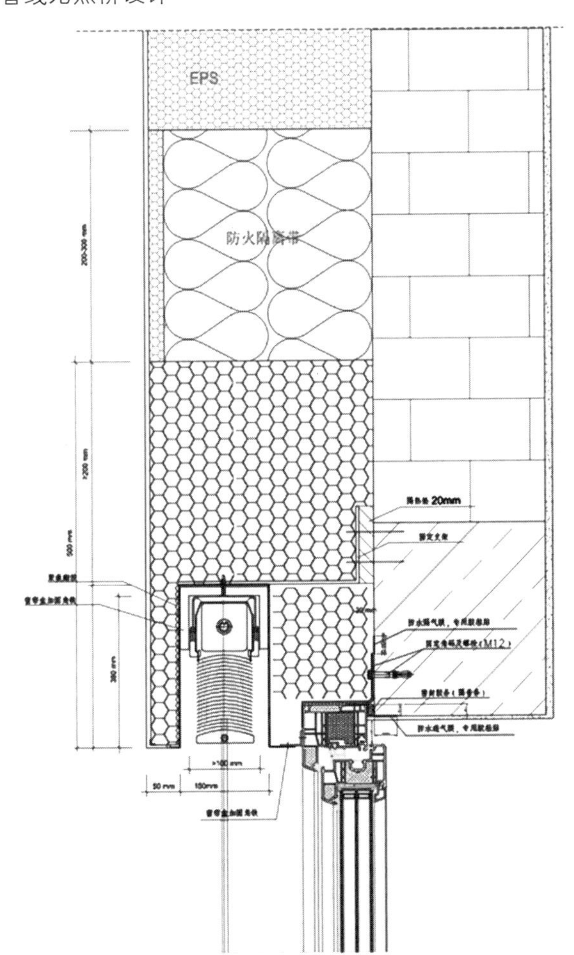

图 24 窗帘盒与主体结构无热桥连接节点

图 25

（4）加强气密性措施

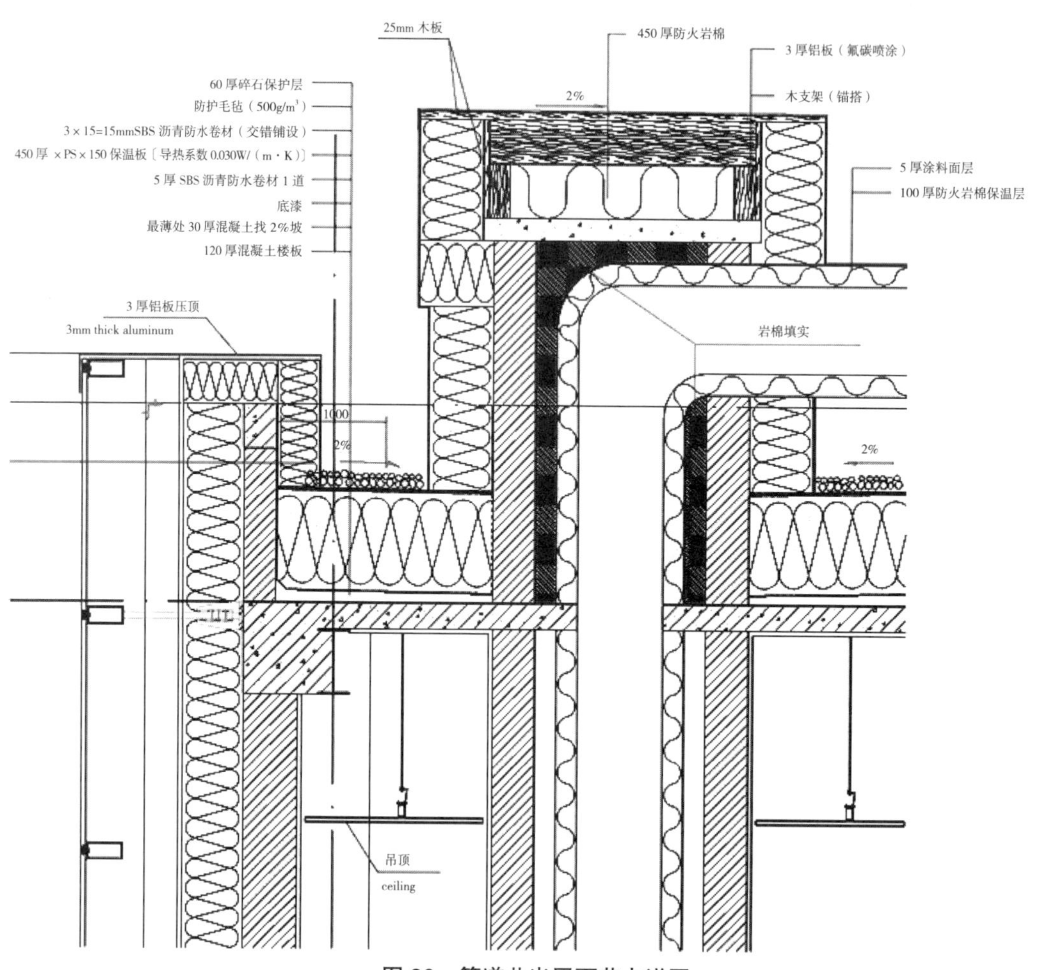

图 26　管道井出屋面节点详图

1）气密层位置

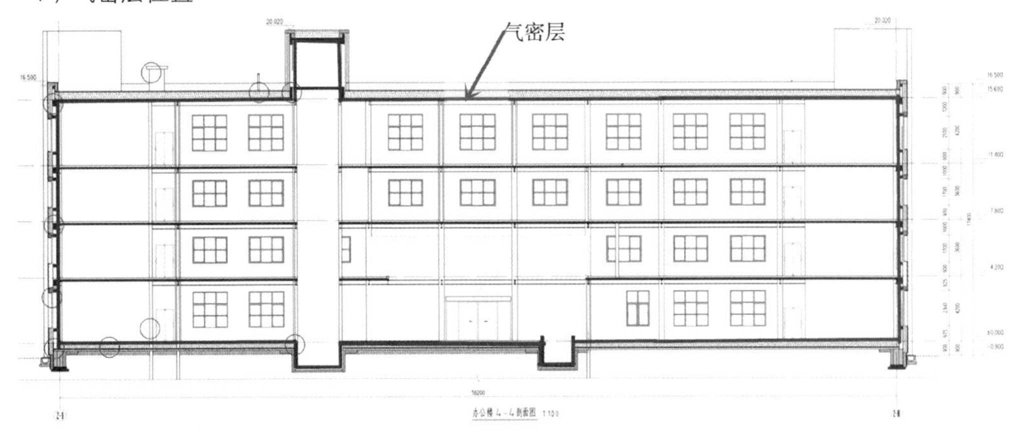

图 27　气密层位置

2）加强气密性的技术措施

① 围护结构砌筑质量控制。加气块的完整性，尽量不用破损碎块。无通缝、瞎缝，保证砂浆饱满。顶板斜砖缝隙用砂浆捻实。

② 墙体预埋线盒线管孔洞周边用细石混凝土填实。预埋线盒用高黏度胶带缠裹，穿线管头用胶带封堵。

③ 脚手架穿墙部位用细石混凝土填实。

④ 外墙钢结构构件与砌体结合部位用砂浆抹平，或用密封胶带粘贴。

⑤ 管线穿墙（屋面板），先用细石混凝土将预留洞周边填实（掺微膨胀剂、洞边刷界面剂，振捣）。再用丁基防水胶带在管材与混凝土接触面缠裹。

⑥ 管井在屋面处（及各层）用混凝土板封堵。

⑦ 外门窗安装，窗框内侧贴防水隔汽膜，外侧贴防水透气膜。

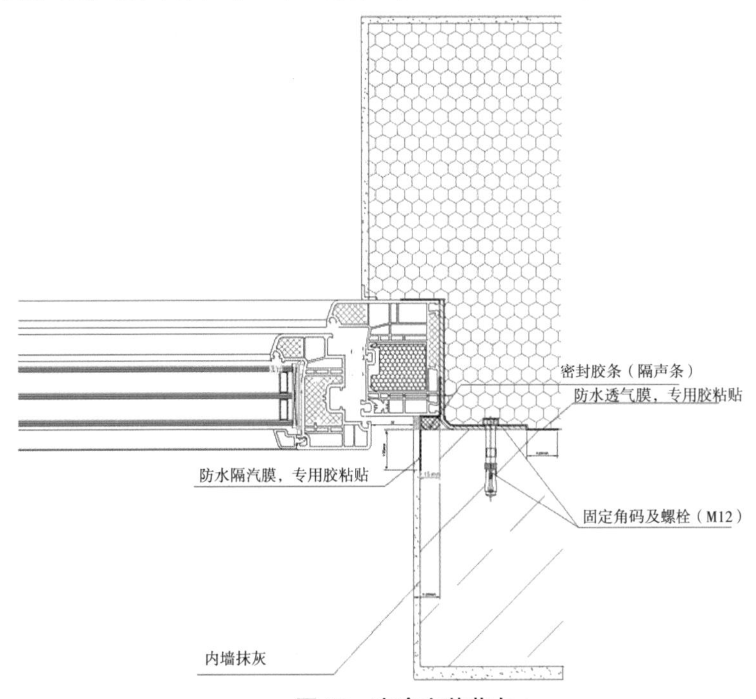

图 28　窗户安装节点 1

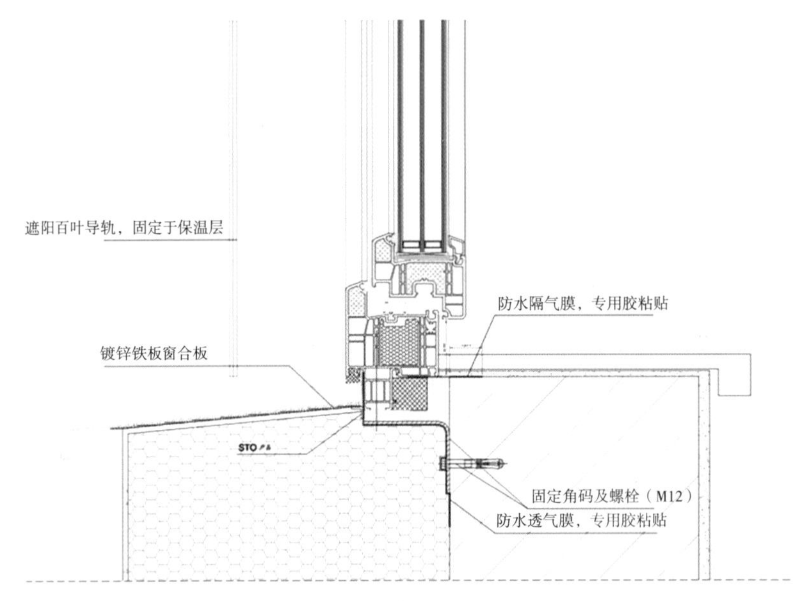

图 29　窗户安装节点 2

2.3　自然通风节能技术

每扇外窗均有可开启扇，自然通风开窗面积大于地面面积的 8%。

2.4　高效热回收新风系统

（1）新风系统设计标准

– 总能效 COP 不低于 2.7（地源热泵）
– 新风量：30m^3/ 人・h。
– 全热回收：80%。
– 通风系统电力需求：e ≤ 0.45Wh/m^3
– 室内主风管风速不大于：5m/s。风口风速：2~3m/s
– 排风量：90%~100%。
– 冬季室内送风口出风温度不低于 16℃。
– 超温频率：<10%。

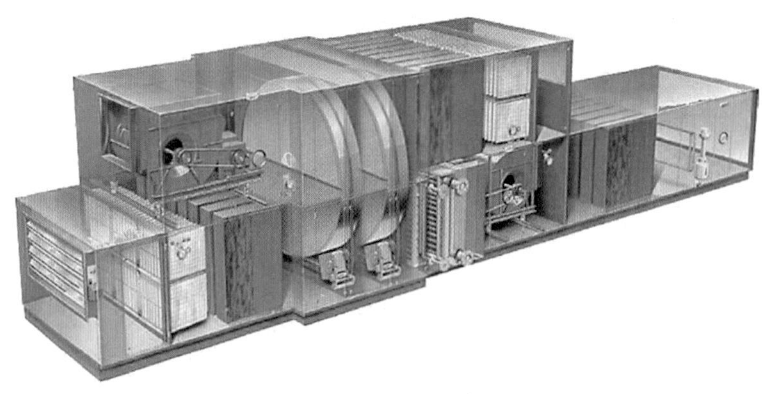

图 30　新风主机示意图

（2）冬季转轮转器的防冻关系图

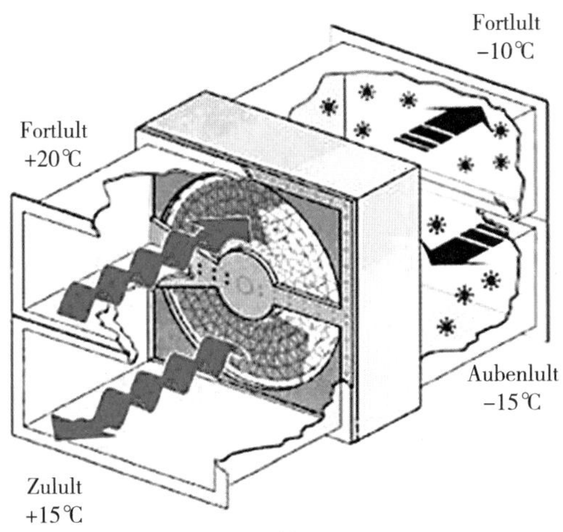

图 31　冬季转轮转器的防冻关系图

（3）高效空气净化系统设计

本新风系统设置了粗级过滤和 H11 亚高效过滤。后期运行中制定过滤网清洗操作规程，以保持过滤网清洁。

（4）新风系统节能技术措施

1）新风机组内设置了高效热回收全热转轮和显热转轮，全热转轮进行湿回收，显热转轮进行热回收。新风机组采用变频风机，根据末端使用需求，通过送风管道出口处设置的压力传感器，自动调节送风量，并在送、回风主管道处设置了温湿度传感器实时调节冷热媒介质的流量，以达到节能目的。

2）合理布置新风系统输配管网并且对该系统进行了详细的压力损失计算，以确保管网的压力损失不大于 250Pa。不仅减少了新风机组送排风机的能耗，同时管道内介质较低的风速也降低了噪声。

3）新风系统降噪技术措施

– 所有送回风管道均采用镀锌板（$270g/m^2$）制作，保证内壁光滑；

– 风管穿越室内隔墙处均采用消声软管，为了更好的降低噪声；

– 每层的分支管处都加装消声软管，降低风噪和达到更好的隔声效果。

2.5　厨房和卫生间通风措施

办公楼为集中新风系统，回风口设在两端的卫生间内。有利于卫生间排风。公寓部分按照套型采用分户式新风系统，卫生间也是有组织排风，并接入新风机组进行热交换，而不是直接排出室外。公寓内部分房间为住宅功能，其厨房内安置内排式油烟机。

2.6　暖通空调和生活热水的冷热源及系统形式

（1）冷热源形式

涿州被动式办公楼的冷热源采用土壤源热泵。热泵系统室外部分是由 43 个土壤源地埋管换热器按网格状布置组成的。垂直埋设土壤源地埋管换热器的占地面积更小。土壤源地埋管换热器的平均埋深为 60m 左右。

办公楼夏季采用顶棚辐射作为制冷末端的方式，并在日照最为强的南侧一层大厅挑空处地面增加了地面辐射制冷，消除了绝大部分通过窗体照入室内的太阳光线的辐射热。公寓采用地面辐射末

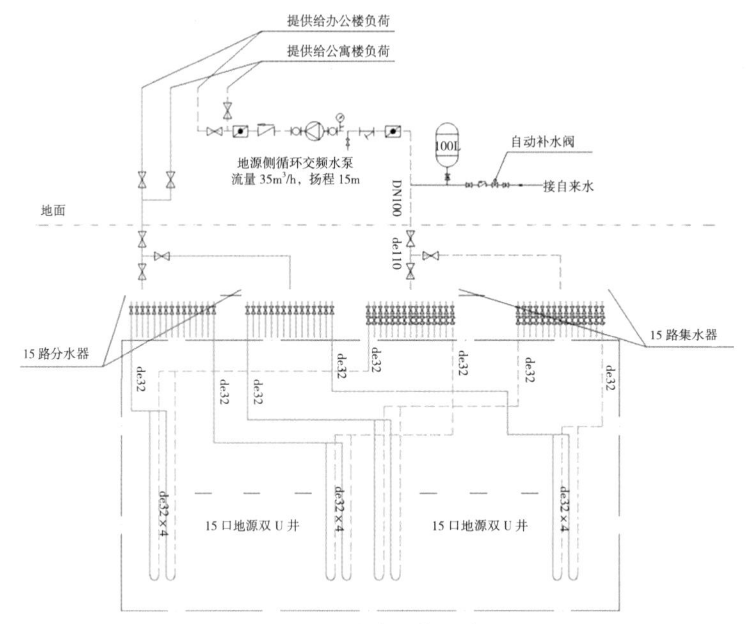

图 32　室外地埋管示意图

端为常规的湿法地暖，采用外径为 16mm 的铝塑复合管材，布管间距为 150mm。

地源热泵给新风机组、辐射提供冷热源：①制冷模式下：1 号热泵机组提供 18℃ ~21℃的冷水给顶棚、地盘管辐射；2 号热泵机组提供 7~12℃冷水给新风机组；②制热模式下：1 号热泵机组提供 34℃的热水给顶棚、地盘管辐射；2 号热泵机组提供 24℃ ~28℃热水给新风机组；在机组新、回风进出口配置 3 个温湿度传感器；根据相应逻辑控制新、排风变频器及水阀的开度或加湿器实现温湿度的控制。

该系统具备如下优点：

- 设置土壤源地埋管换热器是充分利用了土地的纵向空间，即以最小的占地面积安装满足使用需求的土壤源地埋管换热器
- 高导热填充物的回填方式，降低了换热管与土壤间的传热热阻
- 可以忽略换热短路
- 绝大部分有效热传递是在土壤层深处完成的，深处的土壤层在与地埋换热器内循环介质换热之前基本不受地表面温度影响
- 较大的管道横截面面积减少了管网压力损失，可以选择功率更低的循环水泵
- 通过增大换热管的外经，同时还增大了与土壤间的热交换面积

涿州被动式建筑的每台热泵机组都是相互独立的循环系统，进而可以实现单台热泵机组的独立控制并根据实际的需求调节热泵机组启停数量。相互独立的循环系统实现了控制系统的简化。通过热泵机组的体积流量保持稳定可以避免单个（台）热泵机组的供给不足或者供给过剩。

系统中串联设置了缓冲储罐来避免突发的供冷（热）需求所导致热泵机组的频繁启动。缓冲储罐是一个承压储罐，将系统的冷热源侧（热泵的用户侧循环）与末端设备（散热器等循环）进行分隔。热泵机组用户侧稳定的质量流与缓冲罐内介质的点式温度控制通过循环系统的分隔实现，并以此实现热泵机组的经济运行。

缓冲储罐由热泵完成能源储存以实现热泵较少的开启次数。当缓冲储罐中的预制水温过低（或者过高）的时候，热泵得到开启指令，来为储罐进行热量（冷量）补充。

各个房间内温度的控制是由单独热泵提供冷（热）源，经设置于各个房间的金属辐射板向房间

内供冷（热）来完成的。在供暖（制冷）面与空间之间存在辐射对流循环，并由此在水平方向与垂直方向上温度差降至最小值。这种方式下不会产生人体可感知的冷热气流或弥漫的灰尘。供暖模式时采用的较低热媒温度（45℃ ~40℃）与制冷模式时采用的较高冷媒温度（18℃ ~20℃），使得现代化的技术解决方案与可再生能源的运用及天然冷源的利用成为可能，具有非常大的节能潜力。

对比全空气系统的循环气流所引起的不舒适感受，辐射板显示出巨大的优势。通过均匀的温度分配，无感知的室内空气流与极低的噪声大大提高了使用者的室内舒适性，即室内空间无声学的回音问题。除此之外辐射板拥有更低的运行成本且室内安装空间需求较少，可灵活安装拆卸，便于室内设计师对顶棚吊顶自由的设计再进行安装。当然使用辐射板的另外一个优点是使用者关注的能源消耗费用也可以由此控制在一个较低的区间内。

（2）生活热水系统

本工程公寓部分卫生间设置了生活热水。生活热水主要是由屋顶设置太阳能系统制备，地源热泵机组作为辅助热源。

1）项目概况：本项目拟每天利用太阳能热水系统提供 50℃热水 4 吨，24 小时全日制供应热水；系统辅助能源采用地源热泵，当阴雨天气或太阳能辐照量不足时启动辅助能源进行供应及补充。

2）设计参数

– 日均用水量：根据《建筑给水排水设计规范》，按照日均用水 4 吨设计；

– 设计冷水温度 Ti：根据当地最冷月平均水温资料表，查得 Ti=10℃；

– 设计热水温度 Tend：取设计水箱终止水温：50℃；

– 气象资料：基础水温：冷水的计算温度是 10℃，应以当地最冷月平均水温资料确定。当无水温资料时，根据《建筑给水排水设计规范》

GB50015—2009 中表 5.1.4 采用。

3）系统运行设计难点及解决方案

防冻循环功能：当集热器顶部温度 T1 或集热器底部温度 T3 于防冻设定温度时，水泵 P1 启动，进行循环防冻；当集热器顶部温度 T1 和集热器底部温度 T3 大于设定温度 +3℃，延时 2 分钟后防冻循环停止。当出现极端冷气候导致防冻循环不足以满足防冻需求时，控制系统报警，管理人员根据情况可关闭并放空集热器及其干管中的水，待气温回升后集热器再投入使用。

水箱防过热保护功能：在控制柜中有防止温度过高功能，由于水箱温度长期达到 63℃以上会造成水结垢附着与传感器表面造成传感器不能正常运行，本系统可根据要求设定水箱最高温度 T2=60℃（可调），在水箱超过 60℃时若水箱水位没有达到最高液位时采用恒温上水功能，将自来水补入水箱内使水温降低，在水箱水位达到最高值时停止循环泵，系统将停止对水箱加热，使水箱温度始终不大于 60℃，而降低水箱结垢现象发生。

2.7 照明及其他节能技术

建筑内全部采用 LED 照明，控制系统通过测量每个区域的照明传感器，自动调节 LED 亮度。这样既可以达到节能效果，节约和控制用电，也可以延长灯具寿命，实现多种照明效果，改善工作环境，提高工作效率，对自然光进行调节，加强自然光对建筑光环境有利的作用。

遮阳系统能够根据阳光的照射角度、光线强弱、风力大小、天气情况等因素自动调节遮阳板的开启和转动角度，该系统可以保护建筑物免受阳光直射，夏季可以遮蔽阳光，避免热量通过窗户传入，降低室内温度。冬天利用阳光给室内加热，提高热舒适度。

该建筑自动控制系统较完备，内部具有成熟的 LAN 局域网络，所有控制系统主设备（DDC）就近接入 LAN 网络。专业楼宇管理软件 RCO–VIEW 通过 IP 寻址、MAC 寻址，自动搜索并监控分散在各个楼层的 DDC 设备。每一楼层都有一个智能柜，而每个智能柜内的 RCO–720D–W（DDC）则是每层楼的大脑中枢，它除了对通用的模拟量、数字量信号进行检测和控制之外，还通过 MODBUS、BACNET、M–BUS 等多种协议集成了网络温控器、数字电表等第三方产品。在装有 RCO–VIEW 的电脑边，管理者可以对建筑里所有设备的运行情况一目了然。

系统支持 IPHONE\IPAD 等数码设备的远程监控，同时提供 WEB 浏览和客户端软件两种方式，为以后建筑内电气设备的监控、故障排查、调试检修等后续工作提供了方便。

2.8 监测与控制

（1）本项目得到奥地利政府的大力支持，对于该项目的能耗及室内环境监测免费提供了一套监测控制系统。这套能耗系统能够实时地将该建筑的各部分能耗数据通过互联网以 M–BUS 协议传送到奥地利数据分析研究室。该数据也与德国被动房研究所共享。积累运行数据为被动式建筑在我国寒冷地区的推广搭建一个数据库平台。待数据平台对外开放后，可以借助互联网工具，在任何地方实时读取运行参数。全楼的能耗监测方案同清华大学江亿院士进行了沟通。

主要检测数据包括：电能数据、冷热量数据、各房间室内温湿度参数、新风机组的进风、排风、送风、回风温湿度、风压及风量参数。

（2）能耗分项计量是按照各功能区域及公共服务设备区分的监控系统。

首先，办公楼是分层并且将照明及插座用电分开独立计量的。服务于整个建筑的电梯、土壤源热泵机组、新风机组、生活用水循环水泵分开独立计量。

其次，冷热量计量是按照不同系统（新风机组、辐射末端、太阳能生活热水辅助热源）独立设置的。

（3）控制系统的运行方案

室内温度的控制是由设于房间内的温度传感器向分控阀门发出启闭指令，向房间内输送（或停

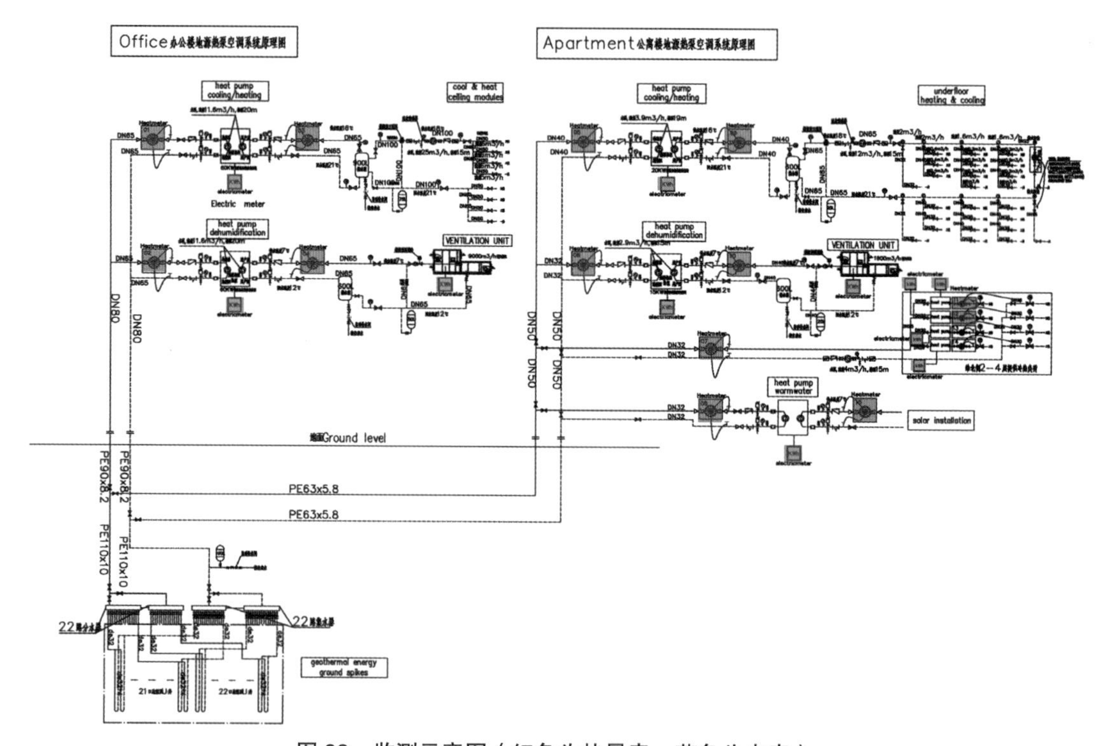

图 33 监测示意图（红色为热量表，蓝色为电表）

止输送）冷热量，以维持室内设定温度。各房间设置露点温度探测器，夏季工况运行时，当达到设定值出现结露风险时，切断分控阀门，停止向室内辐射末端供应冷水。

新风机组采用变频风机，通过送风管道压力参数控制风机变频运行。

在非工作时间及节假日时间段内，将室内设定温度及新风量设定在最低值，并与业主协商通过运行数据的积累，对机组进行编程控制，减少人为干预。

新风机组的防冻措施是通过检测室外空气温度，当低于设定值时，降低热回收转轮的旋转速度，以避免在热回收转轮表面结霜的风险。

（4）冷热源系统节能运行策略

本项目空调系统采用温湿度独立控制系统，供给辐射末端的循环介质采用高温型热泵机组供给。夏季工况时，可以提高蒸发温度，从而提高热泵机组的能效比，达到节能的目的。

辐射末端水系统采用的是二次泵系统，二级泵采用变频水泵，根据末端需求自动调节运行频率；一级泵采用定频水泵，通过设置于蓄能罐（储水箱）内的温度传感器监测循环介质温度，当低于（或高于）设定值时才启动热泵机组，既保证了热泵机组稳定的循环流量，同时按需启动热泵机组，能够有效降低能耗。

2.9 可再生能源利用技术

主要发达国家都很重视利用被动式建筑的技术手段来建造超低能耗、零能耗建筑，这是建筑行业未来 10~15 年内非常重要的发展领域，也是中国未来的战略发展方向。

中国整体建筑节能水平相比 10 年前有了长足的进步。被动式超低能耗建筑是一个非常大的革命性创新。推广被动式超低能耗技术能大幅度降低建筑能耗，特别是北方地区的采暖能耗能够降低 80%~90%。若未来建筑按新被动式超低能耗体系建造，城市供热供暖系统都可以不再需要。

新风系统是被动式建筑超低能耗的关键技术，可再生能源利用也是我国今后在建筑节能领域将广泛应用的。涿州项目起到了卓有成效的示范作用。

前期调研、方案确定、协同设计、精细施工、严格监造、阶段验收、运行调试。是被动式建筑技术应用的关键环节，依据被动式建筑的标准，加强这些环节的技术推广和应用，才能建造真正的被动式建筑，才能有效的把建筑能耗降下来。

3 项目效益

能源安全是关系国家经济社会发展的全局性、战略性问题，对国家繁荣发展、人民生活改善、社会长治久安至关重要。2014 年 6 月，习近平总书记就推动能源生产和消费革命提出五点要求：推动能源消费革命，抑制不合理能源消费；推动能源供给革命，建立多元供应体系；推动能源技术革命，带动产业升级；推动能源体制革命，打通能源发展快车道；全方位加强国际合作，实现开放条件下能源安全。该项目建设充分体现了深入学习、贯彻、落实习总书记上述重要讲话精神的具体行动。

建筑节能在能源生产和消费革命中居于重要地位。被动房的示范建设和积极推广，必将大大提升建筑节能的质量和水平。

河北新华幕墙公司作为我国门窗及幕墙行业的知名企业，认识到被动式超低能耗建筑是我国未来建筑业的发展方向，符合被动式建筑标准的门窗作为被动式建筑主要的组成构件，也一定会呈现快速发展的趋势。因此，公司决策层确定增加投资把新建办公楼改成被动式超低能耗建筑，是为了企业扩大影响树立更高端的形象，为企业发展打好更坚实的基础，为企业获得更多的市场份额积累更丰富的经验。

通过新建办公楼被动式超低能耗建筑的建设过程，不仅掌握了符合德国被动式建筑研究所认证标注的建造技术，也掌握符合被动式建筑标准的门窗的研发技术、生产技术和安装技术，并且为新风系统的生产厂家提供了良好的平台，使他们通过该项目研发及生产出热回收效率达到82%的集中式新风系统，并成为我国第一台获得德国被动式建筑研究所专项产品认证的新风系统。为我国被动式超低能耗公共建筑的新风系统设计生产作出了巨大的贡献。

奥地利希波尔建筑物理公司的主要技术人员作为该项目的项目经理，在建设工程中把德国被动式建筑的精细化施工技术也传授给了中方的相关技术人员。使他们学会了如何在设计和施工中保证建筑的气密性，如何做到无热桥设计和施工，学会了气密性的检测程序和方法，通过精细化施工提高施工质量，延长建筑物的使用年限。

被动式超低能耗建筑的增量成本是大家关注的焦点，通过该项目的建设，我们知道了增量成本的构成，掌握了增量成本的计算方法，总结了减少增量成本的环节，为今后推广被动式超低能耗建筑提供了最有说服力的依据。

被动式超低能耗建筑对全球环境最大的贡献就是减少了CO_2的排放，以该项目为例，原设计为50%的节能标准，改为被动式超低能耗建筑后，节能率达到了92%。每平方米减少标准煤用量34.8kg，按项目的建筑面积5796.92m^2计算，每年减少标准煤200T，减少碳排放近500T。

随着该项目的竣工及颁发认证，新华幕墙被动式办公楼的影响力在逐渐的扩大。住房和城乡建设部领导、河北省领导、保定市领导及涿州市领导多次到现场指导检查工作，提出了很多指导性的意见和建议，清华大学江亿院士在考察中，对该项目提出了很有建设性的意见，德国能源署、新加坡建设局等国外机构也考察过本项目，一年多来前来参观学习的全国各地的政府领导、专业技术人员、开发商、施工企业、建材生产企业络绎不绝。

当然，目前制约被动式建筑的发展的关键问题，还是增量成本。我们相信随着党中央国务院以及各地各级领导的各项政策的出台，以及各种奖励机制的制定。我们相信被动式建筑一定会在中国大力发展的。

4 项目推广

被动式超低能耗建筑是国际上近年来快速发展的能效高且居住舒适的建筑，在日益严重的能源危机和环境污染的背景下，它是应对气候变化、节能减排的最重要途径，代表了世界建筑节能的发展方向。对于能源与环境压力很大的中国，被动式超低能耗建筑受到重视并走上台前，不仅具有现实意义也是必然的。

基于此原因，2015年住房和城乡建设部印发了《被动式超低能耗绿色建筑技术导则（试行）（居住建筑）》。本次《导则》的编制是瞄准世界上最先进的水平，结合中国的具体情况，根据不同地区气候条件确定了相应的技术标准，有些指标甚至高于被动式标准诞生的德国标准，如德国规定被动房一次能源消耗不得大于120kW/（m^2·a）（包含家用电器能耗），本次导则规定为不得大于60kW/m^2年〔不含家用电器能耗，家用电器能耗通常小于60kW/（m^2·a）〕。

住房和城乡建设部这次颁布的《导则》虽然是针对居住建筑，因为被动式超低能耗技术体系应用在居住建筑上比较成熟，但该项目作为中国发展被动式超低能耗公共建筑的实践奠定了坚实的基础。

在本项目中采用的各种节能技术措施，可以作为今后发展被动式公共建筑的基础及标准；尤其是配套安装的能源监测系统，实时的将运行数据向社会公布，同时可作为今后进行被动式公共建筑设计的参考数据。

5　项目问题及改进

5.1　增量成本控制

众所周知，增量成本已经成为制约被动式建筑在中国发展的主要因素了，增量成本的构成主要包括：保温材料、门窗、气密性施工及新风系统。其中对于公共建筑，在相同的夏季制冷和冬季供暖条件下，被动式建筑的新风系统成本不仅不会增加，反而有降低的可能。

控制增量成本的手段要从设计入手，从概念设计开始就要关注影响成本的一些因素。如：体形系数、窗墙比、日照、外立面形式、平面规则性以及保温外壳和气密空间的确定。热桥的规避，最优的新风系统设计参数和管道布置。严格细致的能耗计算也是影响增量成本的条件之一，建筑的朝向、不同立面外窗的大小和数量、外遮阳设计、无热桥设计等都是以计算为依据的。而这几个方面也是影响增量成本的主要环节。准确的保温节点设计、门窗安装节点设计、热桥节点设计、气密性节点设计等都是控制增量成本的前提条件。

5.2　施工工序控制

合理的施工工期安排、工序安排是影响增量成本主要部分。通过本项目的工程实践，我们体会到从施工招投标开始，就应该对被动式建筑增量成本的控制做好前期准备，必要的培训、详尽的招标公告及标书，从工程初期就给参与者灌输了被动式建筑对精细化施工要求、严格的施工流程控制和高标准的施工质量验收方法。让参与者有目标的制定一套完整的被动式建筑总承包技术说明，同时把被动式建筑能耗指标，室内环境指标及增量成本控制目标写进标书中。

5.3　施工质量控制

施工质量是直接关系到被动式建筑成败的关键，开工前的项目各级管理人员、技术人员、资料人员、质检人员的培训尤为重要，从解读施工图开始，全面的了解项目的质量控制核心、施工工法、验收标准，必须要摒弃一些传统观念和施工陋习，让最终的质量需求从一开始就贯彻到所有参与者的思想中。你做的每一步都与质量和成本有关系。

5.4　成品保护措施

成品保护也是确保施工质量和建筑物的使用年限的主要手段之一，这其中包括保温层（墙面、屋面、地面）：防潮、防冻、防火等、门窗气密膜：无破损、无污染、无开裂等。

尤其是通风管道的成品保护，对通风管道的肆意堆放，未封堵管道接口，导致室内施工原因引起的灰尘贴附在管道内壁，会被新风裹挟着送入室内，降低了室内的卫生要求。这些灰尘清洁起来是十分困难的，并且清理费用价格高昂。本项目通过多次的现场巡视与施工培训来强调风管防尘的重要性，以确保整个施工过程中风管的洁净。

3

河北涿州新华幕墙公司被动式办公楼

作者：大卫·米库莱柯　翻译：董小海
校对：戴书健

摘　要：本文介绍了被动式建筑的概况，“河北新华幕墙有限公司办公楼”项目建设过程中遇到的问题及解决办法，工程中所运用到的设备如何安装和使用情况。
关键词：被动式建筑；气候数据分析；供冷与供暖；新风系统

1　引言

“河北新华幕墙有限公司办公楼”位于河北省涿州市（图 1），坐落于松林店工业园区内，项目于 2014 年 1 月启动设计工作，2015 年 3 月正式完工，包括 3000m^2 的办公楼和 2300m^2 的公寓楼，两栋建筑均采用钢框架结构，外墙采用膨胀聚苯板（EPS）薄抹灰外保温系统。项目获得了德国被动房研究所（Passive House Institute，简称 PHI）的认证，并被中国住房和城乡建设部评选为被动式房屋示范项目。

本项目的实施是通过委托中国本土设计单位与施工单位完成的，并尽可能地采用了中国国内的建筑材料以及相关产品。为确保该项目达到被动式房屋标准，奥地利希波尔建筑物理研究设计有限

图 1　涿州被动式办公楼
（来源：建学建筑与工程设计所有限公司，2014）

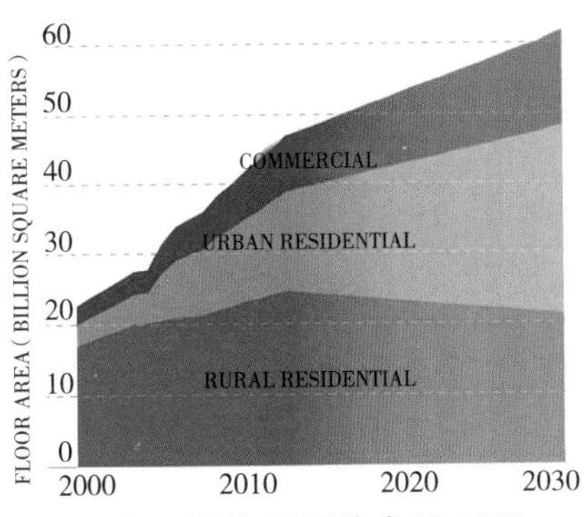

图 2　中国居住面积的发展 2000 ~ 2030（预估）
[来源：气候政策方案（CPI），中国、德国与美国的建筑物能效]

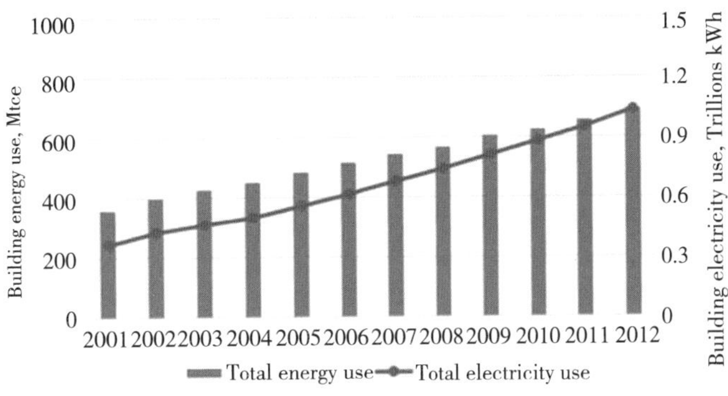

图 3　中国建筑领域的整体能源消耗（2001 ~ 2012）
[来源：中国建筑的能源使用、现状和保护路线，清华大学建筑节能研究中心 CBEM（China Building Energy Model，中国建筑能耗模型）]

公司的外方专家严格按照被动房研究所制定的各项标准，为项目各参与方提供了技术咨询与支持，并提供了建筑物理相关能耗计算。

随着城镇化的快速发展，中国建筑行业呈现出建筑体量持续增长的趋势，相伴而来的是能源消耗的持续增加（图 2、图 3）。在中国的建筑行业中，系统能效比受到越来越多的关注，相关行业标准逐步完善，技术现代化程度不断提高，但仍面临许多困难，如建筑物内部热舒适度较低，大量采用分体式空调系统，以及各种节能措施效果有限，等（Li et al.，2012）。同时，中国将拥有全世界最大的建筑行业市场，据分析指出，2020 年中国新建建筑面积将占全世界新建建筑的 50%（Evans et al.，2010）。同时，实践证明，利用现代化的建筑规范标准能够产生巨大的节能潜力。

2　被动式建筑概述

由德国达姆施塔特被动房研究所（PHI）定义的被动式房屋，是一种既环保节能又能满足使用者最佳舒适性要求，同时保证建设投资回报最高性价比的建筑规范标准，适用于不同地区的气候条件。

被动式房屋的技术要求主要体现在供暖热需求、热负荷指标、气密性和一次能源消耗 4 个方面，为适应中国寒冷地区的气候特征，规范中增加了“供冷需求”，要求在寒冷地区不得超过 19kWh/（m^2 • a）（表 1）。

被动式房屋采用充分的隔热处理技术，最大限度地减少热桥，提高建筑围护结构的高密封性能；采用具有高效热回收装置的新风系统；充分利用太阳能资源，提高建筑内部得热量。通过上述技术手段与可再生能源的充分利用，确保达到被动式房屋的各项要求及设计参数（表 2）。

被动式房屋在中国的标准要求（寒冷地区）　　表 1

供暖热需求	≤ 15kWh/（m^2 • a）
热负荷指标	≤ 10W/m^2
供冷需求	≤ 19kWh/（m^2 • a）
气密性	n_{50} ≤ 0.6/h
一次能源消耗	≤ 120kWh/（m^2 • a）

（来源：被动房研究所 2007，被动式房屋设计数据包 2007，达姆施塔特）

被动式房屋设计参数 表2

建筑物外围护结构	U ≤ 0.15W/（m^2·K）
三层玻璃	Ug ≤ 0.8W/（m^2·K），g-Wert（太阳能得热系数 SHGC）>50%
新风机组	设备热回收率≥ 75%

（来源：被动房研究所 2007，被动式房屋设计数据包 2007，达姆施塔特）

3 气候数据分析

建筑的基本用途之一是为使用者提供舒适的生活环境，可持续的建筑还应该减少对自然环境的破坏。被动式房屋在实现节能最大化的前提下提供了最佳的室内环境舒适度。与室外环境的友好关系是建筑设计成功的基础，项目所在地的气候特点决定了供暖（或供冷）新风系统的技术要求。因此，为达到被动式房屋标准，本项目在设计之初便对当地气候环境进行了分析，对其特殊性进行了充分考虑。

3.1 空气相对湿度

空气相对湿度对建筑物的热舒适性有重要影响。以北京市为参考（下同），涿州在一个年度内室外空气相对湿度的波动较大（图4）。即便在干燥月份亦有降雨量的增加，影响了室外的空气相对湿度。因而，必须对室内环境进行调控，以确保较高的热舒适性（Jing，2013）。

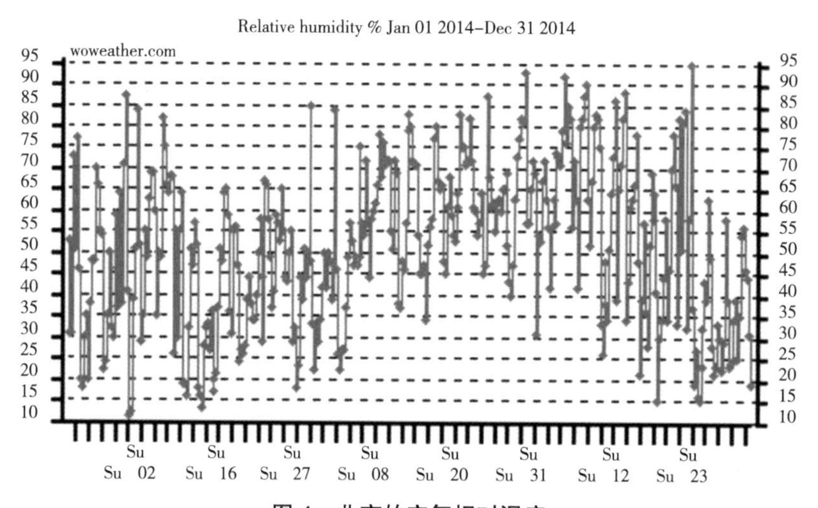

图4 北京的空气相对湿度

（来源：http://www.woweather.com/weather/maps/city，时间：2015年11月30日）

3.2 温度

涿州处于寒冷气候区，按照柯本气候分类法（Koppen Climate Classification）的等级划分，属于气候区 Dfa（冷温气候带夏季炎热型，湿润性大陆气候）。涿州的年平均温度为12.4℃（图5、图6，参考北京），全年平均降水量约612mm（Climate-Data，s.a）。因而，该项目的重点在于如何解决夏季的制冷、除湿需求。

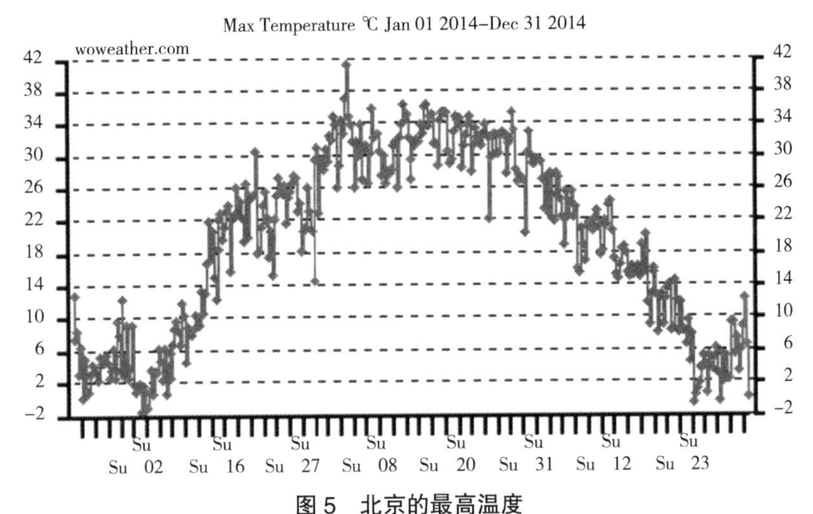

图 5 北京的最高温度
（来源：http://www.woweather.com/weather/maps/city，时间：2015 年 11 月 30 日）

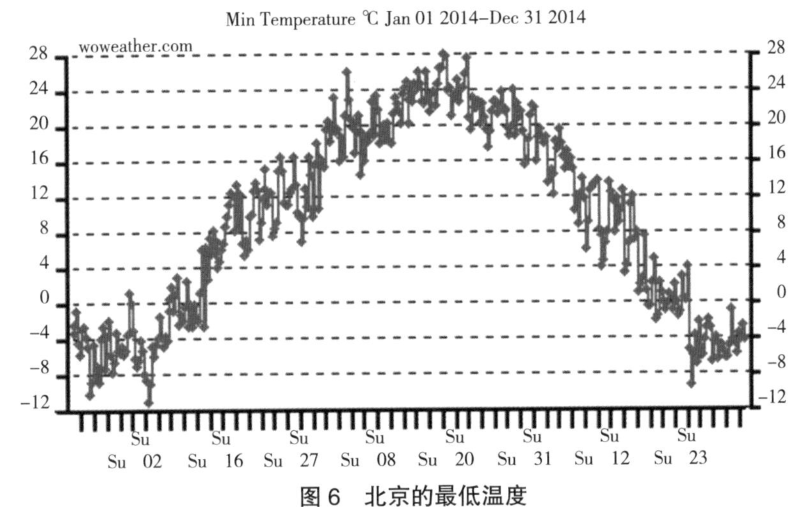

图 6 北京的最低温度
（来源：http://www.woweather.com/weather/maps/city，时间：2015 年 11 月 30 日）

3.3 空气污染

环境保护部的数据显示，中国空气污染最严重的城市中有 7 个位于河北省，这些城市的 PM2.5 浓度（对人体有害的细小颗粒物）的年平均值严重超标（国家标准不超过 35μg/m^3）（表 3）。本项目就位于中国空气污染最严重的省份之一河北省（图 7）。因而，空气污染物是本项目必须考虑的因素之一。

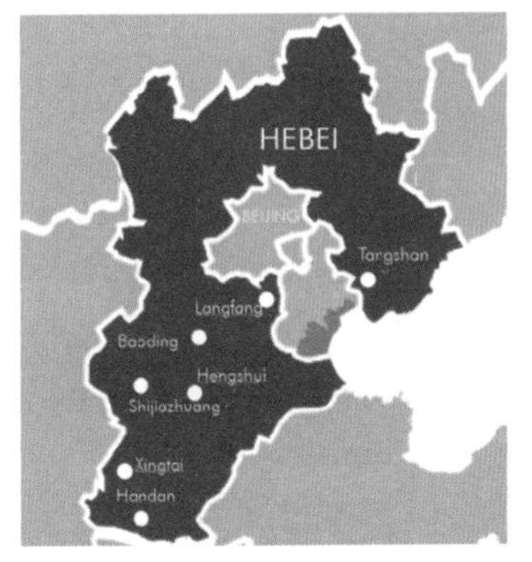

图 7 中国空气污染严重城市分布（河北省）
（来源：ZME Science）

中国部分城市的 PM2.5 浓度年均值　　表 3

名次	城市	省份	PM2.5 浓度年均值（$\mu g/m^3$）	PM2.5 浓度最大值（$\mu g/m^3$）
1	邢台	河北	155.2	688
2	石家庄	河北	148.5	676
3	保定	河北	127.9	675
4	邯郸	河北	127.8	662
5	衡水	河北	120.6	712
6	唐山	河北	114.2	497
7	济南	山东	114.0	490
8	廊坊	河北	113.8	772
9	西安	陕西	104.2	598
10	郑州	河南	102.4	422

（来源：ZME Science，2015）

综上，根据项目所在地周边环境的详细数据及环境特点，本项目总结了中国寒冷地区的气候特征、存在的相应问题和可行性解决方案（表 4）。

中国寒冷地区的气候问题和可行性技术解决方案　　表 4

气候问题	可行性解决方案
冬季的低温	供暖
夏季的高温	制冷
高污染的空气	新风
高相对湿度	新风

4　技术解决方案

项目特别邀请 BPS 机电工程事务所对项目的供暖、供冷、新风及给水排水等各个系统设计进行了全程远程监理，以期建造出更适宜中国的被动式房屋。项目机电方案设计的焦点在于简单高效的节能体系与解决方案，并尽可能确保最高的舒适性。施工期间，奥地利希波尔建筑物理研究设计有限公司派驻专家组在施工现场对建材、产品选择以及施工方式实施施工监理。

4.1　供暖与供冷

4.1.1　系统冷热源—土壤源热泵系统

本项目的冷热源采用土壤源热泵，热泵系统室外部分是由 35 个土壤源地埋管换热器按网格状布置组成的（图 8 ~ 图 10）。垂直埋设土壤源地埋管换热器的占地面积更小。土壤源地埋管换热器的平均埋深为 60m 左右。

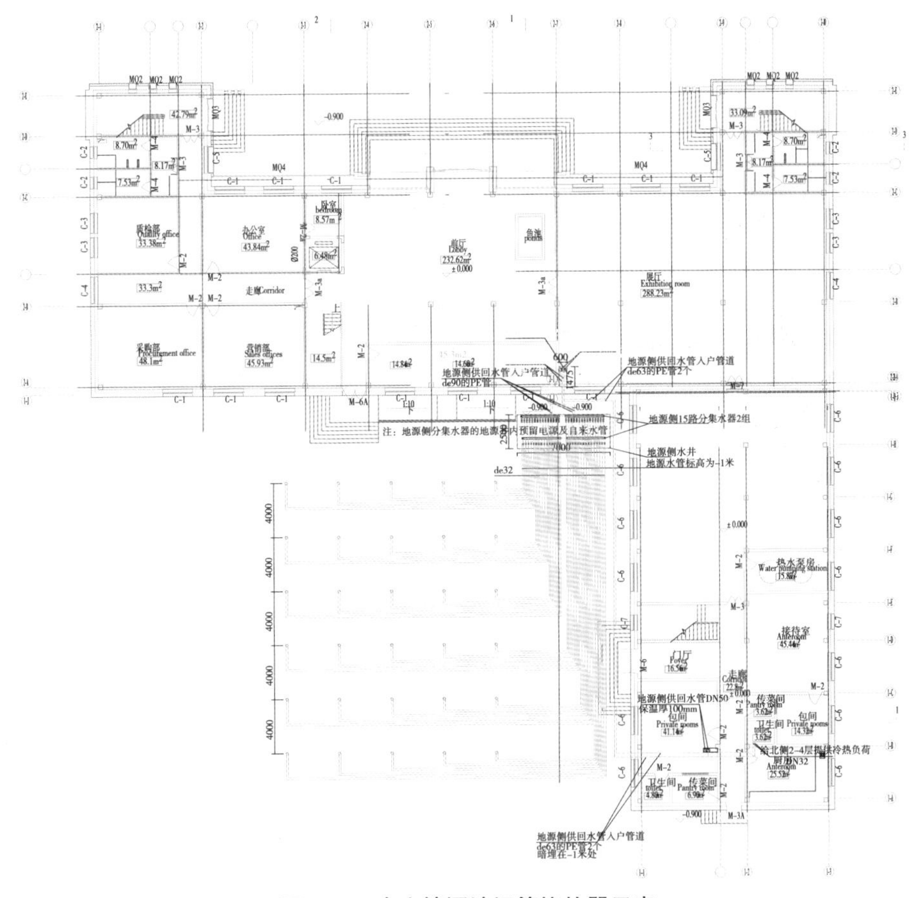

图 8 35 个土壤源地埋管换热器示意

图 9 土壤源地埋管换热器的集分水器

图 10　带有 35 个地埋管换热器的运动场

该系统具备以下优点（Greenfield Energy s.a.）：

（1）每台热泵机组都是相互独立的循环系统，进而可以实现单台热泵机组的独立控制并根据实际需求调节热泵机组启停数量，从而简化了控制系统。

（2）系统中串联设置了缓冲储罐以避免突发的供冷（热）需求所导致的热泵机组的频繁启动。缓冲储罐是一个承压储罐，将系统的冷热源侧（热泵的用户侧循环）与末端设备（散热器等循环）进行分隔。热泵机组用户侧稳定的质量流与缓冲储罐内介质的点式温度控制通过循环系统的分隔实现，实现了热泵机组的经济运行。

（3）缓冲储罐由热泵完成能源储存以减少热泵的开启次数。当缓冲储罐中的预制水温过低（或者过高）时，热泵开启，为储罐进行热量（冷量）补充（图 11）。

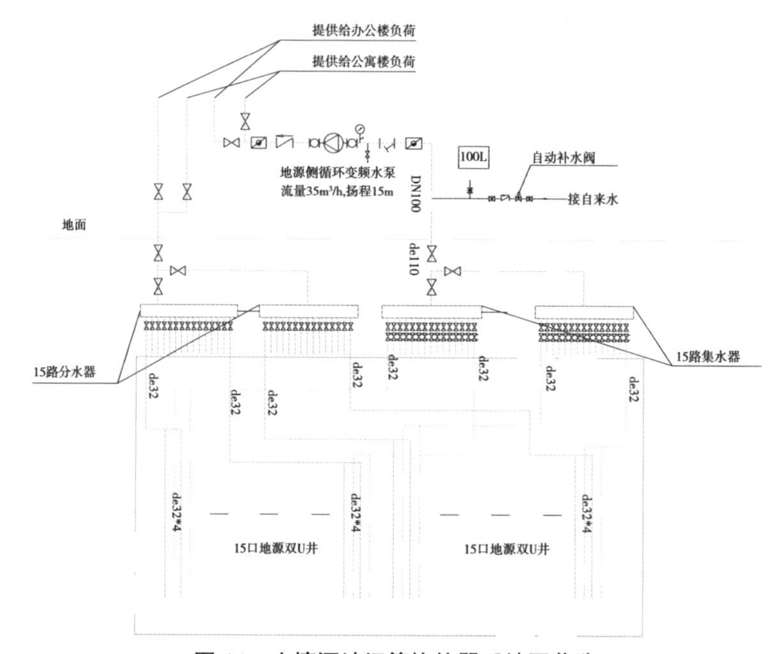

图 11　土壤源地埋管换热器系统图节选

4.1.2 土壤源地埋管换热器

在设置土壤源地埋管换热器时，应全面综合考虑项目所在地的地热、地质及水利特征，及建筑设计冷负荷（热负荷），避免土壤层出现结冰等情况，从而确保设备安全可靠地运行。

该项目并没有对所在地的地质条件进行详细勘察，而是将周边采用地源热泵系统的既有建筑作为参照，根据周边项目地源热泵系统地埋管换热器的配置情况，确定了本项目的设置数量（图 12）。

图 12 中国（左）与欧洲（右）的地热探针打孔作业的区别
（右图来源：http://baublog.ozerov.de/tag/erdwaerme/）

地埋管换热器的管道安装同其他土壤源热泵系统管道及设备的连接一样，必须保证清洁与严密性，防止 O_2 进入系统内。采用地埋管热泵系统时，必须对地埋管所采用的材质进行充分考虑，评估管道连接部位与水乙二醇循环介质和 O_2 接触时，是否会出现生锈情况。本项目充分考虑了腐蚀情况的发生，将进入热泵机房主管道材质更换为非金属材质，确保了地埋管系统与其余的输配管网均使用了 PE 材料（Polyethylene，聚乙烯）。

4.1.3 室内辐射末端－供暖（制冷）辐射板

各个房间内温度的控制是由单独热泵提供冷（热）源，由设置于各个房间的金属辐射板向房间内供冷（热）来完成的（图 13、图 14）。通过供暖（制冷）面与空间之间产生的辐射对流循环，从而将水平方向与垂直方向的温度差降至最小，该方式不会产生人体可感知的冷热气流或弥漫的灰

图 13 辐射板构件的安装

图 14 大办公室的辐射板

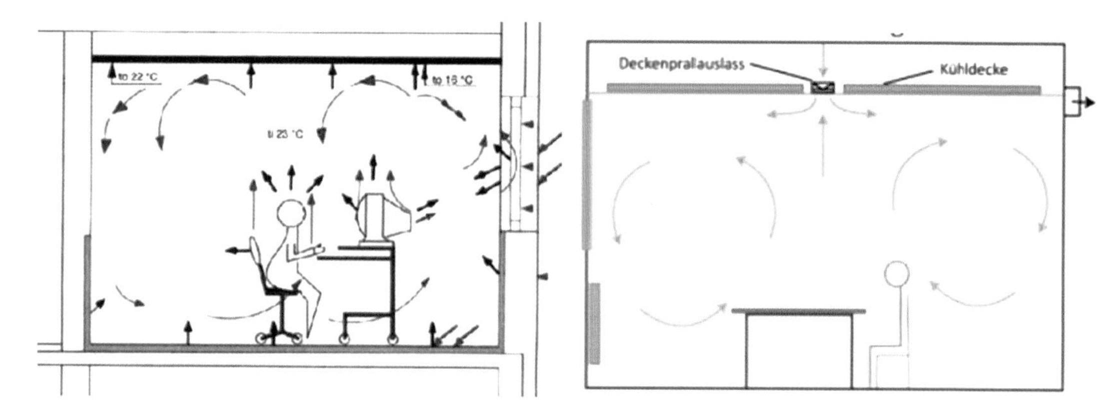

图 15 辐射板的舒适性

（来源：左图 http://www.ibta.de/demonstrationsprojekt/gebaeudekuehlung/index.html；右图 CAESAR TECHNIK AG s.a., Kühl- und Heizdecken-und alles was Sie darüber wissen müssen）

尘（图 15）。供暖模式时采用的较低热媒温度（45℃～40℃）与制冷模式时采用的较高冷媒温度（18℃～20℃），使得现代化的技术解决方案与可再生能源的运用及天然冷源的利用成为可能，具有非常大的节能潜力。

供暖（制冷）辐射板具有以下优点：通过均匀的温度分配，无感知的室内空气流与极低的噪声极大提高了使用者的室内舒适性；室内空间无回音问题；运行成本低且室内安装空间需求较少；可灵活安装拆卸，便于室内设计师对天花吊顶进行自由设计及再安装；能源消耗费用在可控的较低区间内（Caverion Deutschland GmbH s.a.，Humpal，2001）。

4.1.4 空调系统控制

各个房间内的温度控制由恒温调节器实现。恒温调节器同时监测室内空气的湿度和温度，一方面自动调节室内的温度，另一方面在制冷模式下，当空气湿度过高存在产生冷凝水的风险时，能够自动关闭辐射板供回水管路控制阀门。当室内温度调节器发出“供暖（供冷）”的需求时，仅开启二次变频循环水泵。

（1）供暖模式下的室内控制

所有的办公室与各功能房间均设置了室内温度调节器。在地板辐射供暖集分水器及采用辐射板分区循环管道均设置了电动阀门。在供暖模式下，当室内温度高于设定温度时，温度调节器向电动阀门发出指令，切断热量供给。在非工作时间，办公楼两翼的房间通过降低室内设定温度，从而减少供暖能耗。通过自动控制系统的逻辑设定，在工作时间开始之前及时将室内温度调整至设定值。

（2）供冷模式下的室内控制

供冷模式下循环介质的调控取决于外部空气温度与室内的相对湿度。在集分水器与分区循环管道处设置电动阀门，通过室内露点探测器进行监测，当辐射末端出现露点风险时相应的电动阀门自动关闭。新风机组内的表冷器对送入房间的新风进行除湿处理，以消除室内的湿负荷，确保室内辐射末端的安全运行。

卫生洁具需在制冷模式下保证水封高度，以此避免在此区域内形成冷凝水。与供暖模式相似，办公楼两翼的房间可在非工作时间减少供冷能耗，通过自动控制系统的逻辑设定，在工作时间开始之前及时将室内温度调整至设定值。

4.2 新风系统

新风机组是确定整体能源方案及保证使用者舒适性的基础。带有热回收功能的新风机组是向室内持续供给新鲜空气与维持室内设定温度，排出空气中有害物以及消除室内湿负荷的保障，使得建筑不再需要通过开窗实现通风换气（图 16）。

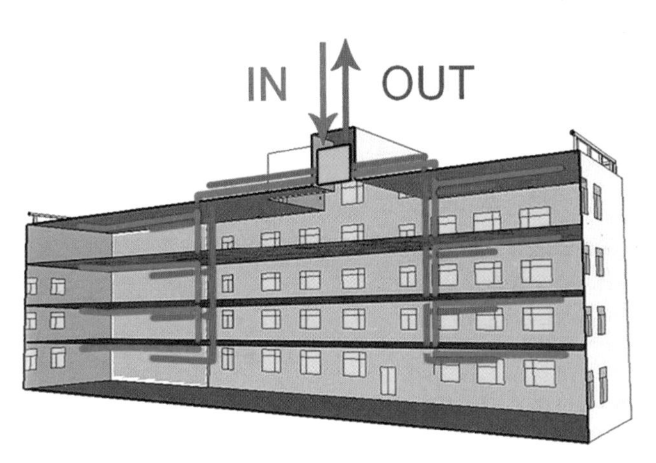

图 16 中央新风机组运行原理

本项目中新风机组的功能段连接了两个转轮换热器（图 17、图 18）。其中一个是显热转轮，能够回收大量显热，另外一个是能进行焓回收的全热转轮，特别适用于潜热的回收。

本项目面临的挑战是室外新风的除湿。而室外新风的除湿是通过多个步骤实现的。首先，新风通过全热转轮被动除湿。在夏季相对湿度较高的情况下，第二步是进行主动除湿，通过由热泵机组控制运行的表冷器冷却新风，直至达到露点温度，空气中的水蒸气析出。送风的温度与湿度含量取决于回风温度与需要的送风温度。必

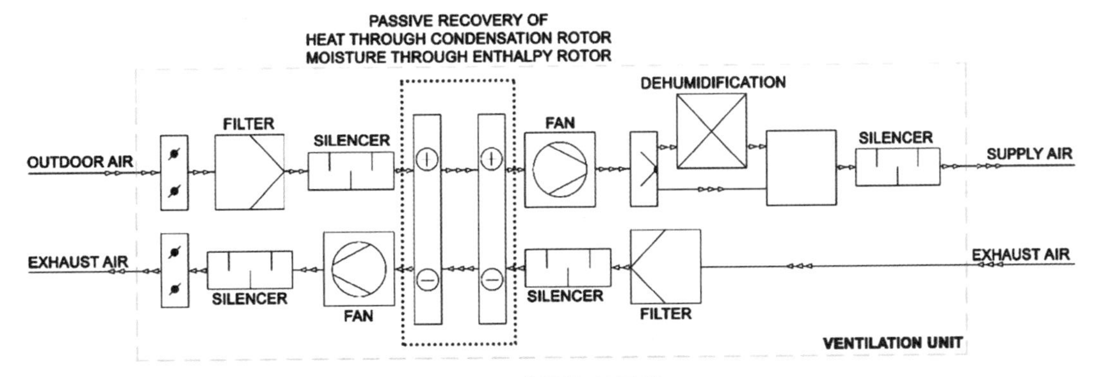

图 17 新风机组示意

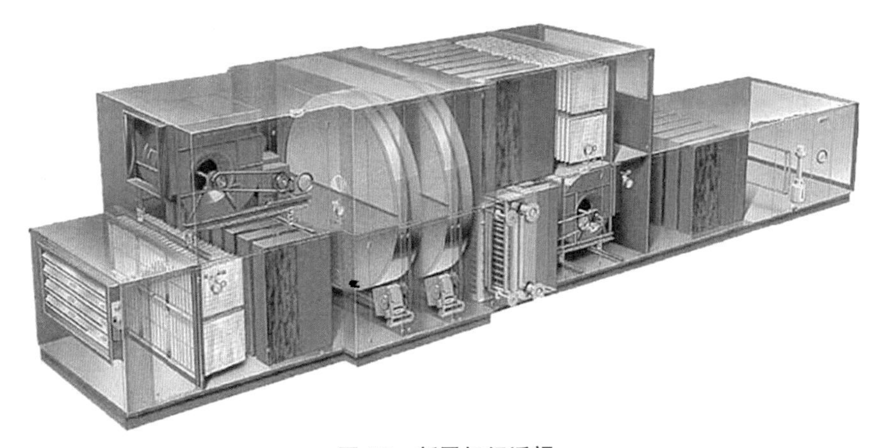

图 18 新风机组透视
（来源：RGS Service s.a.，http://www.rgs-service.de/wrg_prinzip.htm）

须明确的是，经过除湿后的新风不需要被重新加热，因为涿州地区气候与北京地区相同，制冷时间段与除湿时间段通常同时出现。如果运行后期证明有必要设置新风再热器，则在新风机组的内部预留有足够的空间满足这个需求，新风再热器可通过热泵制冷时产生的冷凝热供给热量。

4.2.1 新风机组内部的压力关系

在本项目中，在设计阶段对所有构件的技术参数进行考量，并且对其各自的位置的压力分布进行详细计算，以确保从新风至排风的正确压力差。在双转轮换热器的排风侧设置了排风风机，在新风机组的送风侧设置了新风风机，以期达到新风循环系统所需要的压力差（图 19、图 20）。

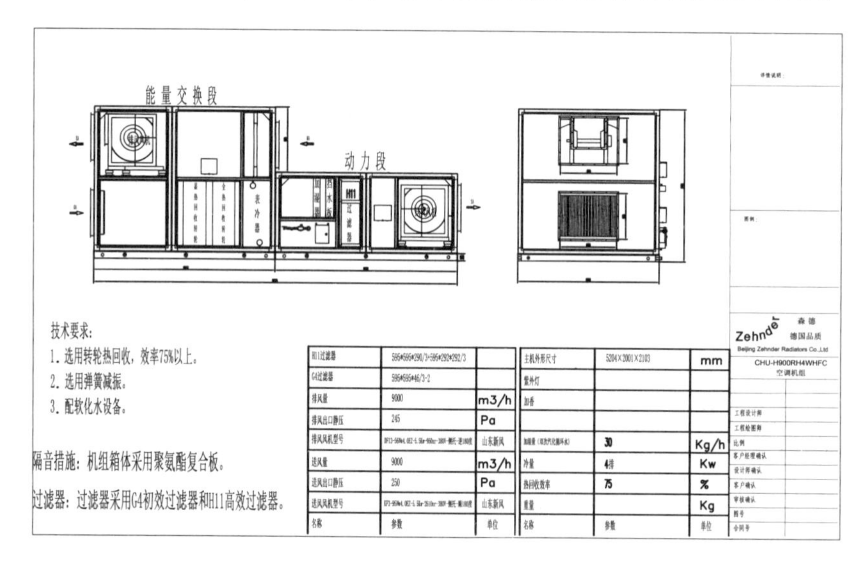

图 19 新风设备剖面

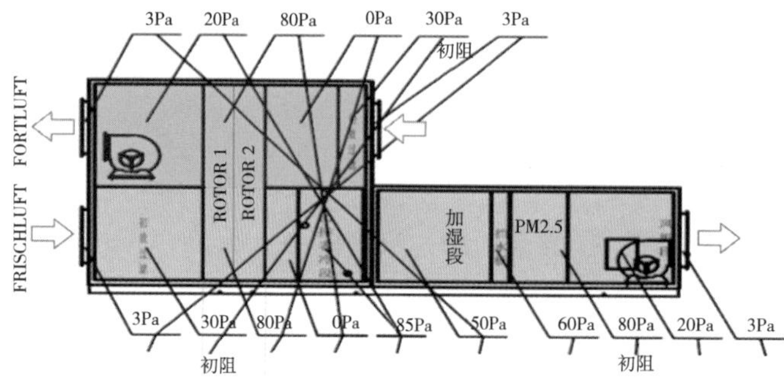

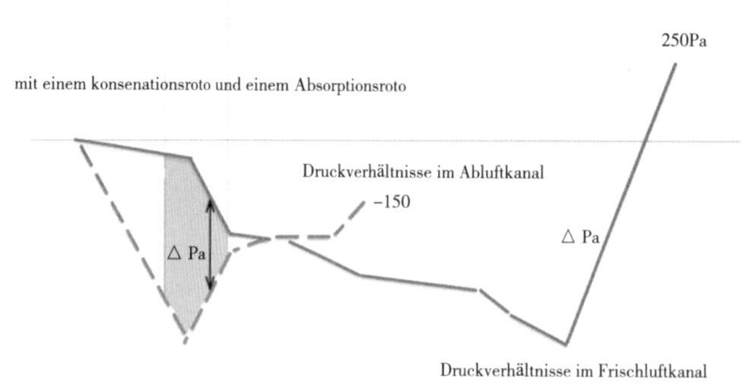

图 20 新风与回风时新风设备内部的压力关系

（1）防冻措施

根据项目所在地的气候特点设置了防冻保护措施，当室外温度达到 –10℃时，转轮将调至较低的转速，换热器的薄膜由温暖的回风进行加热，预热较低温度的室外新风，因而新风机组与转轮换热器不会出现结冰的情况（图 21）。

（2）遮阳保护

无论风管中输送的是热空气还是冷空气，通过对风管的保温处理可以大幅降低能量损失，特别是处于夏季输送低温新风工况时，可以避免送风管道外表面出现冷凝水。为避免阳光直射在风管上面，本项目对风管进行遮阳保护（图 22）。

另外，在进行能源评估之后，本项目对新风机组的布局设计（新风机组送风量、机组的内部构件等）以及最不利管道环路的压力损失计算进行了审核，并基于能源评估结果，通过合理优化管道长度降低能耗（表 5）。

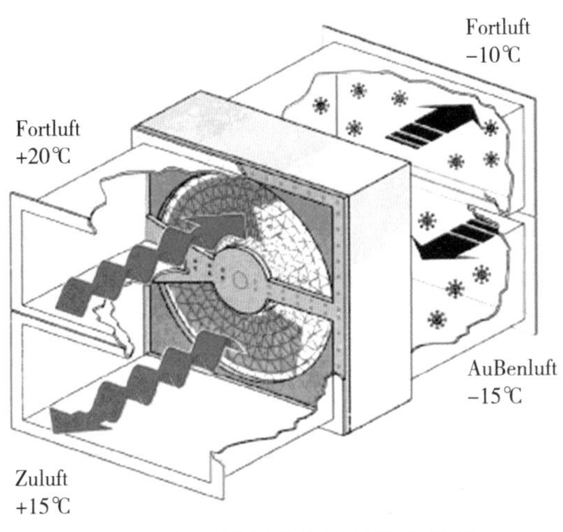

图 21　冬季转轮转换器的防冻关系
（来源：Lautner s.a.，Einfrierverhalten，http://www.lautner.eu/planungshinweise/einfrierverhalten.html）

图 22　屋面上风管遮阳的安装

对不适宜风管（通常是太长）进行的压力损失计算　表 5

序号	风量（m³/h）	管道宽度	管道高度	管道长度	V（m/s）	R（Pa/m）	ΔP_y（Pa）	ξ	动压（Pa）	ΔP_j（Pa）	$\Delta P_y+\Delta P_j$（Pa）
1	9000	1000	800	1.0	3.125	0.105	0.105	0.19	5.849	1.111	1.216
2	9000	800		2.7	4.974	0.277	0.747	2.73	14.815	40.444	41.191
3	6616	700		14.0	4.775	0.301	4.219	1.56	13.657	21.306	25.525
4	6616	650	500	2.5	5.655	0.529	1.322	0.95	19.150	18.193	19.515
5	5128	600	500	4.0	4.748	0.402	1.609	0.30	13.502	4.051	5.660
6	3761	500	400	3.0	5.224	0.611	1.833	0.30	16.342	4.903	6.736
7	2183	400	320	3.0	4.737	0.671	2.012	0.30	13.441	4.032	6.044
8	834	400	320	0.5	1.810	0.120	0.060	1.44	1.962	2.825	2.885
9	834	320		18.1	2.881	0.312	5.651	3.13	4.969	15.554	21.205

续表

序号	风量（m^3/h）	管道宽度	管道高度	管道长度	V（m/s）	R（Pa/m）	ΔP_y（Pa）	ξ	动压（Pa）	ΔP_j（Pa）	$\Delta P_y+\Delta P_j$（Pa）
10	582	280		1.8	2.626	0.312	0.561	1.60	4.128	6.605	7.166
11	466	250		2.5	2.637	0.361	0.902	1.60	4.165	6.664	7.566
12	350	220		2.3	2.558	0.400	0.920	1.60	3.918	6.268	7.188
13	234	180		2.7	2.554	0.511	1.380	0.12	3.908	0.469	1.849
合计				58.1							153.746

（注：V 为管道内空气的平均流速；R 为每米管长的沿程损失，ΔP_y 为管段的沿程损失，ξ 为局部阻力系数，ΔP_j 为管段的局部损失）。

4.2.2 卫生要求

新风机组中的初、中效过滤器在整个系统中起到避免送风系统受到污染的作用。否则，全年送入室内的新风会将粉尘等颗粒带入建筑物内，影响卫生等级。本项目在多次的现场巡视与施工培训中一直强调风管防尘的重要性，以确保整个施工过程中风管的洁净（图 23）。

图 23　施工过程中对风管进行了加盖遮挡进行防灰保护

4.2.3 控制

新风机组的供暖（供冷）调节和控制由温度传感器发出指令，由热泵机组完成供给。供冷模式下对新风一直进行除湿，换言之，供冷调节和控制需要对新风一直进行除湿。输出冷量的大小由热泵机组进行调节。

新风机组通常不会设置新风再热器，仅在新风机组的内部预留足够的安装空间，以备必要时安装。如果没有设置新风再热器，会导致制冷模式时送风温度极低，由此可能出现室内温度场分布不均的现象，这种情况下必须设置旋流风口。

体积流量调节器控制新风供给区域的划分。新风流量调节器通过一个感应器对风扇毂的新风空气流进行控制，控制设备按照流量调节器设置的风量进行供给。当与设定的空气量数值出现偏差时，电子数控板上会持续地发出调整信号，进而调整风机的功率。空气体积流量调节器的设定数值根据空气流量额定值确定，在超过或低于预设的极限值时会出现错误报警。

4.3 小结

建筑的成功设计是基于与项目所在地气候环境适宜的关系之上的，同时，必须确保使用者较高的热舒适性，涿州市处于年平均温度为 12.4℃的寒冷地区，对室外新鲜空气进行除湿是本项目最大的挑战。该地区的气候条件导致必要的制冷时间段与除湿时间段通常同时出现，因此，经过除湿处理的新风不需要进行再加热。但是新风机组内预留有充分的空间，以确保后续完善安装的可能性。

冬季的相对寒冷与夏季的高温导致采暖与制冷设备的必要性。涿州被动式办公楼的热能量与冷能量是由带有网格分布的土壤源地埋管换热器组成的地源热泵进行供给的。为简化热泵的控制技术，单个热泵均设置了单独的循环系统进行控制。夏季则通过设置于各个房间的金属辐射板实现制冷。

与欧洲相比，涿州被动式办公楼项目面临更多的挑战：

（1）空气质量。欧洲完全不考虑大规模的空气污染以及极差的空气质量，而涿州处于空气污染严重的地区，基于对项目所在地空气污染物的考虑，项目在转轮换热器的区域特别注意了压力差的稳定，以确保可能出现的漏气流向回风侧，而不是由回风进入新鲜空气区域。

（2）卫生要求。与欧洲工地现场在建造期间尽可能减少风管被污染的可能性，确保新风机组内部过滤器的清洁相比，中国的工地现场对清洁的保障尚缺乏足够的经验。

（3）管道布置。为尽可能地减小风管管道的压力损失，必须尽最大限度降低管道内的压力损失。欧洲一般使用在工厂制作完工的螺旋风管，中国则是在工地现场将板材卷成风管，管道内表面相对更粗糙，风阻也相对更高。

5 监测系统

本项目的目标是实际测量数据来证明达到了被动式房屋的标准，建筑物内设置了监测整个项目所有能耗点的监测系统。

监测方案由室内温度、湿度数据和建筑物实际能源消耗数据组成。所有提取的数据不仅仅用于存档记录，还可以随时远程读取并在终端数据显示器展示。达姆施塔特被动式房屋研究所负责完成整套监测系统的计算取值及绘制图示（图 24、图 25），并根据涿州的实际气候数据，通过热模拟

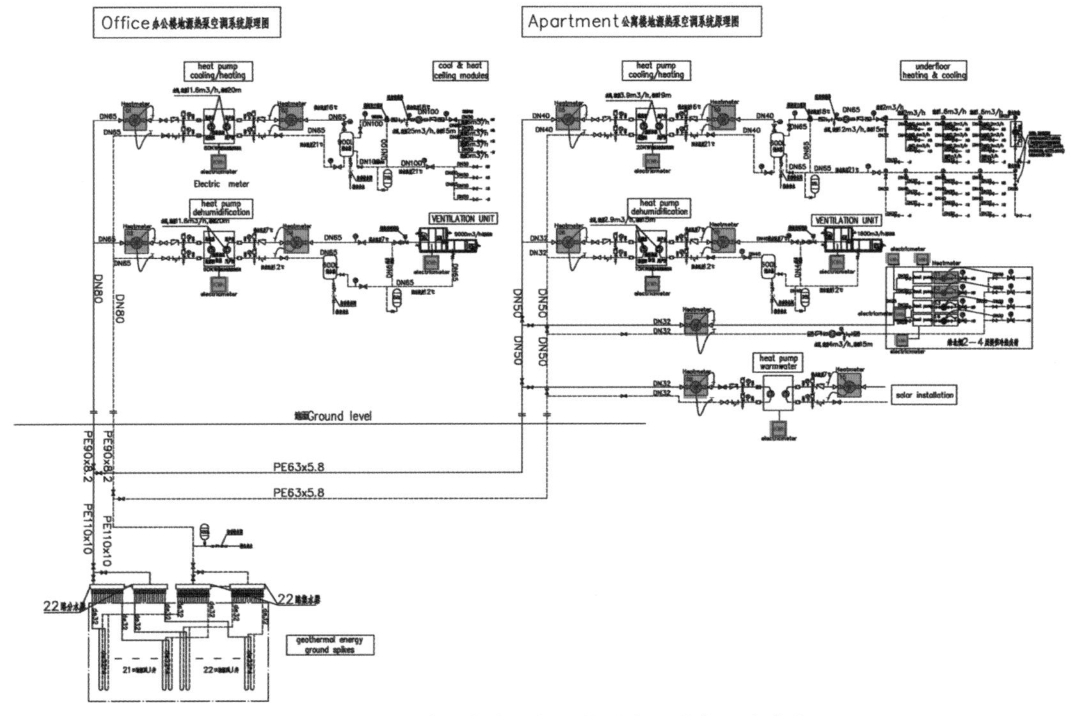

图 24　监测系统示意（红色为热量表，蓝色为电表）

图 25　屋面监测系统的摄像头

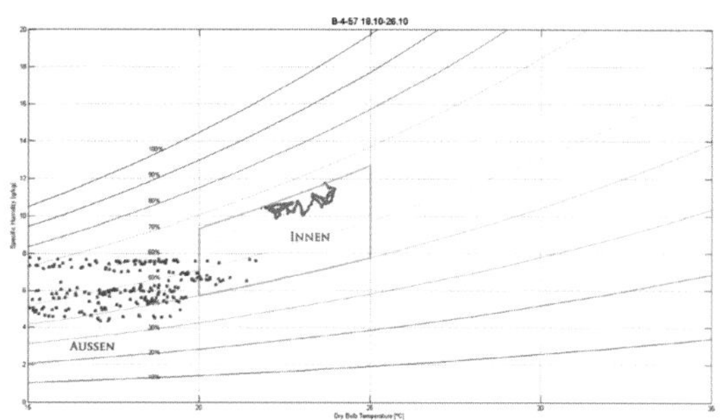

图 26　2015 年 10 月的监测数据，室外环境与建筑物舒适性的对比（蓝色数据为室外数值，红色数据为内部环境）

对监测数据进行对比。被动式房屋研究所还计划研究如何在中国不同的气候区更合理地设置带有热回收功能的新风机组，并制定符合不同气候区热回收的标准要求。

根据美国采暖、制冷与空调工程师学会（American Society of Heating，Refrigerating and Air-Conditioning Engineers）ANSI/ASHRAE 标准 55-2013 对"适宜人类居住的热环境条件"的定义，热舒适性是人对周围热环境所做的主观满意度评价。该指标综合考虑了人体活动程度、衣服热阻（衣着情况）、空气温度、空气湿度、平均辐射温度、空气流动速度 6 个因素（ANSI/ASHRAE，2013）。

本文截取了监测数据中以空气湿度与室内环境温度为基础，对热舒适性的评估图示，数据取自 2015 年 10 月最后一周（2015.10.16 ~ 2015.10.26）办公楼的大部分房间（图 26）。

必须强调的是冬季的舒适性区域存在下述波动：20℃ < 空气温度 <25℃；40%< 相对湿度 <65%。在监测时间段内，测试数据偏离此区间的频率为 0.4%。

6　结语

中国涿州项目中的办公楼与公寓楼均得到了达姆施塔特被动式房屋研究所的认证。值得一提的是整个项目最大的特点是设计与施工均有中方公司参与完成，以及大量运用中国本土建材。

由于本项目的目标是成为中国最节能的办公建筑，因此严格按照被动式房屋标准和技术建造。特别重要的是被动式房屋标准与涿州当地气候环境的适应及在设计的初期对所有潜在问题进行了确定和解决。

高能效的供暖、制冷与新风系统既节能，又带来了极高的舒适性。项目专门设置了监测系统对建筑物进行评估，从而得到整个项目的能耗水平，为后续同类项目设计提供参考。

主要参考文献

[1]　美国采暖、制冷与空调工程师学会 .（ANSI/ASHRAE Standard 55-2013）适宜人类居住的热环境条件（Thermal Environmental Conditions for Human Occupancy）[S], 2013.

[2]　APEC, 2014, 建筑规范、法规和标准 , 2014, 最低 , 强制性与绿建 , APEC Project M CTI 02/2012A SCSC.

[3] 德国 Caverion 有限公司 . Krantz 辐射板构件的体系描述 [EB/OL]. [2015-10-29]. http://www.krantz.de/de/Komponenten/K%C3%BChl-und-Heizsysteme/Documents/D2.1.2_Kuehldecken-Systembeschreibung.pdf.

[4] 涿州气候环境 [EB/OL]. [2015-7-17]. http://de.climate-data.org/location/2692/.

[5] 榫钉，采暖设备的项目设计 [J]. 莱比锡：莱比锡建筑工程大学，1994.

[6] 土壤源换热器的优化，2010, 地热换热器的优化，[2015-10-28]. http://www.erdsondeno-ptimierung.ch/index.php?id=269463.

[7] 欧盟 SME 中心（EU SME Centre），中国建筑业报告（The Green Building Sector in China）. [2013-10-08]. http://www.eusmecentre.org.cn/report/green-building-sector-china.

[8] Evans, M., Shui, B., Halverson, MA., Delgado, A., 中国建筑节能规范的实施：为美国能源部准备的进程与比较课程，DE-AC05-76RL01830, 华盛顿：太平洋西北国家实验室，2010.

[9] 新能源，s.a. 地源技术 . [2015-6-1]. http://geoscart.com/subsurface/bhe-network-design/advantages-coaxial-bhes/.

[10] Humpal, H., 建筑构件热活跃度的理论研究 [D]. 柏林：德国柏林技术与经济专业大学，2001.

[11] Jing, S., 相对湿度的影响对热环境中热舒适性，中国重庆大学城市建筑与环境工程学院，2013.

[12] LAWA. 对土壤源换热器与地热采集器的水资源管理要求的建议 . 撒克逊国家环境与土地资源部，2011.

[13] Li, B., Yao, R., Wang, Q., Pan, Y., Yu, W., 2012, 对自主运行建筑内环境的中国评价标准，第七次温莎会议记录：The changing context of comfort in an unpredictable world Cumberland Lodge, 温莎，UK, 12-15 April 2012. London: 建筑物内部舒适性与能源网络 .

[14] 被动式建筑研究所，2015,（Hrsg.）：被动式建筑，被动式建筑卓越与产能建筑标准，2015-6-20，9b 版本 . [2015-6-3]. http://passiv.de/downloads/03_zertifizierungskriterien_gebaeude_de.pdf.

[15] Shui, B., Evans, M., Lin, B., Song, B., 2009, 中国建筑节能报告，美国能源部 DE-AC05-76RL01830.

[16] 世界银行 . 2001. 中国：提高建筑节能的可行性，亚洲替代能源计划与能源 & 东亚和太平洋地区矿业联盟 .

[17] Wu, B., Wang, L., 2014, 中国城市地区天然气能源及放射能代替煤炭供暖体系：北京为例 .[PHI13] 被动式建筑研究所（Hrsg.）：认证的被动式建筑。被动式住宅的认证标准，2013-5-13. http://www.passiv.de/downloads/03_zertifizierungskriterien_wohngebaeude_de.pdf.

作者：大卫·米库莱柯，建筑物理学家，建学建筑与工程设计所有限公司国际合作部副主任，奥地利希波尔建筑物理研究设计有限公司总设计师，PHI 授权被动式建筑培训师、设计师

翻译：董小海，建学建筑与工程设计所有限公司建筑类德语特种翻译，国际认证被动式建筑咨询师

校对：戴书健，建学建筑与工程设计所有限公司一所主任，高级工程师，国家注册公用设备工程师，国际认证被动式建筑设计师

4

被动屋的新风系统

郭占庚

摘　要：被动屋建筑是超低能耗的建筑，外维护结构的热损失极低，气密性高。高效全热回收新风机是被动屋不可缺少的组成部分，除了给室内提供足够的氧气外，还需要把室内的湿气、污浊空气及有害气体及时排出，创造健康舒适的室内居住或办公环境。超低能耗便于建筑物的采暖和制冷，新风采暖制冷一体机–康舒家是解决被动屋通风、采暖和制冷的最便利和经济的方案。
关键词：全热回收新风；逆流全热交换器；康舒膜；新风采暖制冷一体机；康舒家

1　被动屋的特点

被动屋起源于德国，其特点是超低能耗、健康舒适。

如何来实现超低能耗？

- 加厚保温，通常不低于 200mm
  传热系数≤ 0.15W/（m^2·K），
  热负荷≤ 10W/m^2（居住面积）
  年采暖能耗≤ 15kWh/（m^2·a）（居住面积）
- 断桥窗框和三层真空玻璃，换热系数 k ≤ 0.8W/（m^2·K）
- 坚强密封，提高气密性，要求在 50Pa 负压时的建筑屋的换气系数 n_{50} ≤ 0.6 1/h

2　被动屋通风的必要性

通俗一点讲，被动房的外围护结构把整个建筑物做成了一个高度密封的保温瓶，如果没有可控通风人将无法居住。

给居室提供新鲜空气，有效排除室内的污浊空气及有害气体成了被动屋的关键因素之一。可控通风是被动屋的必备。

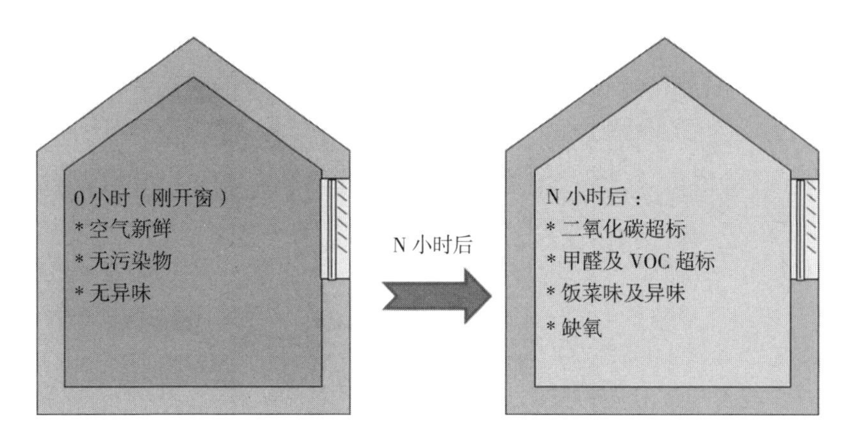

如果没有通风：

• 缺氧，污浊空气排不出去

• 房间内的湿度

室内空气含湿量平衡：

$$\dot{m}_{Ab}=\dot{m}_{zu}+\dot{m}_{Raum}$$

m_{Ab} – 排风带出的水量

$\dot{m}_{zu}$ – 送风带入的水量

$\dot{m}_{Raum}$ – 室内增加的水量

$$\dot{m}_{Ab}=\dot{m}_{zu}+\dot{m}_{Raum}$$

如果新风 $\dot{m}_{zu}$ 和排风 $\dot{m}_{ab}$ 均为零，室内的含湿量即湿度将越来越大。

• 滋生霉菌：室内通风不足，湿气无法及时排出，就会滋生霉菌。德国费劳恩赫弗建筑物理研究所艾尔霍恩（Fraunhofer Institut fuer Bauphysik）得出结论：
  • 如果空气相对湿度长时间高于 80%，建筑材料表面会滋生霉菌
  • 一天内相对湿度高于 80% 的时间不超过 3 小时，问题不大
  • 一天内相对湿度高于 80% 的时间超过 6 小时，滋生霉菌的风险很大

根据室内外湿度平衡艾尔霍恩先生计算出房屋新风换气最低次数，室内温度越低要求的最小换气次数越高：

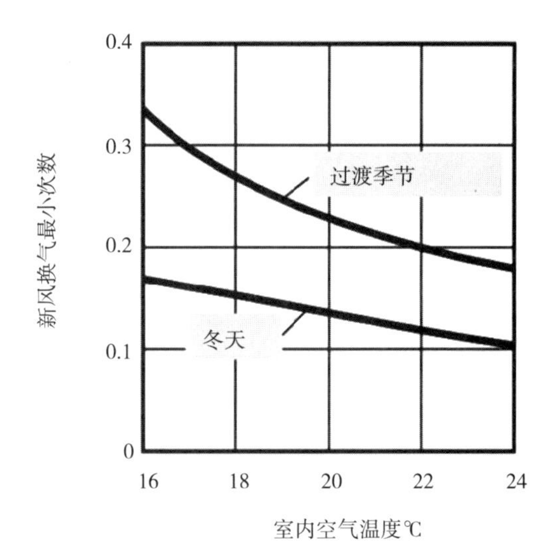

被动屋的每小时新风换气量不能低于以上次数，同时需要满足 30m³/h/ 人。

3 被动屋对通风设备要求

可控通风是指通过机械方式把室外的新鲜空气送到室内，再将室内的污浊空气排向室外，保证室内 24 小时空气新鲜。

国标规定：　住宅和办公环境下新风量≥ 30m³/h/ 人

建议换气系数：　居住 0.5　1/h

办公 1.0　1/h

由于被动屋的总能耗很低，新风负荷在采暖和制冷时占的比例较高，不宜简单参考常规的做法确定新风换气系数。特别是寒冷天气更需要控制新风换气系数，原则上只需保证每人 30m³/h 的新风量。

为了降低通风的能耗，被动屋的通风设备必须对排风侧的热量进行回收，并保证热回收效率不低于 75%。

德国被动屋研究所对家用通风及设备做了明确的规定：

- 显热回收率（采暖，风量平衡，室外温度 −15 ~ 10℃，室内 20℃）

  $\eta_h \geqslant 75\%$

- 全热回收效率　$\eta_e \geqslant 60\%$（建议）
- 防冻时新风不能间断，室外温度低于 −3℃启动防冻功能（新风预热）
- 新风和污风之间的风量的差异 <10%
- 新风机的泄漏率：内部及外部≤ 3%（压差 100Pa）
- 漏风系数（换气系数）　$n_{50} \leqslant 0.6$1/h
- 新风量：新风换气系数：

  正常　0.5　1/h

  极冷天气（<−15°）　0.2　1/h

最低新风量　　　　　　　$30m^3/h/$人

· 新风出风温度　　　　　≥ 16.5℃（室外 −10℃室内 21℃，新风加预热）

电预热器的安装示意图

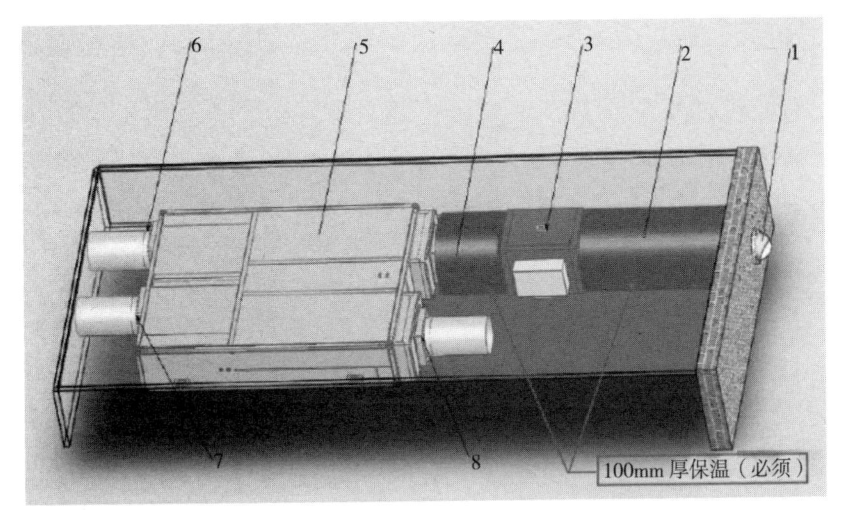

1. 室外新风进口
2. 风管 1+100mm 厚保温
3. 康舒新风预热器
4. 风管 2+100mm 厚保温
5. 康舒安系列换气机
6. 室内污风出口
7. 预热新风出口
8. 室内污风进口

· 新风耗电　　　　　　　≤ $0.45W/(m^3/h)$，扣除高效滤网和表冷器的影响

分户独立新风机（风量小于 $600m^3/h$）

· 新风机风量使用范围

　最大运行风量 Vmax 为风机最高速运行，背压为 169Pa 时测得的风量值 /1.3

　最小运行风量 Vmin 为风机最低速，背压为 49Pa 时测量风量值 /0.7

　标称风量（新风）V=（Vmax+Vmin）/2

　新风机的使用范围是 Vmin 和 Vmax 之间。

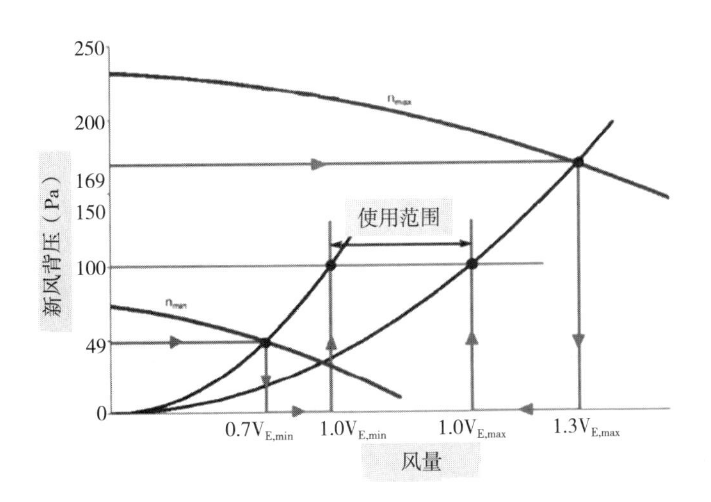

- 待机能耗 ≤ 1W
- 新风控制：至少三速控制（70%~80%，100%，130%）
- 噪声：新风机设备间　≤ 35dB（A）
  居室　≤ 25dB（A）
  其他功能房　≤ 30dB（A）
- 设备包括热交换器必须便于检查和清洗，过滤网更换不应超过一年。要求滤网更换用户自己可以完成。

中央通风设备（风量大于 $600m^3/h$）：

在保证耗电 ≤ $0.45W/(m^3/h)$ 和如下背压下测定的新风量为新风机的使用范围

新风量 m^3/h	新风机背压 Pa（非住宅）	新风机背压 Pa（住宅）
≤ 600	190	155
≤ 1000	222	187
≤ 1500	247	212
≤ 2000	265	230
≤ 3000	290	
≤ 4000	308	
≤ 5000	322	
≤ 10000	365	

鉴于住宅风道要比其他建筑物短，所以要求的背压也低。以上背压对应的新风机只包括外壳、热交换器和风机。其他部件的压降应该扣除，过滤网允许最多扣除 50Pa。

考虑到新风机的调节范围、重量、外形尺寸等因素，单台新风机的风量不宜大幅超过 $10000m^3/h$。

4　被动屋的新风设备（通风）

根据采暖制冷的形式（主要是制冷）的要求有集中式和分户独立新风设备。

制冷形式	通风设备	全热交换器	除湿模块
单独的空气冷却系统（如风盘，VRV 等）	集中 分户独立	全热板式、转轮交换器 全热板式交换器	没必要
单独的结构制冷系统（蛇管埋结构层或垫层） 单独的外挂冷辐射板制冷系统	集中	全热板式、转轮交换器	必须有
采暖通风合一系统（一体机）	分户独立	全热板式交换器	必须有

说明：

1）如果选用板式全热交换器应选择可以水洗的材料如康舒膜做热交换器。

2）冬冷地区（冬季温度低于 –5℃）的新风机，不管是采用集中还是分户独立的形式，在新风入口处需要有防冻保护 – 预热。集中新风机可以选择电加热或防冻液热水加热。分户独立新风机可以通过电加热或混风来提高新风的入口温度。为了避免能耗过高，对高寒地区（温度 <–20℃），应降低新风的换气系数，保证每人 $30m^3/h$ 即可。

3）常规空调的做法是对除湿后的低温空气进行再加热，以免冷风直吹带来的弊病（不舒适、易感冒）。被动屋的新风量约为常规空调的 10%，出风口的风速很低，新风流出后很快就会和周边

热空气混合在一起，不用再考虑新风加再热段。如果出于某种考虑，出风口风速较高（>2m/s），可以改变出风口的方向，避免对人体直吹。

如果新风不承担制冷任务，可以通过增加一个热回收段对低温新风进行再热。尽量避免用辅助能源加热新风。

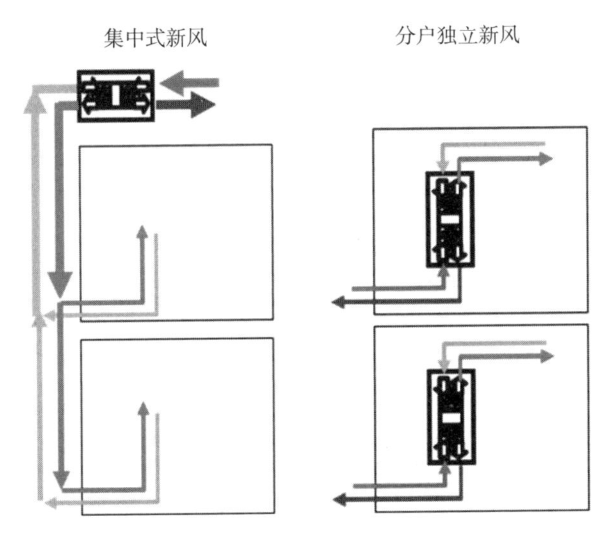

4.1 转轮式集中新风机

转轮式全热回收新风机的特点是全热回收效率高，全热回收效率可以通过调节转轮速度来控制。其缺点是显而易见，部分污风会混到新风中，污风中的异味和细菌会跟着混进新风，出现少量的交叉污染。如果成本允许，可以在送风段加杀菌过滤段（如电子除尘净化杀菌或紫外线杀菌设备）。

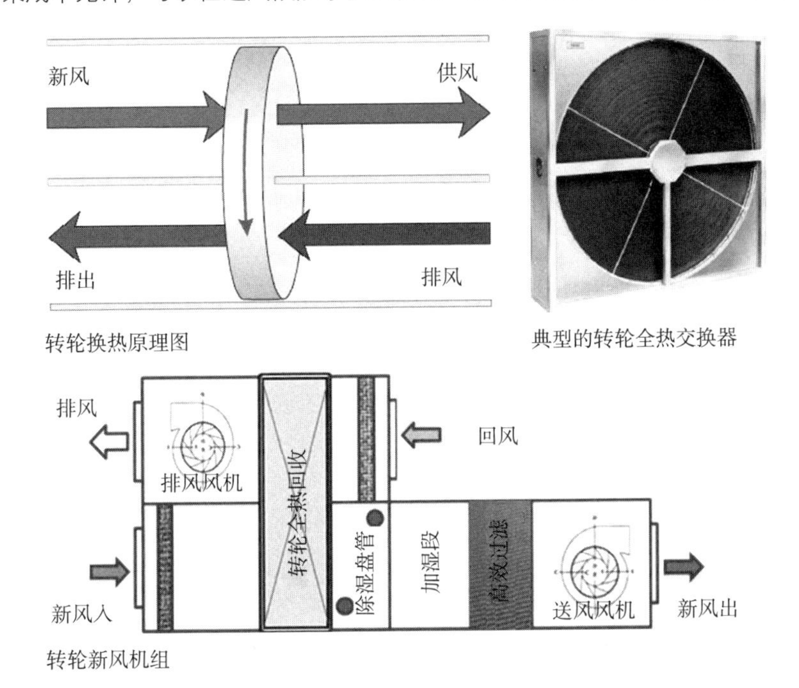

转轮换热原理图

典型的转轮全热交换器

转轮新风机组

常见的主要组成：新风和排风风机，转轮全热回收器（通常用一个全热转轮换热器，本案还增加了一个显热回收器便于控制室内温湿度的回收），除湿盘管，加湿，高效过滤等。

由于转轮本身的成本特点，风量小于 3000m^3/h 不宜考虑采用这种热回收设备。

4.2 板式全热交换集中新风机

核心部件：全热交换器，分逆流型和交叉流型两种，见下图：

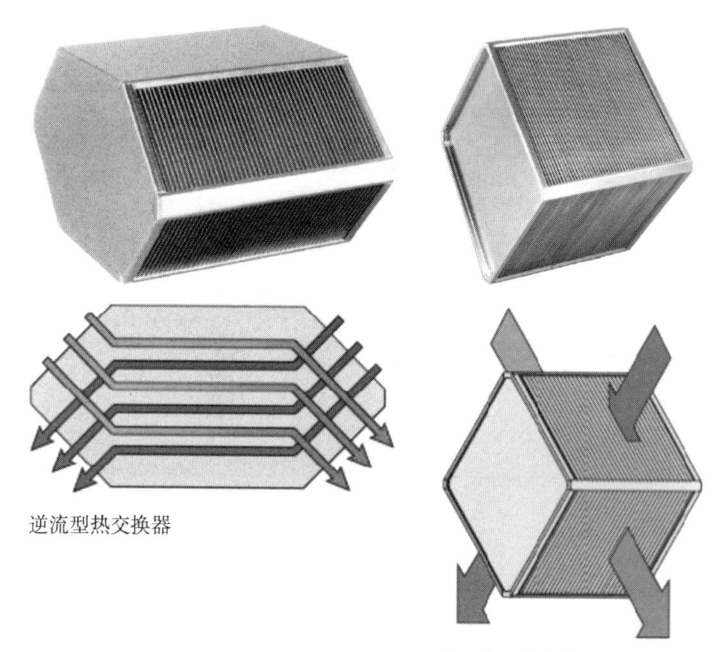
逆流型热交换器

交叉流型热交换器

因交叉流型的热回收效率较低，直接采用达不到要求被动屋标准的要求，可以采用如下组合方式（准逆流换热）：

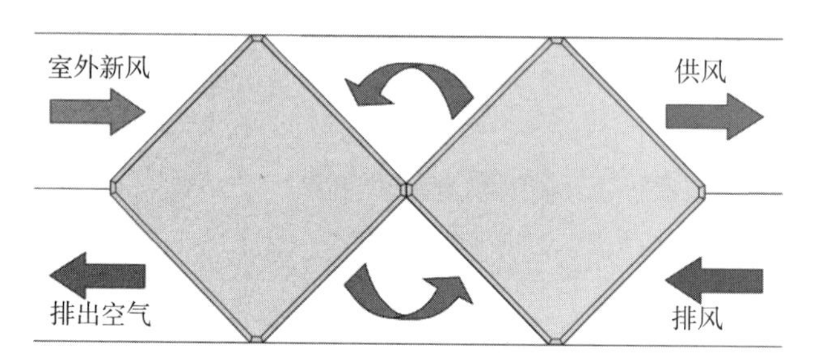

逆流型换热器可以实现高效热回收合理选型设计以达到被动屋标准的要求。

热交换器机芯的材料：

常见的显热交换器的材料：铝箔或塑料薄板（夏季湿度高的地区不适合）

常见的全热交换器的材料：特殊塑料薄膜（康舒膜）或 纸（不能水洗）

我国大部分地区夏季室外空气的湿度大，都有除湿的要求，显热交换器不能满足节能要求，必须采用全热交换器。

纸作为全热交换器的机芯的优势是湿度交换效率高，但其致命弱点是：透气率高，很难达到被动屋标准中的漏风率大于 3% 的要求；另外机芯受潮后容易滋生霉菌；机芯使用时间长了无法水洗，只能换新的，增加了维护成本。

特殊塑料薄膜（康舒膜）是一种理想的全热交换材料，经过特殊处理后既能进行湿交换，还能抑制细菌的生长，又可以水洗。

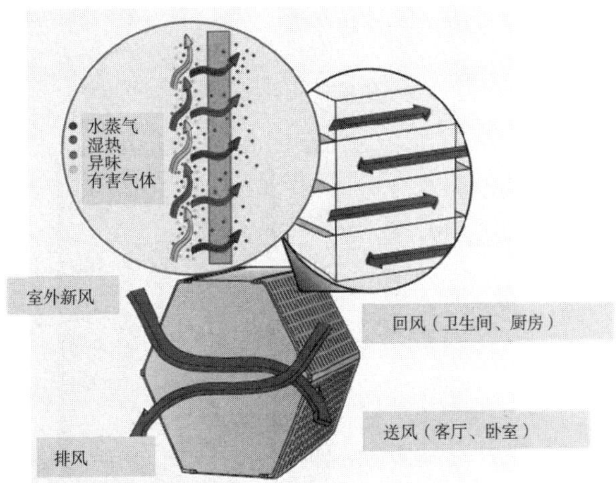

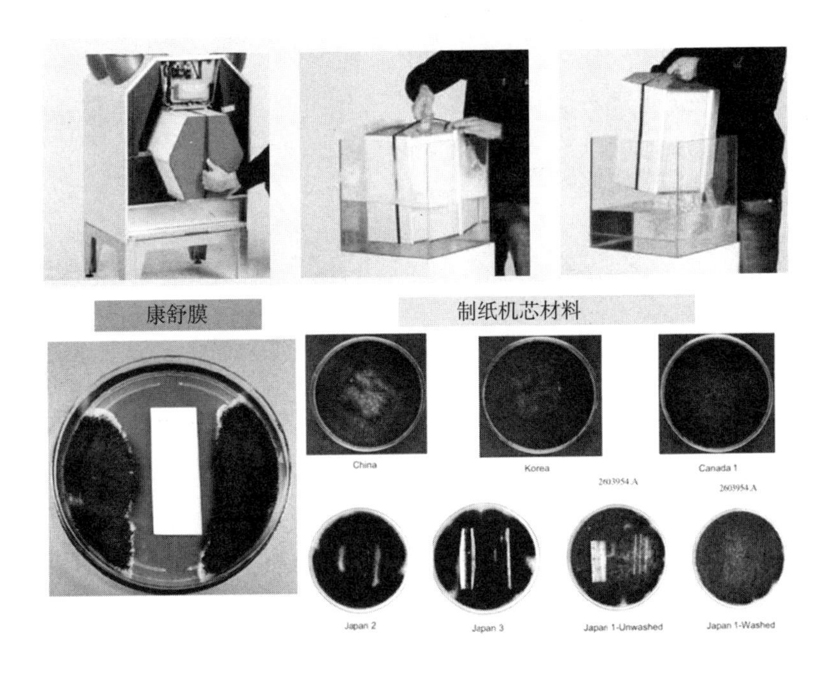

以下为康舒膜热交换器的传热板的外形：

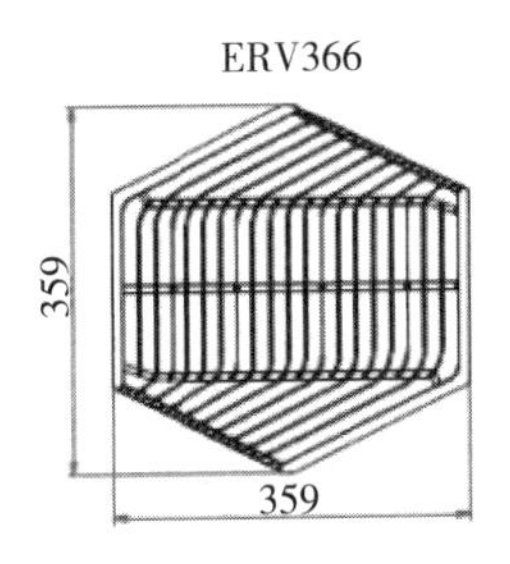

热交换器的厚度可以根据需要的风量确定，因康舒膜属于新材料，可选用的热交换器的尺寸比较少。

板式新风全热回收机组：
大型机组

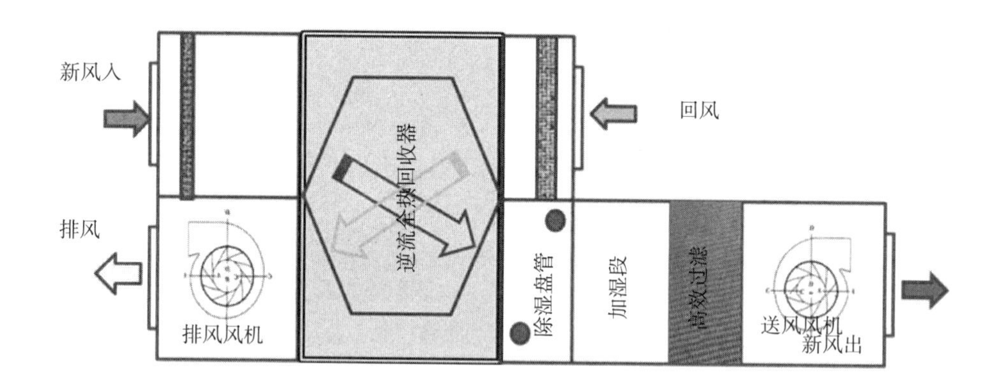

中型机组（吊顶安装）600/800/1000/1500m^3/h：

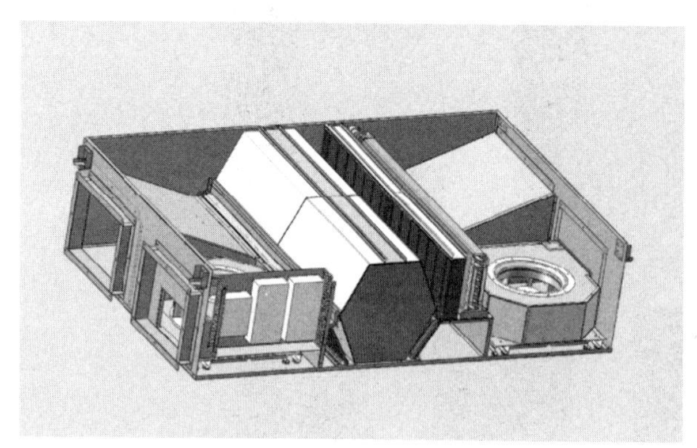
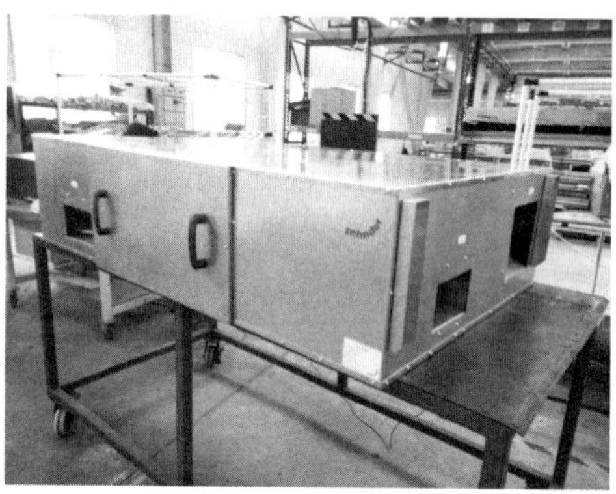

含除湿盘管和高效过滤，不含加湿段。

4.3 分户独立新风机

分户独立新风机是将高效逆流全热交换器、风机、滤网集成在一起，通常不带加湿和除湿模块。适用与只需要提供通风的暖通方案，即另有设备提供采暖、制冷和除湿。

· 立式新风机－森德康舒安 comfoair Q 系列：

型号	最大风量 m^3/h	功耗 W	噪声 @3m dB（A）	适用面积 m^2	PHI 认证
Q350	350 @ 200 Pa	131	33.4	180	有
Q450	450 @ 200 Pa	177	37.5	230	有
Q600	600 @ 200 Pa	298	43.9	300	进行中

kühl-gemäßigtes Klima

ZERTIFIZIERTE KOMPONENTE

Passivhaus Institut

	Q350	Q450
Airflow range	70~270 m^3/h	70~345 m^3/h
Heat recovery rate	η_{HR} = 90 %	η_{HR} = 89 %
Specific electric power	$P_{el,spec}$ = 0.24 Wh/m^3	$P_{el,spec}$ = 0.26 Wh/m^3

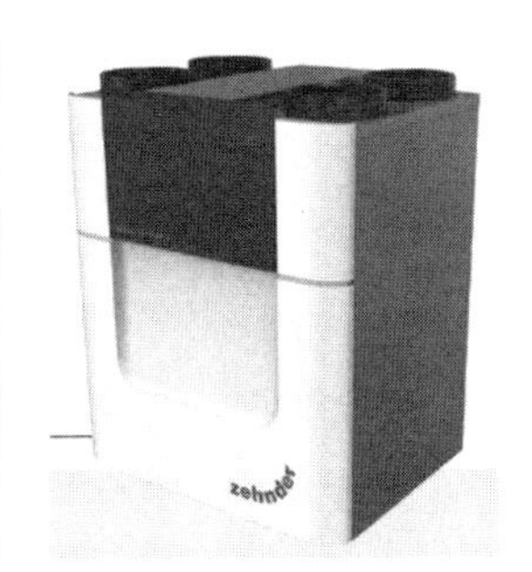

吊顶式 – 新风机（200m^3/h），德国进口 Paul Climos F200（适用室内面积 130m^2）

应用示意图

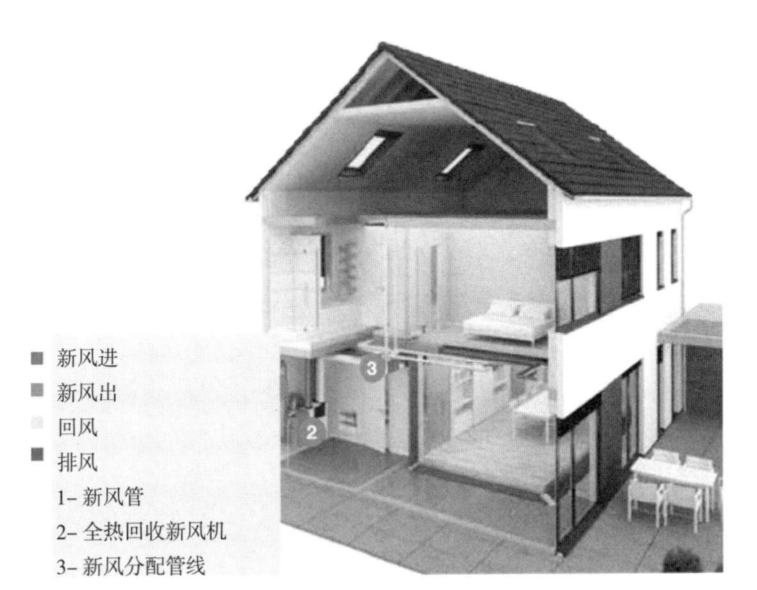

4.4 户式新风采暖制冷一体机

户式新风采暖制冷一体机是解决被动屋住宅的最经济的选择。它一种高效全热回收新风机和空气源热泵的组合。

同时解决：

- 新风 200/300m³/h
- 逆流全热交换器
- 热回收效率 >85%
- 全热回收效率 >60%
- 采暖 3.8kW/5kW
- 制冷 3.5/4.6kW
- 变频风机和热泵
- 高效过滤
- 机外可支配送风余压 >100Pa
- 适用面积 130/180m²
- 低温环境带新风预热（选配）
- 电辅助加热（选配）

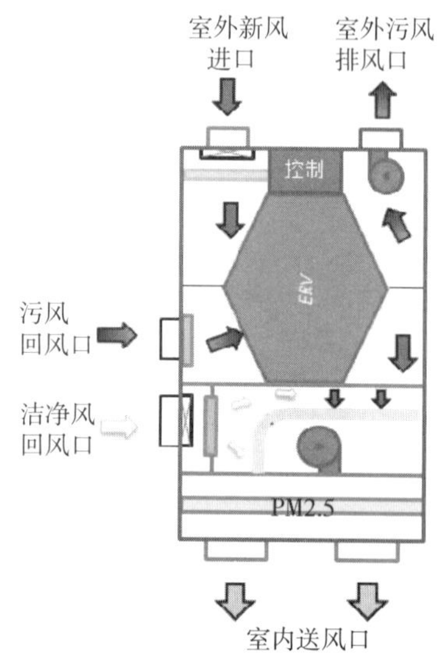

室内机

室外机

5 室内风口的布置

被动屋的新风量较传统的空调风量低很多，所以对新风出风口和回风口布置的位置很重要，需要保证新风能够覆盖（扩散）到每个角落。

·简单法则：送风口布置到房间的最远端，回风口布置在走道、厨房、卫生间。如果房间较大，门缝缝隙不能满足透气（平衡排风）的要求，需要在内墙上设透气槽。

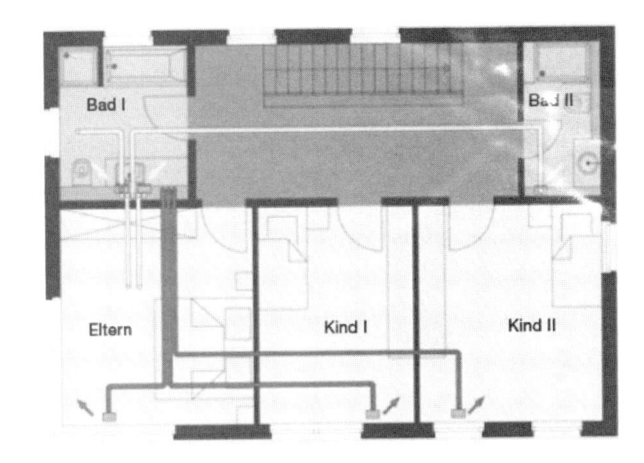

• 一体机 – 康舒家的风管布置（顶送风）

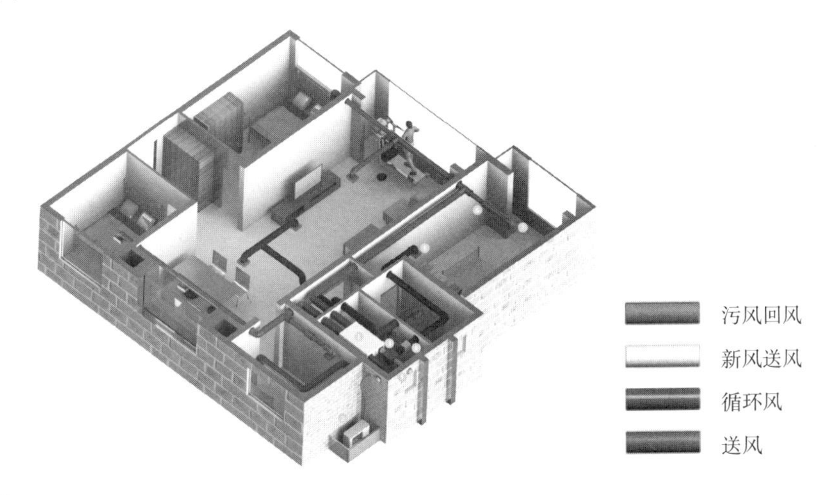

• 风管：

要求风阻小，并符合国家环保和健康要求。PVC 因其软化添加料易分解出有害物质（二噁英），不建议大量使用。

➢ 室外部分（主管道）要求风管有 10cm 以上的保温，流速不超过 10m/s。

➢ 室内部分（没有结露风险的区域）风管应选用圆形风管，不需要保温，流速不超过 5m/s。可以选择 PE 或 PP 材料的塑料管，外径 90mm、110mm、160mm、200mm。

➢ 连接送风口支管：圆形风管，不要保温。

■ 选择地送风，风管埋地安装。应选择柔性双壁波纹管。择地出风时室内的气流组织更均匀，但管道阻力要略高一些每 10m 高出 25Pa 左右。

圆形双壁波纹管：外壁波纹，内壁光滑，PE 材料，外径 75mm，内径 63mm，可弯曲
椭圆形双壁波纹管：外壁波纹，内壁光，滑 PE 材料，宽 138mm，高 51mm，可弯曲。允许风量 30m³/h。

- 选择顶送风，可以选择 PP90 的风管
- 最大风量 60m³/h

・出风口：

出风口有地面出风口或顶出风口。地面出风口的箱体内的风速应不大于 0.5m/s。出风口面板的外形可以根据内装设计要求设计，面板开孔率不应低于 30%。

单接管出风口（30m³/h）

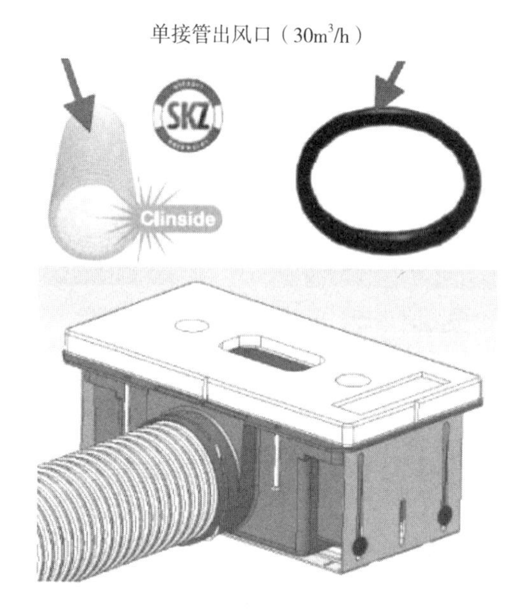

常见的不锈钢格栅

也可以使用双接管出风口及相应的出风口格栅。

・回风口

设计顶部回风时，回风口的风速应控制≤ 2m/s，选外径 90mm 的风管时每个口的风量≤ 80m³/h。

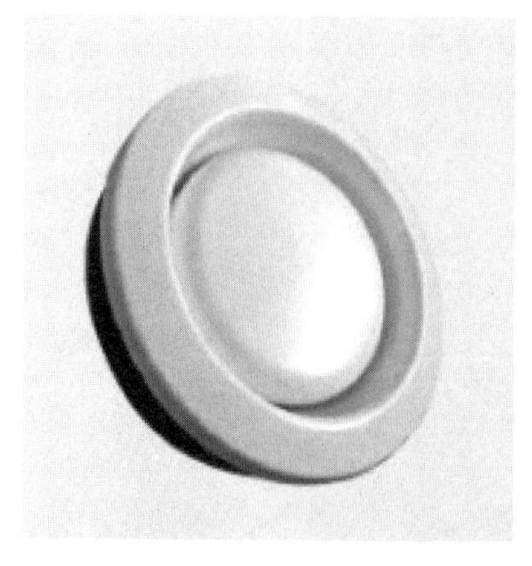

回风口应符合消防的相关要求，如防火阻断等。

· 透气槽

如果房间门没有透气格栅或足够的透气槽应该在墙上合适的位置加透气装置（透气槽）。透气槽由 1 个消声箱体和 2 个面板组成，消声箱体应该具有削减 5dB 以上的能力。

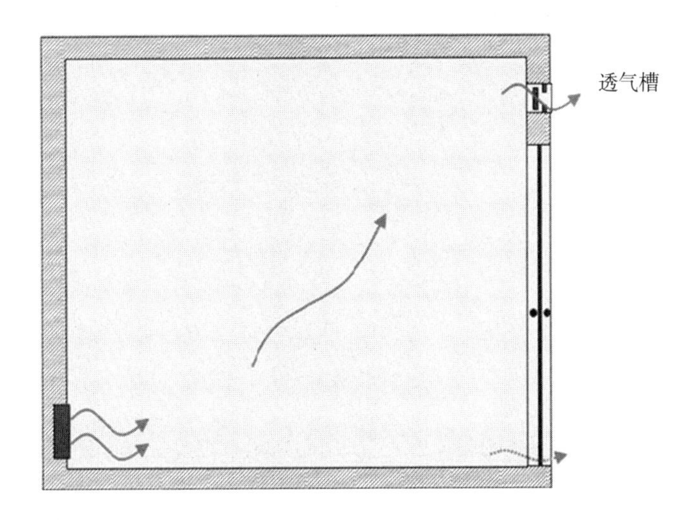

总结：新风是被动屋建筑不可缺少的组成部分，新风的任务是给室内提供足够的氧气，同时把室内的湿气、污浊空气及有害气体及时排出，创造健康舒适的室内居住或办公环境。新风的能耗占被动屋总能耗的比例较高，所以必须通过高效的全热交换器做能量回收。鉴于我国目前的空气质量总体交差，特别是固体颗粒物含量偏高，新风机还应该带有（亚）高效的滤网装置。新风系统是健康舒适节能的保证。

5

被动式住宅建筑新风系统

李　鹤

摘　要:在被动式建筑技术发展成熟的国家,住宅采用的新风系统设备及部件均比较成熟。反观国内,现在大力倡导被动式建筑的理念,但是相应的设备及系统部件或没有国产化,或达不到被动式建筑的要求,这从另一方面限制了国内被动式建筑的实施和发展。本文通过对比国内外被动式建筑新风系统设备和相关部件的应用现状,提出了国内设备和部件研究和发展的方向。

关键词:被动式建筑;新风系统

1　引语

“带有热回收功能的机械通风系统”作为被动式建筑的五大要素之一,在被动式建筑设计中有着举足轻重的作用。对于公共建筑和住宅中的公寓建筑,被动式建筑新风系统一般均采用集中式转轮热交换式新风系统。转轮热交换式新风机组国内应用较多,技术和产品均较成熟,只是能达到被动式建筑要求热交换效率的换热器还比较少。实际应用上,国内集中式新风系统以公共建筑为主,公寓建筑中鲜有集中式新风系统设计的项目。对于别墅类的住宅建筑,现要求较高的建筑新风系统一般采用板式热交换式全热交换器新风系统,同样,若应用在被动式建筑上,热交换效率难以达到被动式建筑的要求。本文在介绍国内新风系统应用现状的基础上,介绍国外被动式建筑(住宅建筑)应用较广的新风机组和系统部件,以期引起设备生产厂家的关注,共同推进被动式建筑的技术发展。

2　国内新风系统现状

国内住宅类建筑采用的新风系统主要以户式新风系统为主,主要有以下几种类型:单向流新风系统、双向流新风系统、全热交换新风系统。户式新风系统以各住户为使用单元,使用灵活,不存在集中式系统分户计量的问题。但是,因为单个系统风量较小,若想达到被动式建筑要求的换热效率($\eta \geq 75\%$)难度较大。而国外的被动式建筑,多层公寓也一般采用集中式系统,新风机组置于地下室或屋面新风机房内,新风机组可采用转轮式热交换机组,热交换效率较高。缺点是带来了新风系统输送能耗的增加。

新风系统对比　　表 1

系统名称	单向流新风系统	双向流新风系统	全热交换新风系统
新风品质	仅有粗过滤，较低	可加 PM2.5 过滤段，较高	可加 PM2.5 过滤段，较高
投资	低	中	高
室内吊顶的影响	小	小	大
是否满足被动式建筑要求	无热交换，不满足	无热交换，不满足	有热交换，可满足

2.1 单向流新风系统

单向流系统是基于机械式通风系统三大原则的中央机械式排风与自然进风结合而形成的多元化通风系统，由风机、进风口、排风口及各种管道和接头组成的。安装在吊顶内的风机通过管道与一系列的排风口相连，风机启动，室内混浊的空气经安装在室内的吸风口通过风机排出室外，在室内形成几个有效的负压区，室内空气持续不断的向负压区流动并排出室外，室外新鲜空气由安装在窗框上方（窗框与墙体之间）的进风口不断的向室内补充，从而使室内保证高品质的新鲜空气。

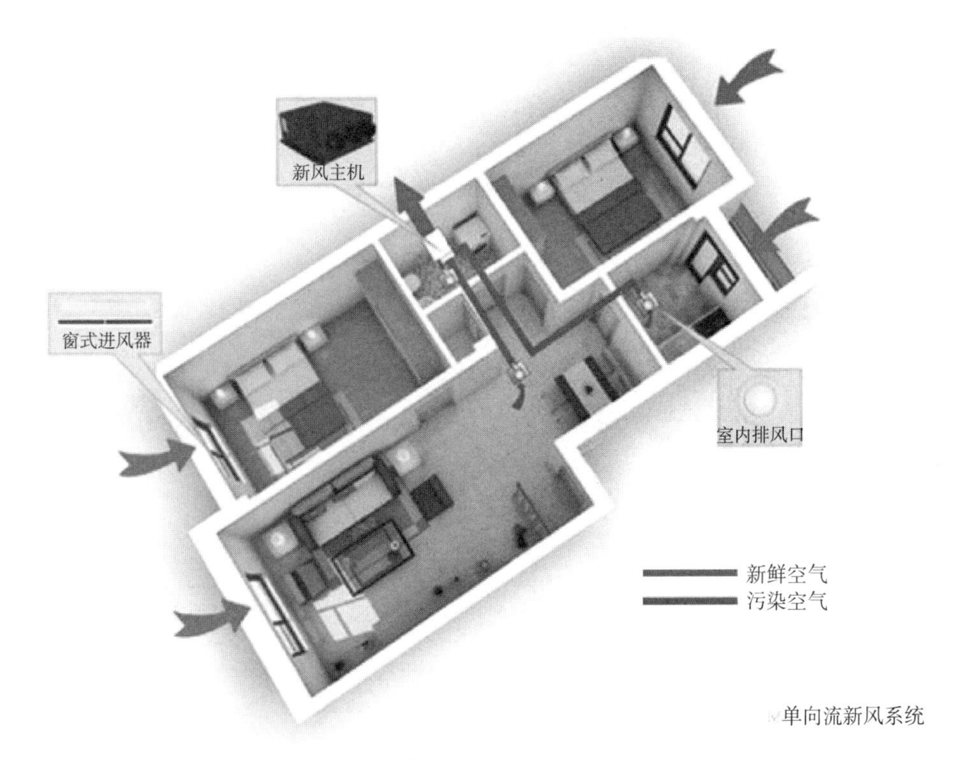

图 1　单向流新风系统原理图

2.2 双向流新风系统

双向流家用新风系统是对单向流新风系统有效的补充。在双向流系统的设计中排风主机与室内排风口的位置与单向流分布基本一致，不同的是双向流系统中的新风是由新风主机送入。新风主机通过管道与室内的空气分布器相连接，新风主机不断地把室外新风通过管道送入室内，以满足人们日常生活所需新鲜、有质量的空气。排风口与新风口都带有风量调节阀，通过主机的动力排与送来实现室内通风换气。

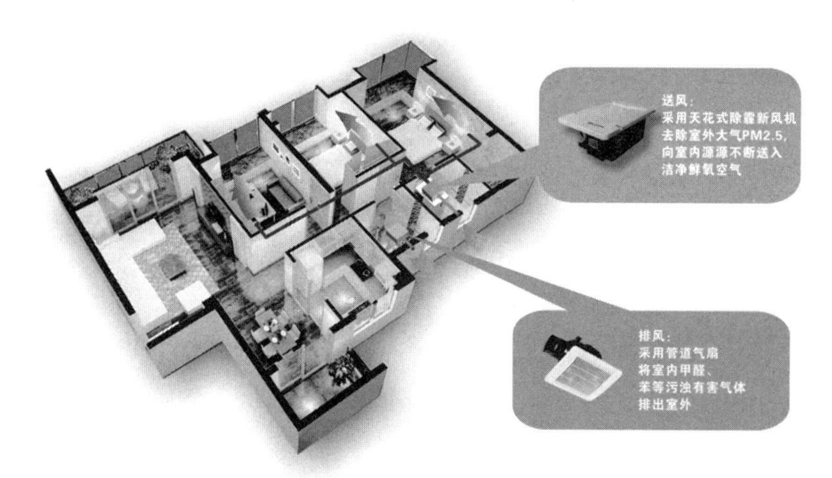

图2　双向流新风系统原理图

2.3　全热交换新风系统

全热交换新风系统是基于双向流新风系统的基础上改进的一种具有热回收功能的送排风系统。它的工作原理和双向流相同，不同的是送风和排风由一台主机完成，而且主机内部加了一个热交换模块，可快速吸热和放热，保证了与空气之间充分的热交换。排出室外的空气和送进室内的新风在这个全热交换装置里进行换热，从而达到回收冷量、热量的目的，节约了空调能源，在改善室内空气品质的基础上，尽量减少对室内温度的影响。

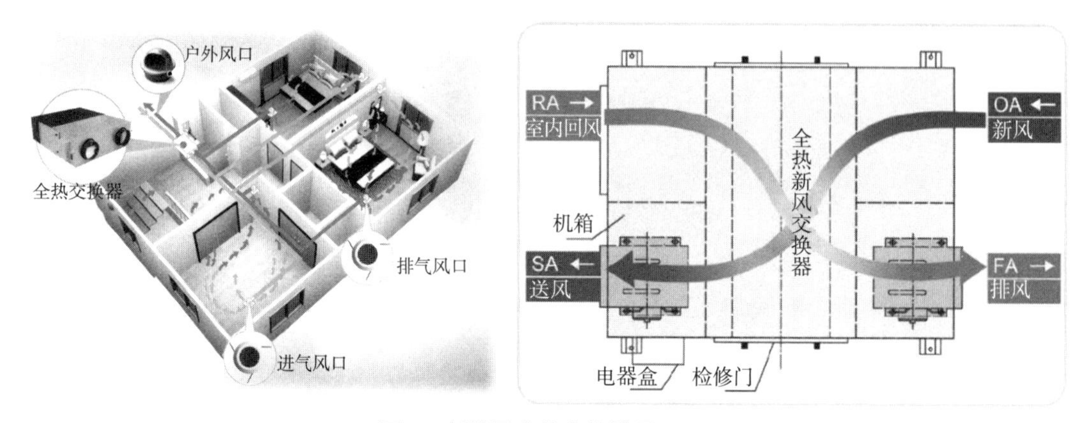

图3　新排风全热交换器原理图

3　国外被动式建筑新风设备及相关部件

3.1　新风设备

因为被动式建筑良好的密闭性，所以需要有稳定的新风供应，即通风系统。进而因为被动式建筑的热负荷较小，通过回收排风中的热量和湿度，即全热回收，然后辅助少量的外部热源，即可以达到满足室内供热的要求。这就是被动式建筑新风系统核心的设计思想。

国外被动式建筑中应用的新风设备主要有与国内类似的全热交换器，其中有一些立式明装型的，国内应用较少。机器外观比较美观，作为明装也可以接受。

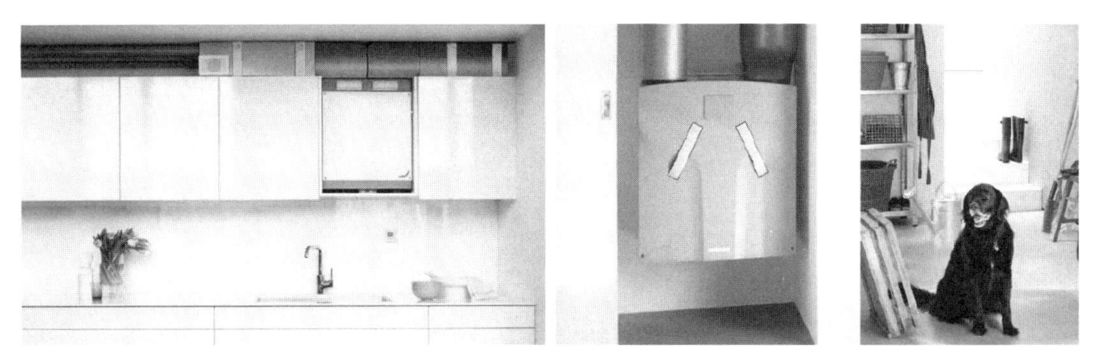

图4　明装型新风机组1　　　　图5　明装型新风机组2

还有一种应用比较成熟和广泛的是加热、通风和生活热水三合一机组。

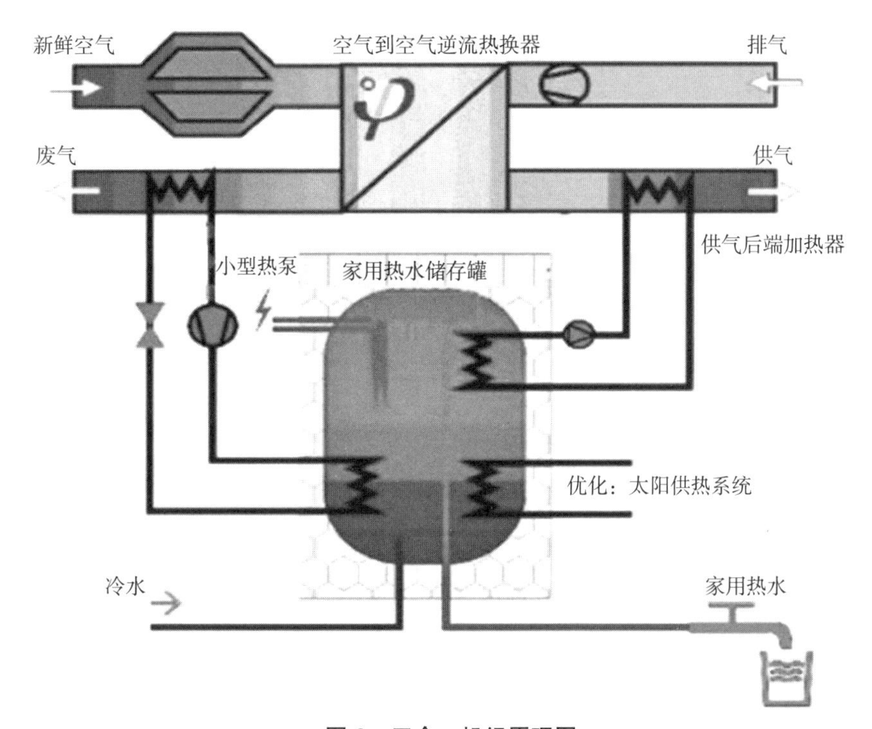

图6　三合一机组原理图

从以上原理图可以看出，此一体机与国内常见的全热交换式新风机组的主要差别是增加了生活热水储水罐和送风的再热段。室内排风经过全热交换器回收热量后，再次经过生活热水加热用热泵循环的蒸发器回收热量后排出。而室内送风可以利用热水储水罐进行再热后送出。为了达到低能耗，乃至超低能耗的设计要求，可以进一步加入太阳能热源，进一步降低系统能耗。

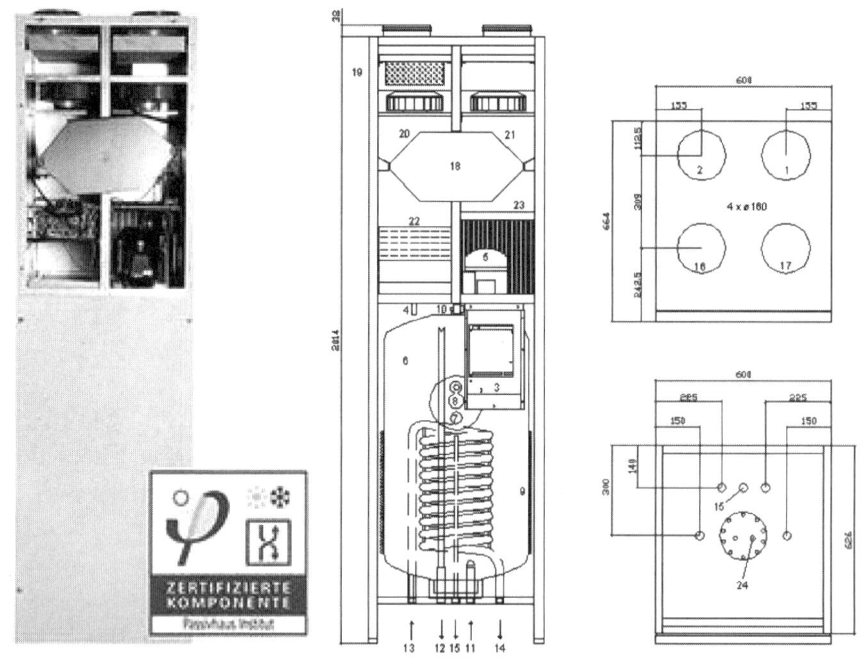

图 7　三合一机组外形图

3.2　新风系统及部件

常见的被动式建筑通风原理图见图 8 和图 9，图 8 和图 9 的主要差别主要在于新风机组的设置位置不同。图 8 为在一层设备机房内，图 9 为阁楼设备夹层内。通风系统原理与常规系统相同：主要为新风送入卧室、起居室内，排风从这些房间隔墙的排风连通口，由厨房、卫生间内排出。与通常我们国内见到的系统不同之处除了新风机组本身，还有一些进、排风口等部件上，分列如下：

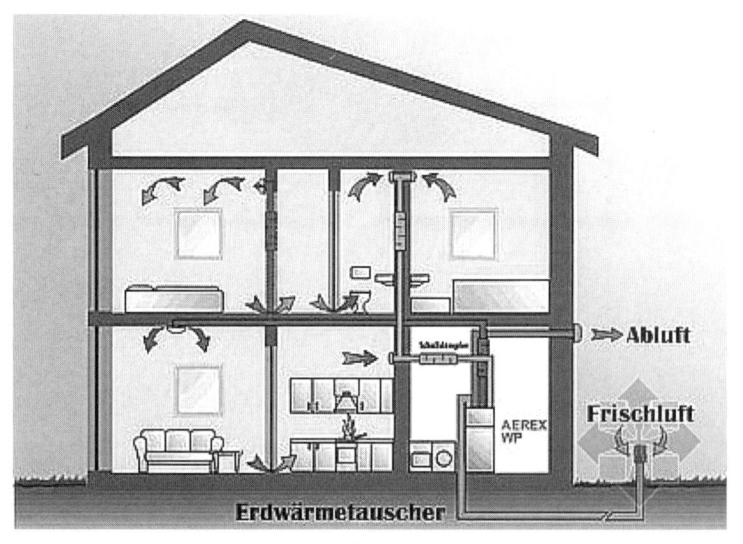

图 8　被动式建筑通风系统原理图 1

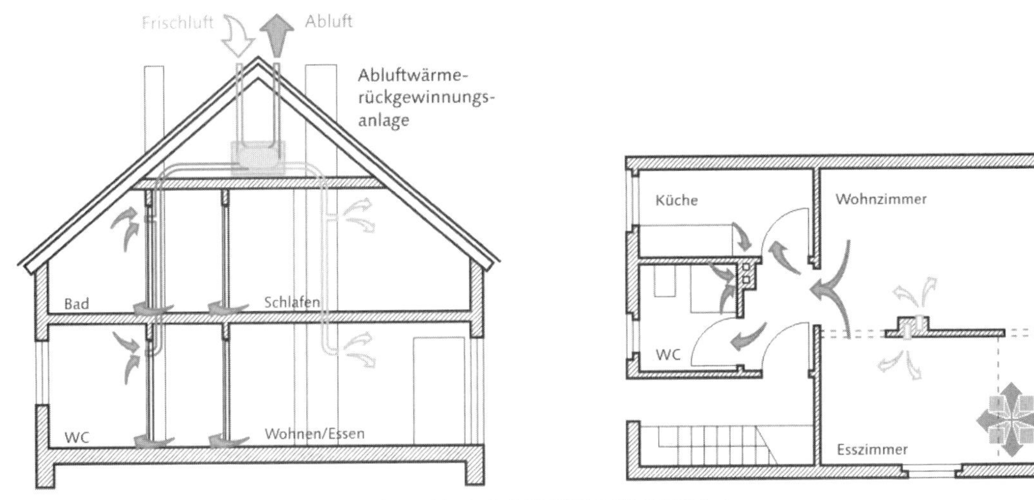

图 9　被动式建筑通风系统原理图 2

3.2.1　室外成品风道

室外成品风道置于室外绿化带内，实物比较美观，更容易配合景观专业的实施。而国内一般均采用土建预制风道，风道比较笨重，美观性及与景观的配合度上均较差。

3.2.2　室内送风口

如下图为国外被动式建筑中常见的墙壁式送风口，安装上也比较简洁和美观。

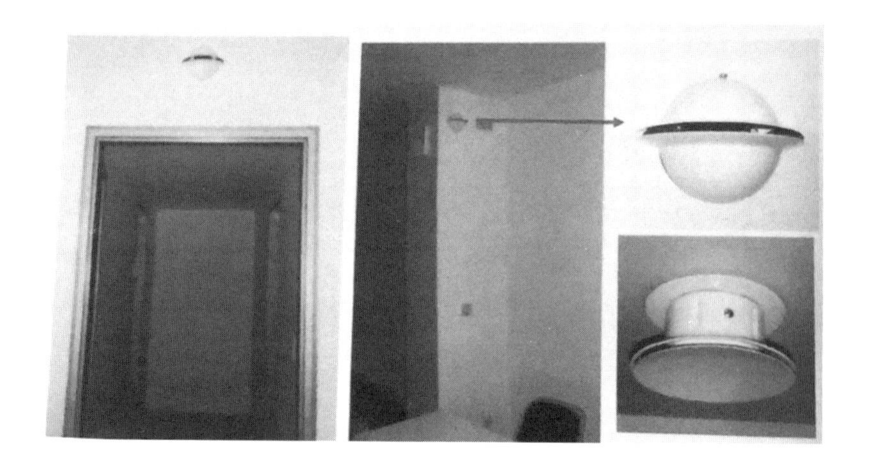

3.2.3 排风连通口

如下图为室内排风的连通口，这种成品风口更加容易获得室内装修的认可，安装也简便。

4 结语

最近几年，被动式建筑已经在国内如火如荼地开展起来，也已经有了落地实施的很多项目。通过学习和出国参观，个人感觉被动式建筑技术并不复杂，只要掌握了其设计理念和计算工具，设计是没有问题的。但是施工建造是被动式建筑的关键，也是我们国内实施过程中的短板。而且，实际施工中所采用的很多土建和设备的部件，我们与应用成熟的被动式建筑国家也有很大的差距。究其根本，我们的建筑建造还处于粗放型的阶段，各施工工艺工法远没有达到真正的被动式建筑那么高的要求，当然没有配套部件的国产化也是制约因素之一。随着被动式建筑越来越多的实施，有必要引进并开展相关部件的国产化研究，以推动相关技术的发展，进而推动国内建筑建造的精细化和可持续性。

6

图说被动房常用建筑配件

朱晓丽

摘　要：被动房建筑配件的低能耗特性，对施工完成后的各项指标实测值能否达到设计期望值，起到决定性作用。本文以图说方式简介被动房常用的建筑配件。
关键词：图说；被动房；建筑配件

外墙外保温、高质量门和窗、无热桥设计、良好的气密性、高回收率的新风系统，是被动房工作的五大要素，缺一不可。

如何保证被动房建成后的实测数据能否最大限度地拟合设计计算数据？这些就取决于被动房的各种产品的质量及相关配件及施工工艺。如果不关注建筑配件的低能耗特性，节能整体效果会大大打折。让我们一起来看看这些非常关键的建筑配件的庐山真面目吧。

1　配件名称：外墙耐碱玻璃纤维网格布

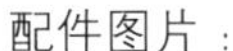

配件用途：被动房外墙的保温 EPS 砌块，厚度达 200mm 至 400mm，为防止墙面出现裂纹，使用耐碱玻璃纤维网格布，嵌固在砂浆层中。

配件特性：改善面层的机械强度，保证面层的抗力连续性，分散面层的收缩压力和保温应力，避免应力集中，抵抗自然界的温度、湿度变化及意外撞击所引起的面层开裂。

2　配件名称：粘贴胶浆

配件图片：

配件用途：将特厚泡沫保温板材粘贴于外墙上。

配件特性：粘结强度高，固化后具有足够的多变性能，以适应墙体的胀缩变化，并且具有优异的耐水、耐冻融性，保证了系统的长期有效，防水好，减少了因收缩应力造成面层开裂的倾向。

3　配件名称：构造缝密封件

配件图片：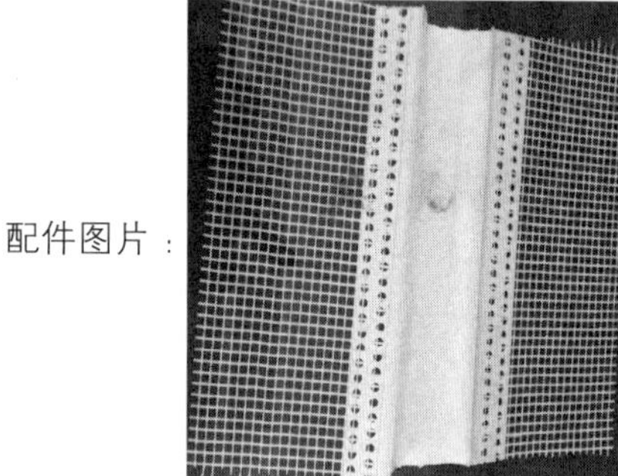 

配件用途：覆盖外墙构造缝。

配件特性：网格布固定在缝两侧外墙上，弹性软布的变形能满足两侧建筑物的温度应力变形、沉降变形、地震力及风荷载产生的相对位移需要，可伸缩而不拉裂，软布上可以刷外墙涂料，确保建筑立面完整及美观要求。

4　配件名称：钢包角

配件图片：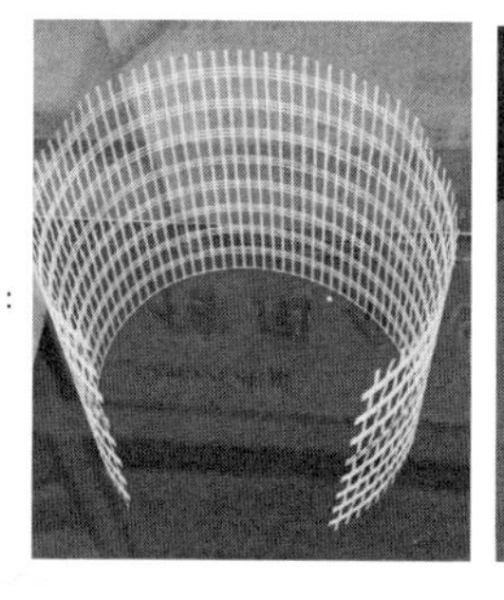 

配件用途：应用于外墙拐角棱线处，以防墙体开裂。

配件特性：在灰泥工程之棱线上抵抗破裂或龟裂，并保护及补强灰泥最脆弱的部分，牢固地锚入所抹灰泥的全部深度中。

5　配件名称：PVC 带网滴水线条

配件图片：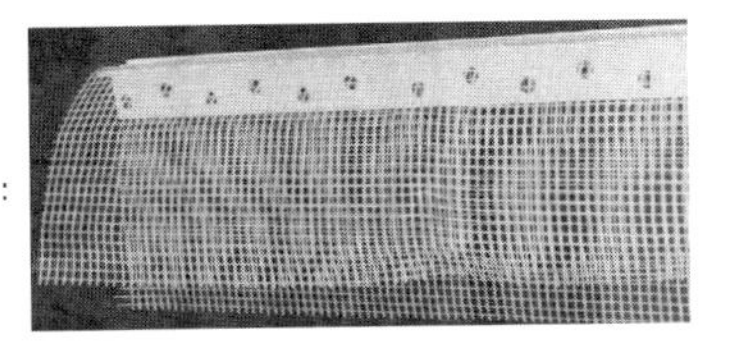

配件用途：外门窗上口

配件特性：加固墙角，避免墙角出现凹痕和其他损坏又阻断了滴水，可以减少外墙立面污水流到外窗表面。

6　配件名称：门窗收边条

配件图片：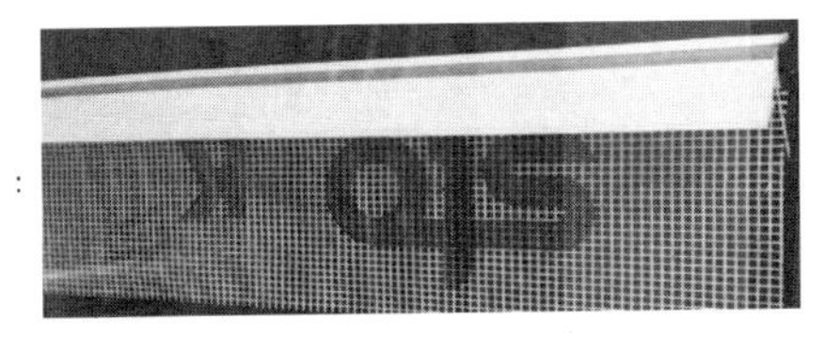

配件用途：窗框与保温系统间安装塑料连接线条。

配件特性：这是一种由密封条和网格布构成的材料，安装后实现柔性防水连接，保证构造无裂纹。

7　配件名称：防水密封布

配件图片：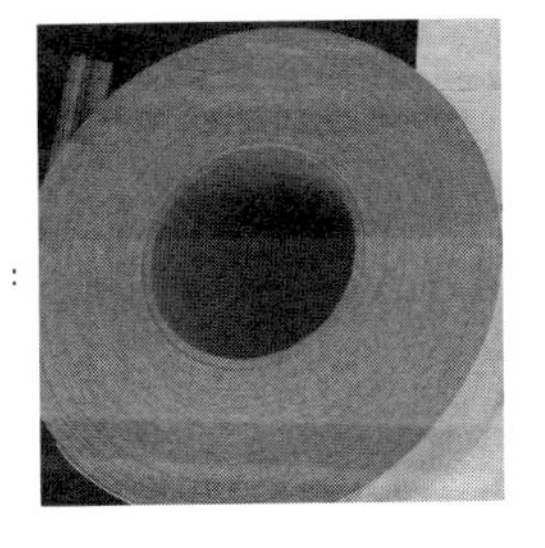

配件用途：窗框与外墙连接处采用防水膜密封系统。室内侧采用防水隔汽密封布，室外侧使用防水透气密封布。

配件特性：具有不变形、抗氧化、延展性好、不透水、寿命长等特点。密封布含自粘胶带，能有效粘接在窗框或副框上，再通过专用粘结剂粘结在墙体上。

8 配件名称：膨胀密封条

配件图片：

配件用途：用于不同材质间的接缝

配件特性：可释放温度应力，减少墙面、屋面开裂。

9 配件名称：热断桥铆钉

配件图片：

(a) 隔热铆钉（内金属外塑料）；(b) 螺旋铆钉（无金属，全塑料）

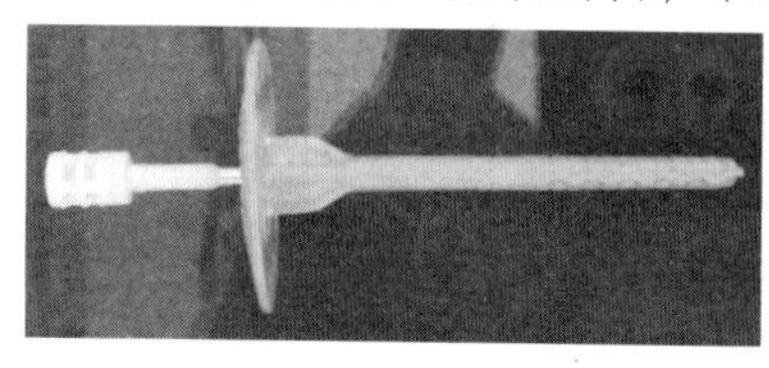
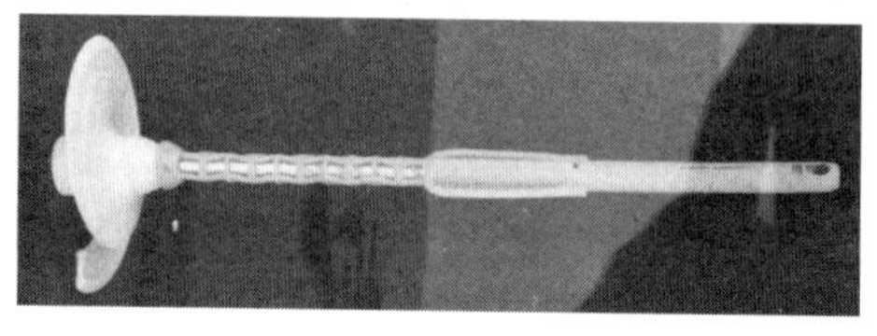

配件用途：用于外墙保温系统，固定外墙外保温层。

配件特性：锚固件由塑料子钉和母扣两部分组成，有一定的承载能力，导热系数低，可减少整个墙体结构厚度；在温度变化情形下不变形，可防止表面涂层龟裂。

10 配件名称：沉入式铆钉保温盖

配件图片：

配件用途：安装铆钉后覆盖在铆钉上。
配件特性：与保温板板面平，可有效地减少锚钉处的热损失。

11 配件名称：电器开关固定件埋入式插座盒

配件图片：
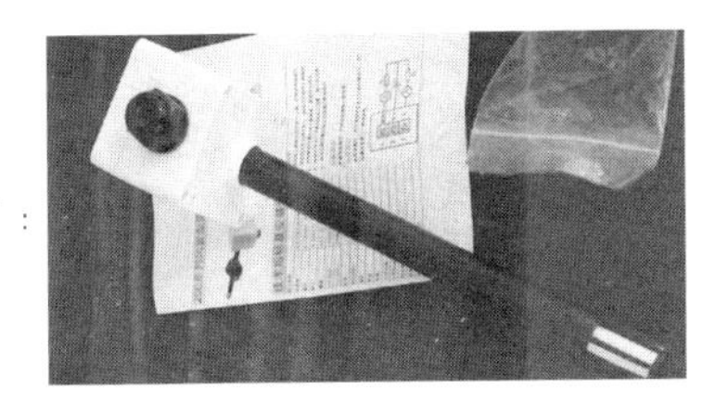

配件用途：安装插座
配件特性：带有绝热层的埋件，有效地减少热桥损失。

12 配件名称：门把手

配件图片：
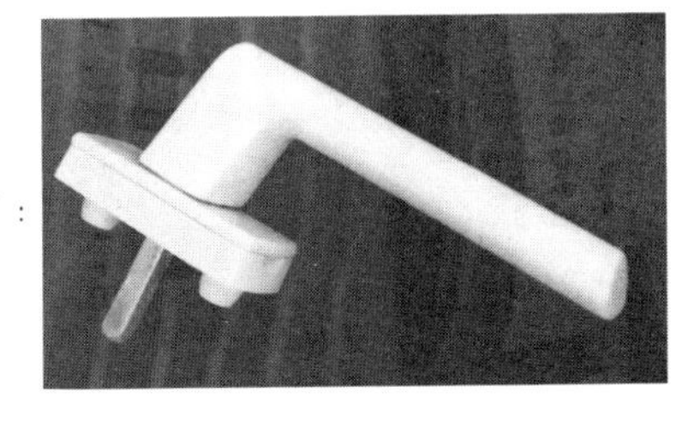

配件用途：门把手外套
配件特性：金属把手外带绝热保护层，有效地减少热桥损失。

13 配件名称：气密性组件

配件图片：
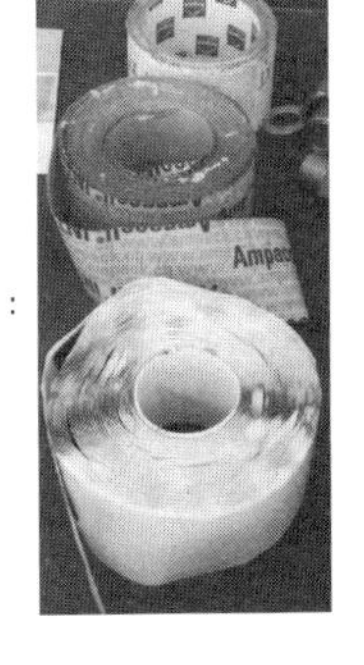

配件用途：各种接缝处的连接。

配件特性：各种胶带、气密膜，有效地处理外墙、屋面等接缝处的空隙，是完整热外壳及完整气密性的重要保证。

14 配件名称：管道消声器

配件图片：

配件用途：用于风管各处。

配件特性：不锈钢材质的管道带消声器，可降低工作噪声，提高室内舒适度。

总之，在被动房建筑技术中，看似简单的建筑配件，对节能保温、减少热传递，起到关键的作用。如何规范产品生产标准、检测标准，如何规范施工操作流程，都是值得研究的课题。

7 被动式建筑精细化施工监造 101 问

田山明

摘　要：本文以获得德国被动房研究所认证的河北新华幕墙公司办公楼的被动式建筑施工监造过程为基础，以德国被动房研究所贝特霍尔德·考夫曼先生、沃尔夫冈·费斯特先生所著的《德国被动式建筑设计和施工指南》为依据。以问答的形式，解读了被动式建筑精细化施工所包含的内容。

关键词：被动式建筑；精细化施工；监造

前　言

被动式建筑作为一种超低能耗和高舒适度的建筑，在中国逐渐的推广起来。精细化施工是实现被动式建筑实现超低能耗和高舒适想的重要保障。被动式建筑的施工基于传统施工管理和施工工艺，但分部分项工程更加细化、更加复杂，对施工程序和质量的要求也更加严格。因此，目前在中国具有丰富经验的、技术能力强的被动式建筑施工企业可谓是凤毛麟角。因此在无论是在确定施工企业之前，还是在施工过程中，都需要对建设、监理、施工人员进行全面的被动式建筑基础知识、施工技术措施、操作细节进行培训。对施工次序的合理安排和全过程进行控制，在被动式建筑的发源地德国，他们的做法是确定一个有丰富的被动式建筑设计经验和施工经验的、获得被动式建筑设计师（或者咨询师）认证的项目负责人，全过程负责被动式建筑项目施工过程的前期培训、过程指导、质量检查、分部验收。我们推出把这个过程称为：监造。

被动式建筑的施工细节处理是被动式建筑区别于普通建筑的重要体现。被动式建筑由于采用了保温性能远超过一般建筑的外围护体系，无热桥设计及施工，严格建筑气密性保障，所以被动式建筑的施工和质量控制在满足现行的国家相关设计规范、验收规范等前提下，应载围护结构砌筑、外保温粘贴、门窗安装、气密性施工、无热桥保障、无噪声新风系统运行等关键环节，制订专项施工方案，通过细化施工工艺，严格过程控制，保障施工质量。

高质量的施工是被动式建筑超低能耗指标实现的关键。被动式建筑的建造技术不是什么尖端技术，而是新的建筑节能理念，严谨施工技术措施。在施工中只做到全寿命周期的质量保证、合格的材料、精细的施工技术、严格的施工程序就能保证被动式建筑的高质量。

1 概念

1.1 什么是被动式建筑?

被动式建筑是在冬季或者夏季不需要独立的主动供暖或空调系统的情况下，具有高舒适度的建筑。被动式建筑拥有一个连续的、良好的保温外壳，拥有一扇窗保温且能更多的获得太阳热能的窗户，拥有一层没有热能损失的密封层。拥有一台几乎将室内所有热量都回收、并且向室内输送新鲜空气的新风系统。被动式建筑是节能率大于90%超低能耗建筑，是恒温恒湿的舒适建筑，是高标准建造的优质建筑。

1.2 被动式建筑精细化施工的重要性是什么?

减少室内热损失是被动式建筑的关键，因此，被动式建筑的建造过程，都围绕这个主题进行。严格的室内能耗平衡计算是主要的设计依据，精细化的施工过程和质量监控是重要的保障手段。任何一个施工操作的失误都会造成对是能耗平衡的破坏，都有可能造成建筑能耗的增加，都有可能影响室内居住的舒适程度。都有可能降低建筑物的使用寿命。

1.3 被动式建筑精细化施工包含哪些内容?

被动式建筑有五大要素“保温、门窗、气密性、无热桥、新风系统”，被动式建筑的精细化施工是围绕这五大要素展开的。在建筑业的领域有无数的规范、规程和标准。被动式建筑是一项决定性的创新，有很多地方明显的超出了现行的标准，因此，更精细的施工操作和更严格的质量要求就构成被动式建筑的重要组成部分。

保温：主要是围护结构外保温，是确保建筑物没有热损失的主要防线。被动式建筑要求的是一个连续的、均衡的保温外壳。一个有良好保护的、没有任何雨水和潮湿空气侵入的保温外壳，一个在建筑全生命周期都到达能耗平衡计算要求的保温外壳。

门窗：主要是透明的外围护结构，目前国内的外门窗的建筑物理指标是整窗的计算K值。而被动式建筑要求的是门窗的安装K值。安装K是根据门窗的安装方式确定。

无热桥：热桥是造成建筑热损失的主要原因之一，热桥也会造成室内结露发霉。无热桥设计是最大限度降低室内热损失的关键，建筑热桥不仅仅由建筑构件形成，施工的错误也可以造成热桥。比如：过大的保温层的缝隙，错误的门窗安装方法等。

气密性：气密性是唯一的通过现场检测的方法获取的数值，这一数值是判断是否达到被动式建筑标准的重要依据。也是检验保温施工、门窗安装施工质量的主要方法。中国有句老话：针尖大的窟窿，斗大的风。就充分体现了被动式建筑气密性的精髓。

新风系统：新风系统是被动式建筑的核心，能耗平衡、室内舒适都由新风系统完成。合理的施工组织计划、合理工序交叉是被动式建筑施工的特点。新风机组安装、风管安装又有很多不同于常规的技术要求。

1.4 国外有哪些有关精细化施工监造的做法?

确定一个项目技术负责人，具有被动式建筑设计师或者咨询师的认证证书，具有丰富的被动式

建筑设计经验和监造经验。由建筑设计或者咨询公司委派。在建设项目招投标前期就介入项目，对招标文件进行指导，文件越详细，以后的问题越少。对施工企业的经验和报价进行评估。在施工阶段，首先做好各阶段的培训工作，其次明确任务的委托，现场操作指导，及时通报问题，检查施工质量，完成进度报告。协助验收检测。

1.5　国内在精细化施工监造方面存在哪些问题?

国内目前尚没有设计单位或咨询单位的施工监造概念。比较多的是驻场设计代表。设计代表的职责也仅限于对施工图的解读和修正。没有对施工质量负责的要求。由于被动式建筑刚刚在国内兴起，也没有一个被动式建筑验收规范，因此，监理单位基本也处于无章可循，无法可依的状态。

2　质量控制体系

2.1　为什么说被动式建筑设计是精细化施工的基础?

被动式建筑开创了全新的设计理念。以高效节能和舒适实用为目的，以广义的建筑物理概念为指导。以建筑物能量平衡为原则。被动式建筑设计遵循着全过程全专业参与的一体化设计模式。从概念设计开始，就要充分考虑项目在施工阶段，是否会因为技术条件的约束而降低或者无法达到被动式建筑的标准。有经验的设计团队，应该做到建筑方案艺术性与建筑物理完整性的有机融合，简洁的建筑保温体系和避免过多的结构热桥是节约投资成本最有效的方法。准确无误的节点设计可以在项目的招标阶段就确定了建造成本，杜绝了因为没有经验而盲目加价的投标者，杜绝了不择手段低价竞争的投标者。详尽无缺的节点设计可以为施工培训、材料选择、工法确认、检查验收等方面提供依据。

2.2　施工图设计中与被动式建筑相关的节点有哪些?

前面提到了被动式建筑的五大要素。施工图中的节点设计要涵盖这五大要素；

2.2.1　保温节点设计：要明确保温层的厚度，粘贴方式。包括：基础阶段、地下室顶板节点、标准层节点、屋面节点、女儿墙节点、出屋面机房节点、楼层管道井节点、伸缩缝节点等。要明确保温层与抹灰层的收口要求，需要哪些辅助构件（如：滴水条、收边条等）

2.2.2　门窗安装节点：要明确门窗安装的位置，固定角码的间距、气密膜的粘贴方向和长度、保温层与窗框的位置关系、遮阳百叶及窗帘盒的安装节点、窗台板的固定安装做法等。

2.2.3　无热桥设计节点：悬挑构件或建筑装饰构件的隔热节点、遮阳百叶窗帘盒隔热措施、地下室或基础在 ±0.00 位置的节点。

2.2.4　气密性节点设计：除了门窗安装节点中有关气密性的要求外，在设计总说明中，应明确全楼气密层的位置，特别是地下室出入口、屋顶机房等位置。明确地面及屋面隔汽层的位置和做法。明确预埋线盒线管的气密性措施。穿墙或楼板管线的气密性节点设计。

2.2.5　新风系统节点设计：明确管线穿墙的位置，明确风管保温层的材料和厚度，明确消声器的位置。

2.3 如何在被动式建筑项目总包招标过程中明确精细化施工的要求?

2.3.1 被动式建筑对外围护结构和暖通技术提出了很高的要求。每个建筑构件的质量非常重要，在相应专业的招标文件中也应该明确它们的性能要求。被动式建筑不能理解为是高级的建筑材料和设备的简单堆砌，各专业的合作对项目整体的成功起到了决定性作用。应该向招标过程的所有参与者说明这一点。被动式建筑的招标过程与普通建筑相同，工作内容和工程量写的越明确，在以后的实施过程中出现的问题就越少。

2.3.2 招标文件中的编写尽可能的详细。明确被动式建筑的标准要求，明确所有相关材料的种类和使用范围，明确保温材料和门窗材料的所有性能指标和质量要求，明确材料进场时的验收步骤和现场堆放要求。

2.3.3 招标文件中对施工组织设计要提出要求，相关的分部分项工程施工节点要明确，关键的时间节点要有准确计划，例如：气密性的检测时间。这样才能合理安排围护结构砌筑、保温施工、门窗安装的施工工序，合理布置现场材料运输的通道，合理确定外部脚手架搭建和拆除时间。

2.4 为什么说精细化施工与成本控制有关?

被动式建筑的建造成本一直是关注的重点，精细化施工是成本控制的关键。当材料价格和劳动力成本相对固定的前提下，如何减少材料损耗、避免人工费的叠加就成为控制成本的最有效的方法。

2.5 被动式建筑精细化施工前期培训的重要性是什么?

目前不能期望国内拥有经验丰富的被动式建筑施工企业，因此前期培训尤为重要，要让所有的参与者理解被动式建筑的基本理论，让他们知道被动式建筑与普通建筑有什么差异，让他们知道任何一个很小疏忽或者错误都会影响最终的检测数据和使用效果，任何一个不合理的工作安排都有可能增加建筑成本。

2.6 前期培训都包括哪些部门?

前期培训是全员化的。首先是企业领导者和技术负责人的培训，其中包括：生产部门、质检部门、计划采购部门、合同预算部门等。随着施工的进程对相关工种的技术员和工人进行培训。其中包括：脚手架支护、墙体砌筑、外保温铺设、防水工程、门窗安装、水电施工、设备安装等。

2.7 前期培训的主要内容是什么?

培训的内容仍然以被动式建筑的五大要素展开。首先强调的是施工质量是实现被动式建筑标准的关键，要让所有工程参与者熟知设计图纸表述的内容，掌握每个节点设计包含的要素，了解所有材料的特性和使用部位。规定每个工种所要达到的目标，明确工序之间所需的交接标准。做到安排有序，操作有法，检查有责。

2.8 哪些被动式建筑施工的关键时间节点?

2.8.1 主体结构竣工验收

2.8.2 围护结构砌筑

2.8.3 门窗安装
2.8.4 气密性检测
2.8.5 外保温施工
2.8.6 新风系统及水电安装

2.9 什么是过程培训和技术指导?

任何一个建筑都有自己的特性，即使是一个有被动式建筑施工经验的企业，遇到不同使用功能的建筑也会遇到难点。所以，当某项分部工程遇到问题，就需要过程培训和现场技术指导。

2.10 被动式建筑精细化施工的文档管理包括哪些内容?

2.10.1 材料质量认证书及检测报告，包括：砌体材料、保温材料、门窗型材、玻璃、新风设备等。以及现场复检报告。

2.10.2 所有施工过程的影像和图片资料。包括：培训过程、施工过程、验收及检测过程。

2.10.3 各个培训阶段的培训过程资料。包括：人员名单、签到记录、学习计划和考核成绩。

2.10.4 施工阶段各种会议记录及往来函件。

3 围护结构及外保温施工

3.1 与围护结构施工有关的规范有哪些?

《砌体工程施工质量验收规范》
《预拌砂浆》
《预拌砂浆运用技术规程》
《建筑装饰工程施工及验收规范》（外墙抹灰）
《抹灰砂浆增塑剂》
《抹灰砂浆技术规程》

3.2 什么是被动式建筑要求的围护结构砌筑质量?

对于加气混凝土砌块墙，首先应有产品的合格证书、产品性能型式检测报告，质量应符合国家现行有关标准的要求。有进场复验报告，并应符合设计要求。特别是块体的导热系数，应与被动式建筑能耗计算书中所采用的数值相符。砌筑方法采用薄层砂浆砌筑法，水平灰缝和竖向灰缝宽度为2mm ~ 4mm。不得出现瞎缝、假缝、通缝，不得使用不同材质的砌块混砌。每日砌筑高度应符合验收规范的要求。

3.3 框架柱、构造柱与砌块连接的构造处理要求是什么?

由于钢筋混凝土构件与砌块之间容易产生裂缝，是影响气密性的主要部位之一。因此，避免此类裂缝的产生，必须在围护结构砌筑之时就加以控制。第一，控制砌块的含水率，例如：加气混凝土砌块的含水率控制在 15% 以内。气候干燥地区在砌筑前适当浇水，雨季施工应注意砌块堆放区域的避雨措施。第二，必须设置墙拉筋，且拉筋位置与灰缝平齐。第三，砌块与混凝土构件之间的竖缝应确保砂浆密实饱满。构造柱必须是先砌后浇，预留马牙槎。墙面抹灰施工时，砌块与混凝土构件应采用抗裂措施，抹灰砂浆宜掺入聚乙烯抗裂纤维。

3.4 为什么要设置抱框柱和窗台梁及过梁?

由于被动式建筑的外窗一般是采用 3 玻 2 腔的玻璃，当窗户面积较大时，每扇窗户的重量比较大，对于窗户固定点的强度有较高的要求，普通的垫块难以承受。因此，需要设置窗口抱框柱、窗台梁及窗上过梁。

3.5 是否设置砍台?

砍台是指加气混凝土砌块墙在根部一般先砌 300 高的水泥砖或烧结砖，主要目的是防潮。当被动式建筑时，为了减少热桥的影响，外墙除卫生间位置，其他部位建议取消砍台。

3.6 如何砌斜砖?

当围护结构外墙砌至梁下或板底时，一般做法是留出一定缝隙，用小砖斜砌顶于梁下。施工时间应该在填充墙砌筑完毕并间隔 7d 以后。角度 60° 为宜，斜砌必须与梁顶紧、灰缝密实。砌筑砂浆应掺微膨胀剂。

3.7 围护结构内预埋线管线盒及预留洞如何填补?

围护结构（特别是外墙）预埋线管线盒时，应用细石混凝土填缝。要求先用细石混凝土将预留（或剔凿）的孔洞、线槽填实，将线管线盒压入其中。较大的设备（如:配电箱、消火栓等）预留洞，可以先安装设备，再用细石混凝土碾压（振捣）填实。

3.8 预埋线盒的要求是什么?

预埋线盒最好用专用的气密性线盒。当没有专用线盒时，可在普通线盒外部缠裹密封胶带，并注意线盒和线管交接部位的缠裹方式。

3.9 墙面抹灰对被动式建筑的作用是什么?

墙面抹灰，主要指外墙内侧抹灰。这个部位通常是被动式建筑气密层。抹灰质量直接影响全楼的气密性，特别是在一些细部，比如：与主体结构交接部位、穿墙管线部位、预埋预留线盒、洞口部位，以及施工人员不容易触及的部位。

3.10 围护结构施工有哪些容易忽略的细节?

被动式建筑的围护结构施工质量，涉及气密性、无热桥、保温及门窗安装。与普通建筑的围

护结构砌筑相比，容易忽略的细节如：工种工序交叉：首层围护结构的砌筑时间应在地面第一道防水层施工之后。如果选择了过程中的样板间气密性测试，时间应该安排在外墙抹灰和外保温粘贴之前。

3.11　窗口抹灰的要求是什么？

窗口抹灰前，应仔细核对窗框的尺寸，抹灰后的窗口尺寸应符合图纸要求，误差在规格规定范围之内。由于要粘贴气密膜，所以要求窗口四周抹灰无开裂、无起砂、表面平整干燥。

3.12　如何合理安排墙面抹灰的施工工序?

墙面抹灰工序安排与气密性检测有关。如果要求进行样板间气密性检测，应该在围护结构外部抹灰之前。在选择好测试样板间后，先完成样板间四周墙面的抹灰。在进行全楼气密性检测是围护结构外抹灰应该完成，并且，内抹灰也完成。

3.13　被动式建筑的外保温系统包括哪些部位?

首先要仔细阅读图纸，找出被动式建筑的保温外壳的位置，这个保温外壳一定是连续的、完整的、没有热桥穿透的。外保温系统主要包括：外墙保温、屋面保温、地面（或地下室保温）、女儿墙保温、出屋面机房保温、管道进出屋面保温、热桥隔热措施等。

3.14　被动式建筑主要的保温材料有哪些?

目前国内主要的保温材料基本都能满足被动式建筑的要求。包括：石墨聚苯板、挤塑聚苯板、聚氨酯板、岩棉板、真空板等。但是，对于不同部位的保温，在材料性能上也有一些要求。比如：用于地面或屋面的保温材料，需要其抗压强度符合荷载规范的要求。

3.15　被动式建筑的外保温精细化施工的意义是什么?

被动式建筑的外保温精细化施工的意义：首先要达到被动式建筑外围护结构传热系数小于 0.15W/（m^2·K）的要求，其次是要做到无热桥施工，拼接缝隙及内部空腔大于或等于 4mm，因为在这种空腔或缝隙里会形成气流通道，造成显著的对流热损失。连续空腔还会形成环流，严重情况下会使保温大面积失效。

3.16　外墙外保温的施工及验收规范有哪些?

《建筑节能工程施工质量验收规范》
《外墙外保温工程技术规程》
《挤塑聚苯板（XPS）薄抹灰外墙外保温系统材料》
《硬泡聚氨酯板薄抹灰外墙外保温系统材料》
《建筑外墙防水工程技术规程》
以及外墙外保温材料生产厂家的技术规定及施工方案

3.17 被动式建筑的外墙外保温施工由哪些要求?

要依据设计图纸，明确保温的粘贴形式，保温锚栓的位置和数量。要使用无热桥锚栓及嵌入式安装方法，锚栓后部用保温盖密封。做好保温板与窗框、窗帘盒搭接粘贴预案，提前准备收边条、滴水线等辅材，提前安装窗帘盒，并做好无热桥处理和线管埋设。不得使用手锯切割石墨聚苯板，要使用电热丝切割器。所有缝隙必须用 PU 发泡胶填充。

3.18 被动式建筑的屋面保温施工有哪些要求?

屋面保温系统由隔汽层、保温层、防水层及保护层组成。

3.18.1 隔汽膜施工前，所有穿屋面板的管线洞口必须用细石混凝土填实（洞边涂界面接），检查屋面板是否存在结构裂缝，将施工作业面彻底清扫干净，并确认楼板绝对干燥。尽量避免在雨季进行屋面保温施工。

3.18.2 隔汽膜施工时，封闭施工区域，操作人员必须穿软底鞋，所使用工具妥善放置，不得造成隔汽膜表面损坏。规定粘贴方向和卷材搭接宽度，接缝及管线处用密封胶带粘贴。隔汽膜上反高度大于保温层厚度 150mm。

3.18.3 隔汽膜施工时,屋面保温板同时铺设,且施工人员也应穿软底鞋。保温板分层双向铺设、错缝搭接、所有缝隙必须用 PU 发泡胶填充。

3.18.4 防水层施工与保温板施工同时进行，首层防水卷材为自粘型，不得使用火烤。其他层可用热粘型卷材。做到保温层随铺随做防水，尽量不隔夜施工。如果隔夜施工，为防止夜间露水潮气沁入保温层，应做好防护措施。

3.18.5 保护层是为了防止后续施工对防水层造成破坏。可以用塑胶垫、砂浆层或其他防护材料。如果是上人屋面就及时完成面层做法。

3.19 被动式建筑的地面保温施工有哪些要求?

地面保温系统构成与屋面保温系统基本相同，不同的是防水层在保温层下面。隔汽层在保温层上面。地面保温施工时特别注意封闭施工区域。

3.20 被动式建筑的地下室保温施工有哪些要求?

首先要仔细阅读图纸，明确地下室保温的范围、位置和做法。明确保温材料的材质要求，明确防水层的位置。地下水位较高的地方，要注意撤销降水的时间与保温粘贴时间的关系。当采用地下室外墙内保温时，要注意各种管线支架安装是否穿透保温层。

4 窗户安装

4.1 符合被动式建筑要求的门窗的标准是什么?

被动式房屋的窗户与普通节能窗户相比减少了多于 50% 的热损失。被动式房屋的窗户不是经

过稍微改进而得到的标准的产品，而是全新概念的窗户。不仅为室内创造了舒服的室内环境，也为被动式建筑的能效平衡起到了决定性的作用。被动式房屋的窗户必须符合下面 4 个特性：

1. 三层玻璃（其中两层玻璃带 Low-e 膜）及充满惰性气体的间隔层；
2. 玻璃的 g 值，体现出潜在的太阳得热。g 值大于在 40%~60%；
3. 保温的玻璃边缘间隔固定条（暖边）；
4. 高保温窗框型材以及在墙体上的保温、气密、无热桥安装。

被动式建筑窗户的判定标准是它能提供的舒适程度：即使在一年中最冷的一天，室内窗户的表面包括所有连接细节在内的平均温度不能比室内温度低 3 度以上。

4.2 什么是符合被动式建筑门窗安装的 *U*winst 值

被动式建筑窗户最大有效 U 值 Uw=0.80W/（m^2·K）。窗户的 U 值的计算应考虑以下因素：

1. 玻璃的 U 值和玻璃面积 Ag；
2. 窗框的 U 值 Uf 和窗框投影面积；
3. 玻璃暖边的线性传热系数 Ψg 和暖边的长度 lg；

当门窗安装到建筑外墙上时，会产生额外热桥 Ψinst（非材料的具体参数，取决于窗户的安装方式），安装边缘的长度为 linst；

$$U\text{winst}=(Ag*Ug+Af*Uf+lg*\Psi g+linst*\Psi\, inst)/(Ag+Af)$$

4.3 国内关于门窗安装施工验收规范有哪些?

《塑料门窗安装及验收规范》

《铝合金门窗工程技术规范》

《民用建筑门窗安装及验收规范》

4.4 为什么说门窗安装质量是被动式建筑精细化施工的关键环节?

被动式建筑门窗安装涉及到保温、气密性、无热桥三个环节。对于被动式建筑能耗平衡起到决定性的作用。

4.5 外门窗安装前对外墙及窗洞口的分项验收要求是什么?

4.5.1　外墙平整度，抱框柱及窗台梁混凝土浇筑质量和试块强度。

4.5.2　窗口尺寸、抹灰平整度和强度，无反砂、无空鼓、无开裂。

4.6 外门窗加工、运输及现场堆放要求是什么?

窗框加工是保证整窗气密性的重要环节。防水隔汽膜应该在工厂里完成粘贴，并有适当的保护措施，以免在运输装卸过程中损坏。进场验收应依据设计图纸和加工图纸核对尺寸，检查气密膜完好无损。核对玻璃尺寸，检查暖边材质，检查玻璃周边的密封质量。索要所有材质证明、出厂合格证明、试验证明等。窗框进场后应尽快安装，否则应选择避雨无灰尘的库房存放。

4.7 符合被动式建筑要求门窗安装标准是什么?

4.7.1 固定角码间距不大于600mm，且角部的固定角码距窗框边缘不大于400mm。

4.7.2 确保窗框的平整度。

4.7.3 窗框与墙体之间预留不大于10mm的缝隙，用于海绵棒或聚苯条填充。

4.7.4 窗框外侧依据设计图纸要求的尺寸粘贴防水透气膜（或密封胶带），并包裹住固定角码。

4.7.5 窗框内侧依据设计图纸要求的尺寸粘贴防水隔汽膜（或密封胶带）。

4.7.6 用专用胶粘贴。先在窗口抹灰面均匀涂抹专用胶，将隔汽膜（透气膜）粘贴压实。在隔汽膜（透气膜）表面再均匀的涂抹一层专用胶刮平。

4.7.7 应特别注意窗框转角处的密封带粘贴，应预留不大于10mm的长度，以避免出现缝隙。

4.7.8 窗扇及五金件安装完成后，可以抽纸法，初步检查窗扇的安装气密性。

4.8 保温层与窗框搭接处的施工质量要求是什么?

窗框必须用保温层覆盖，应该嵌入保温层内1/3的保温层厚度，保温层覆盖窗框10~15mm。

4.9 被动式建筑哪些分部工程与门窗安装有关?

4.9.1 结构构件：抱框柱、窗台梁、过梁。

4.9.2 外墙：内抹灰与窗框收口做法，保温层施工应该在门窗安装之后。

4.9.3 窗帘盒与窗台板：应按图纸要求制作安装。

4.9.4 气密性测试：必须在门窗安装之后。

4.10 玻璃安装时应注意哪些问题?

高级保温玻璃由三层玻璃组成，一般有两层玻璃镀膜。安装玻璃是一定要识别玻璃镀膜层的位置，不能装错方向。最简单的方法是用打火机判断法，用火光反射的颜色分辨涂层位置。

5 无热桥施工

5.1 被动式建筑的无热桥设计的原则是什么?

5.1.1 避免原则：尽可能的避免结构构件或者围护结构砌体造成外保温层出现不连续的状况。

5.1.2 穿透原则：如果存在不可避免的保温层被穿透，则应该尽可能的提高在保温层内的穿透材料的热阻，例如：增加高性能的隔热材料。

5.1.3 节点原则：建筑构件连接处的保温层必须无缝全面的搭接。例如：建筑外窗安装时，保温层与窗框之间的搭接。

5.1.4 几何原则：建筑转角处几何尺寸，应避免出现锐角。

5.2 什么是线性热桥和点状热桥?

5.2.1 线性热桥 [Ψ，W/（m·K）]：连续的穿透保温层的热桥（例如：阳台板，框架结构边梁）。
5.2.2 点状热桥（X，W/K）：单独的穿透保温层的热桥（例如：外幕墙固定件）。

5.3 哪些建筑构件可能产生热桥?

外围护结构在楼层和墙角处有混凝土构件（楼板、框架梁柱）外露，而混凝土材料与砌墙材料的导热系数存在较大的差异，当室内外温差较大，冷热空气频繁接触，墙体砌块与混凝土构件之间导热不均匀，而产生的不同热传导效应。这种效应造成了不同材质的墙体内表面出现温差，造成房屋内墙结露现象。在建筑节能中，热桥效应也造成了室内热量的损失，加大了建筑的能耗。

5.4 哪些分部分项工程施工与建筑热桥有关?

5.4.1 结构工程中的凸出于围护结构以外的悬挑构件：悬挑梁、阳台板、空调板、飘窗板。
5.4.2 建筑装饰工程中外立面装饰构件与主体结构的连接构件。
5.4.3 门窗安装工程。
5.4.4 外保温施工。
5.4.5 设备管线安装工程。

5.5 围护结构施工如何避免产生热桥?

5.5.1 不同导热系数的砌块不能混砌。
5.5.2 当墙厚发生变化时，应通过热桥计算修正保温层厚度。

5.6 外门窗安装施工如何避免产生热桥?

按施工图的要求确定外门窗的安装位置，保温板与窗框的搭接长的大于 10mm。使用专用窗台板。

5.7 外保温施工如何避免产生热桥?

外保温板错缝粘贴、无缝粘贴。板缝不得超过 4mm。围护结构转角处保温错层搭接。使用专用粘贴砂浆和专用无热桥锚栓及后盖。

5.8 外遮阳系统避免产生热桥的安装方法是什么?

窗帘盒固定角码隔热措施，窗帘盒保温措施，窗帘轨道固定措施。

5.9 建筑附加构件施工如何做到无热桥?

增加隔热垫，通过计算确定隔热垫的厚度。

5.10 检测建筑物热桥的方法是什么？

红外线热成像技术是检测建筑物外立面是否存在热桥的方法之一。

6 气密性施工及检测

6.1 为什么被动式建筑有气密性要求？

气密性对于被动式建筑是至关重要的。德国达姆施塔特国际被动式建筑研究所制定的《被动式低能耗建筑标准》中，建筑物气密性必须达到 0.6 次 / 小时(50 帕)。所以，气密性测试可以告诉我们，房子在特定时间内泄漏了多少空气。在寒冷或炎热的地方，室内开着暖气或空调。泄漏了的空气量等于浪费了暖气或空调。气密性不好的房子等同于浪费能源的房子。

6.2 气密性检测的原理是什么？

气密性检测主要是在特定的压力值下，通过比较被检测建筑物（或房间）室内外的空气压力来计算出建筑物（或房间）的气密性。测试时通过计算机控制对室内进行增压或减压，造成室内外的空气压差，产生空气流动，然后利用流量计得到流量数据，依靠相关软件，计算出存在于室内的各种缝隙孔洞流出或流入的空气量。或者利用加压设备对室内进行加压，然后测试出加压至设定压力值的时间内，根据公式计算出泄漏面积，从而评估出建筑物（或房间）的气密性。

6.3 气密性检测所依据的现行规范有哪些？

《建筑节能工程施工质量验收规范》
《公共建筑节能检测标准》
《民用建筑热工设计规范》
《建筑物透气性检测方法》

6.4 哪些分部分项工程施工与气密性有关？

6.4.1 脚手架工程：合理制定脚手架和外部垂直运输的设备搭建和拆除周期。搭建方式不能与门窗安装有冲突。如果有样板间的气密性测试需求，应事先选择样板间的位置。脚手架不能在该房间外墙做穿墙支撑。

6.4.2 混凝土工程：结构构件浇筑质量，无裂缝、无明显缺陷。

6.4.3 砌体工程：围护结构砌筑质量。

6.4.4 屋面工程：气密性检测前，屋面隔汽层、保温层、防水层应施工完毕。

6.4.5 地面工程：气密性检测前，地面隔汽层、保温层、防水层应施工完毕。

6.4.6 门窗安装工程：符合被动式建筑要求的门窗安装方法。

6.4.7 电气工程、暖通工程、给排水工程：预埋线盒线管、穿墙管的封堵和气密性施工。

6.5 达到整栋建筑检测的条件是什么?

6.5.1 所有外门窗已安装完成，特别是入口处的大门。

6.5.2 首层建筑地面已按图纸要求施工完毕（防水层、保温层、隔汽层等）。所有出户预埋管线均封堵。

6.5.3 外墙抹灰完成，尚未进行外墙保温施工。

6.5.4 屋面已按图纸要求施工完毕（隔汽层、保温层、防水层）。

6.5.5 出屋面管道井中，风管、水管、线管均安装完成。在屋面板标高处用混凝土封堵管井。

6.6 高层建筑或多单元建筑的气密性检测有何要求?

由于气密性检测使用的鼓风机功率问题，当检测高层或多单元建筑气密性的时候，可分单元或分层进行检测。分单元检测时必须将单元之间的施工洞封堵。分层检测时必须在楼梯间处进行封堵。

6.7 被动式建筑为什么要做气密性检测?

通过建筑围护结构的缝隙损失的热量，会增加新风系统的耗电量。这些缝隙包括：砌块墙体之间缝隙、墙内或楼板中预埋的各种线盒、门窗与墙体的连接部位等。这些缝隙首先是造成了建筑内部空气向室外流出，也造成了建筑内部各个独立空间之间的空气泄漏。在被动式建筑的新风系统设计中，建筑内部各个独立空间的温度、湿度及热回收都是单独控制的。所以，保证建筑物整体的气密性和建筑内部独立空间的气密性都是至关重要的。是直接关系到整个建筑物能耗的主要因素。

6.8 被动房气密性检测的原理是什么?

气密性测试主要是在特定的压力值下，通过比较被检测建筑物（或房间）室内外的空气压力来计算出建筑物（或房间）的气密性。测试时通过计算机控制对室内进行增压或减压，造成室内外的空气压差，产生空气流动，然后利用流量计得到流量数据，依靠相关软件，计算出存在于室内的各种缝隙孔洞流出或流入的空气量。或者利用加压设备对室内进行加压，然后测试出加压至设定压力值的时间内，根据公式计算出泄漏面积，从而评估出建筑物（或房间）的气密性。

6.9 被动房气密性检测设备系统和工作原理是什么?

DG-700是建筑物（建筑围护结构）气密性测试系统，主要用于检验建筑物（建筑围护结构）整体气密性以及外门窗或任意局部面积的空气渗漏检测，主要包括鼓风门系统、DG-700数字式压力表、风扇控制器、计算软件及其他相关配件。

6.10 被动房气密性检测工作原理是什么?

通过鼓风机对房屋进行加压或减压使房间内外有一个压力差。这个压力差可以使空气在房屋的围护结构之间流动，通过测量鼓风机对室内压力的该变量，系统可以测量整个房屋围护结构的气密性。

6.11 被动房气密性有哪几个检测参数?

空气渗透量（m^3/h）、房屋自然渗透率（换气次数 1/h）、房屋渗透面积（cm^2）。

6.12 被动房气密性检测风门安装在建筑物什么位置?

如果是单栋建筑一次性完成检测，风门一般选择在建筑物的首层出入口位置，安装风门的预留洞口一般控制在 1.5m × 2.5m 左右。由于风门工作时带有压力，因此，安装风门的固定框用牢固可靠。如果是分层测试，一般是根据鼓风机的大小来确定测试空间的分隔。

6.13 如何利用给建筑物加压寻找漏气点?

当通过风门给建筑施加压力时，如果建筑物存在漏气点，检测仪器能够显示压力值衰减。此时就需要组织人力，对建筑物的各个部位进行检查。找出漏气点。

6.14 检查漏气点有哪些方法及工具?

检查漏气点的方法有：

6.14.1 仪器法：利用风速仪检测。

6.14.2 触觉法：利用手指靠前可能漏气的部位。

6.14.3 听觉法：漏风较大的部位通过明显的听到风的“呼啸”声音。

6.14.4 烟雾法：通过烟雾发生装置，靠近门窗或外墙部位，观察烟雾的走向。

6.15 电气工程穿线气密性要求

6.15.1 尽量避免穿墙管内多根电线捆绑式布线，如果采用这种方法，要提前设计和采用专门的施工方式。根据各种不同直径的电线，通过各种密闭材料的使用，达到穿墙管内电线之间气密的要求。

6.15.2 水平穿墙管，尽量采用分线单独穿墙的方式。

6.15.3 垂直穿墙管，垂直密闭处理可以采用细砂浆灌注方式。采用模板阻隔保证气密度（包管内不要成捆布线）。

6.16 后续分部分项工程如何做到不破坏气密层?

明确有可能造成气密性破坏的分部分项工程，在施工开始前进行专项培训，明确气密层的位置和材料特性，审核分析图纸及设计变更，找出有可能造成气密性破坏的施工操作。

6.16.1 设备安装工程：后补的穿墙管施工，设备管线固定支架，官道井中后浇分层隔板。

6.16.2 电焊工种：由于被动式建筑的外窗通常是安装在墙外侧，当外墙周边存在电焊操作，电焊渣容易损坏窗户型材的表明以及窗户外侧的气密膜。

7 新风系统安装

7.1 被动式建筑新风系统有哪些特点？

被动式建筑的新风系统由过滤器、热回收器、换热器、新风机、排风机等部件组成，对空气进行过滤、热回收、冷热处理和动力输送等多功能处理，向室内送入舒适、清洁、清新的空气，同时主动排出室内污浊空气，为室内创造高品质的生活环境。新风系统与智能控制系统协同工作，能够全天候自动维持室内空气环境并按照设定模式节能运行，同时通过安装在房间内的二氧化碳感应器来感知并自动调节室内的空气清新度。

由于被动式建筑外围护结构具有良好的保温隔热性能，具有严格气密性，室外气温波动的干扰因素明显衰减和延迟，其对室内的干扰破坏作用很小。同时，室内能源环境系统按室内布局精心设计，室内气流组织合理、均匀，室内能源环境设备容量按房屋需求配置，技术参数与实际需求最佳匹配。此外，全自动智能控制系统使得室内能源环境系统运行参数与房屋实际需求动态吻合，按需供给，因此室内环境系统温度波动很小，能够始终维持舒适环境状态。

7.2 被动式建筑新风设备的基本参数是什么？

7.2.1 热能回收率：当室内回风与室外新风通过热交换器时，由于转轮（或平板）两侧气流存在着温度差和水蒸气分压力差，两股气流间同时产生传热传质，引起全热交换过程。通过这样的全热交换过程，让新风从室内回风中回收了能量。

7.2.2 耗电情况：通风系统的电能效率小于0.45W/（m^2/h）。包括：自动控制系统和风扇阀门的电耗量。通风系统的电能效率数值应该由供应商提供。其中包括压力损失的数值，也可以按照PHI证书的标准执行。

7.3 什么是被动式建筑辅助冷热源？

被动式建筑需要辅助冷热源，冷热源包括：空气源、土壤源、水源等可再生能源。

7.4 被动式建筑新风系统安装可参照的规范有哪些？

《建筑给排水及采暖工程施工质量验收规范》

《通风与空调工程施工质量验收规范》

《供冷供暖用辐射板换热器》

《辐射供暖供冷技术规程》

7.5 风管加工制作的要求是什么？

风管加工最好在工厂完成。但目前大多数工程风管都是在现场加工制作的。被动式建筑要求风管内部绝对的清洁无灰尘，由于施工现场存在大量的尘土，当这些尘土进去风管一是会影响新风的风速，二是当灰尘进入风机内部的热回收系统时，会影响热回收效率和使用寿命。因此，首先，在现场加工风管，应选择相当干净的区域。其次是每段风管组装完毕，管口应及时封堵，以确保灰尘无法进入。

7.6 新风主机安装有哪些要求?

进出风口穿墙管气密性、保温，风口距离。隔振无噪声。

7.7 风管安装有哪些要求?

风管两端密封垫圈、安装前管口封盖防尘、按规定加消声器。固定支架不能穿保温层、管道保温、遮阳。进出风口穿墙管气密性、保温，风口距离。

7.8 风道及冷热水管的保温要求是什么?

7.8.1 所有在建筑保温外壳内的上下水管道必须加 5cm 的保温层。

7.8.2 风管保温层厚按图纸要求，特别注意接口、阀门处的保温连续及厚度要求。

7.8.3 会出现冷凝水的管道，(如外墙通气管道，除湿间的排气管道，减压管道，热能回收交换器等）要做好地面防水、排水措施。

7.9 被动式建筑新风系统调控要求是什么?

调控设备必须操作简单且设置在一目了然的地方。必须清楚地显现出来设备处于何种运行状态，所以在设备上必须有清晰的可视性的显示。为了方便手动操作，房间调控器应对每个单独的档位进行标示。通常所见的可以按照下面所示的运行档位选择：

7.9.1 最小新风量 0 档：新风设备关闭状态 即空气体积流量最小化运行。

7.9.2 正常新风量 1 档：≤ 0.3 次的空气换气率运行。

7.9.3 提高新风量 2 档：≤ 0.4 次的空气换气率运行。

7.9.4 最大新风量 3 档：≥ 0.6 次的空气换气率运行

7.10 冬季新风系统运行模式是什么?

7.10.1 最小新风量 0 档：空气体积流减至最低换气率。此种情况用于长时间的无人情况。

7.10.2 正常新风量 1 档：适用于冬季和过渡时节的房间空气负荷，适用于白天和黑夜的情况。

7.10.3 提高新风量 2 档：对于提高了的房间空气负荷（如有人拜访等），当温度感应器上所设定的温度在 1 档的运行状态下不能达到时，应设置至 2 档。

7.10.4 最大新风量 3 档：对于大幅增加的房间空气负荷或较短增加的空气需求（如烹饪或早晚的通风等）可以设置 3 档运行。

7.11 夏季新风系统运行模式是什么?

必须强调的是新风机组并不是空调且不具备空调的制冷功能。

7.11.1 最小新风量0档：降低至最小空气换气率。在白天室外空气特别炎热时，新风机组从早上仅仅保持必要的空气量运行是具有实际意义的（在过渡季节的较热的阶段亦如此推荐）。在新风机组设置最小值档位时，在长时间无人的状态下亦适用（如渡假等）。

7.11.2 正常新风量1档：此运行模式在夏季并不推荐使用。新风机组在较短的时间段间隔内，在提高不多的房间空气负荷时可以设置2档运行。

7.11.3 在炎热期的夜晚会有明显的降温。在此情况下夜间（20:00~8:00）应采用开窗通风。新风机组应设置在0档运行模式。

7.12 室内空气中二氧化碳含量是怎么控制的?

室内空气中CO_2的含量是由新风机组进行调控，从而代替通常所用的手动操控。与手动控制相比，通过运用CO_2感应器来调节最适宜的体积流可节约30%左右的电能。在设计中应对使用CO_2调控器与手动控制所产生的附加费进行对比。

7.13 什么是半中央新风系统?

半中央新风系统是分户和中央新风系统的组合。共性的功能组（如：热回收系统或新风过滤）可以集中，为多个居住单元服务，而风量调节或辅助加热灯分散于每个住户单元内。

7.14 什么是新风过滤器?

在新风进风箱里装有高级过滤器。它的任务主要是保护整个新风系统防止受到污染，以保证即使在多年以后进入室内的新风仍然是清洁卫生的。新风过滤器同样会随着时间集聚一些粉尘颗粒，慢慢堵塞过滤器，所以必须及时更换。

7.15 什么是排气过滤器?

排气过滤器随着时间的推移会积聚一些室内的粉尘和颗粒，并慢慢地把过滤器堵住，所以必须及时更换。新的过滤器一定要压紧，才能让所有回风通过过滤器，阻止粉尘颗粒进入新风机组内。

8 验收与使用

8.1 与被动式建筑相关的分部分项工程验收有哪些?

8.1.1 主体结构：子分部：混凝土结构（钢结构）。分项工程：填充墙砌体。

8.1.2 建筑装饰：

8.1.2.1 子分部：建筑地面。分项工程：基层铺设（增加：地面防水层铺设、保温层铺设、隔汽层铺设），板块面层铺设。

8.1.2.2 子分部：抹灰。分项工程：一般抹灰、保温层抹灰（增加：楼板、墙面预留洞，线槽封堵）。

8.1.3　屋面工程：

8.1.3.1　子分部：基层与保护。分项工程：找坡层和找平层，隔汽层，隔离层，保护层。

8.1.3.2　子分部：保温与隔热。分项工程：板状材料保温层。（增加：分层铺设、过程保护）

8.1.3.3　子分部：防水与密封。分项工程：卷材防水层，涂抹防水层，接缝密封防水。

8.1.3.4　子分部：细部构造。分项工程：檐口，女儿墙，伸缩缝，水落口。

8.1.4　建筑节能工程：

8.1.4.1　子分部：围护结构节能。分项工程：墙体保温，节能门窗。

8.1.4.2　子分部：可再生能源。分项工程：地源热泵。太阳能热水，太阳能光伏。

8.2　有哪些可参照的验收规范?

GB50203 砌体工程施工质量验收规范。

GB50204 混凝土结构工程施工质量验收规范。

GB50207 屋面工程质量验收规范。

GB50208 地下防水工程质量验收规范。

GB50209 建筑地面工程施工质量验收规范。

GB50210 建筑装饰装修工程质量验收规范。

GB50411 建筑节能工程施工质量验收规范。

GB50242 建筑给水排水及采暖工程施工质量验收规范

GB50234 通风与空调工程施工质量验收规范。

GB50210 建筑电气工程施工质量验收规范。

8.3　被动房最终质量检查所需提交文件清单

为进行被动房最终质量检查，需要提交设计文件、技术指标证明文件、设备调试报告等。以下列出了进行被动房最终质量检查所必须的全部材料：

8.3.1　经签字的项目能效分析文件

8.3.2　建筑设计图纸、施工图纸及暖通设备图纸

8.3.2.1　建筑总平面图，包括建筑朝向、周围建筑（位置和高度）、影响采光的植被和其他可能的水平遮阳物体。须标明项目的遮阳情况。

8.3.2.2　建筑设计图纸（平面、立面、剖面），须对所有面积计算涉及的尺寸进行标注（房间尺寸、围护面积、门窗洞口尺寸）。

8.3.2.3　围护结构、外门窗和热桥（如适用）的位置图，便于各类围护结构面积和热桥的定位。

8.3.2.4　围护结构节点详图，如地下室顶板处外墙和内墙节点、屋面与外墙节点、屋脊节点、外窗节点（侧边、上部、下部）、阳台连接节点等。节点详图应辅以尺寸标注、材料信息和导热系数说明。节点详图中应注明气密层，用以说明节点处如何保证气密层的连续性。

8.3.2.5　通风系统设计图：通风设备图纸及尺寸、风量、隔声措施、过滤器、送风和回风口、通风口、进风和排风口、风管尺寸和保温措施、地下热交换器（如适用）、调节等。

8.3.2.6　采暖及管道设计图：产热设备、热存储器、热输配系统（管道、热盘管、热表面、热泵、调节器）、热水输配系统（回路、单管、热泵、调节器）、排水管及其直径和保温层厚度。

8.3.2.7　电器设备设计图（如适用）：照明和电梯（如适用）图纸和尺寸。

8.3.3　辅助文件和技术信息

8.3.3.1 保温材料的生产厂商、类型及技术数据，特别是当保温材料导热系数较低（小于 0.032W/（m·K））时。

8.3.3.2 建筑面积计算的详细说明。

8.3.3.3 外门窗技术数据文件：生产厂商、类型、整窗传热系数 Uw、ψinstall、ψglazing edge 和在外墙上安装外门窗方法的图示。

8.3.3.4 透明材料技术数据文件：生产厂商、类型、组成、玻璃传热系数 Ug、玻璃 g 值、间隔条材料。

8.3.3.5 热桥热损失系数的证明文件。

8.3.3.6 建筑设备的简短说明，并辅以示意图。

8.3.3.7 所有建筑设备的生产厂商、类型、技术数据以及用电需求文件，包括通风系统、采暖和生活热水的供热系统、制冷系统（如适用）、热存储器、各种管道保温系统、热盘管、防冻措施、热泵、电梯、照明、加压设备、虹吸泵、安防设施等。

8.3.3.8 地下热交换器的技术信息（如适用）：长度、深度、类型、土壤性质、尺寸、管道材料、热回收效率证明文件。对于地下盐水热交换器：调节器、夏 / 冬季温度限值、热回收效率证明文件。

8.3.3.9 供给管路（采暖和生活热水）以及热交换器和外围护结构之间通风管道的长度、尺寸、保温材料及厚度。

8.3.3.10 电能的高能效应用说明，如特殊设备、使用说明和给建筑用户的激励措施。如未证明高能效用电设备的使用，计算中将使用市场上该类设备的平均值。

8.3.3.11 夏季室内舒适度的说明。

8.3.4 建筑气密性的证明文件

应提供鼓风门测试结果报告，以及换气体积计算文件。

8.3.5 HRV 调试报告

调试报告应包括以下内容：项目说明、项目地址、测试单位名称和地址、调试时间、通风系统生产厂商、设备类型、正常运行条件下送风及回风流速、室外空气和排风的质量流量 / 体积流量平衡（最大不平衡 10%）。

8.3.6 施工经理声明文件

应以文件形式说明该项目是依照上述设计及施工图纸、文件实施的，并经过施工经理签字确认。如在施工过程中发生与以上所述图纸、文件不符之处，应予以书面声明。如使用上述图纸、文件所述之外的设备，应提交该设备符合标准的证明文件。

8.3.7 照片

应提交施工过程存档照片，优先采用电子版形式。

8.4 如何控制进场材料的质量？

8.4.1 工程材料必须严格按照被动式建筑各项经济技术指标的要求采购，施工过程中不得随意改变材料的料源和规格，如有变更须经项目经理确定后，报相关领导批准后方可实施。

8.4.2 材料必须按照计划时间进场，并做好材料检测，确保材料合格。施工单位与监理单位按照规定批次和方法对材料进行取样检验，根据各项检测结果，判定材料是否可以进场使用。

8.4.3 施工单位必须对各种材料的进场建立详细清单，注明材料的进场日期、数量、使用部位、批号、品种等信息，将材料的场品合格证、质量报告等归档保管。

8.5 被动式建筑施工过程中哪些阶段需要有现场照片?

图片资料是被动式建筑施工监造过程重要的存档文件。通过很直观的方式了解所以细部节点的施工操作过程和完成效果。与传统的施工日志相结合。可以为项目验收通过详尽的证明。

8.5.1 培训过程照片，主要是现场施工工法培训，体现正确的做法和流包括：保温的粘贴和铺设，防水材料铺设及搭接部位的做法，门窗气密膜的粘贴做法。

8.5.2 质量检查照片，是施工监造记录单的组成部分，是现场纠正施工错误的证明材料。

8.6 哪些是与被动式建筑有关的竣工资料?

如果是德国被动房研究所认证的项目，除了符合现行建设项目竣工验收所需要的全部资料外，还需要下列文件：

8.6.1 获得德国被动房研究所认证的外墙保温系统证书。

8.6.2 获得德国被动房研究所认证的门窗系统证书。

8.6.3 获得德国被动房研究所认证的新风系统证书。

8.6.4 气密性检测证书。

8.7 总包单位与物业管理公司如何交接?

被动式建筑采用了先进的建筑标准，不仅对于业主，而且对于物业管理人员都是一件新事物。与普通建筑相比较，最大的区别是带热回收的新风系统和通过送风辅助的供热（制冷）的运行管理。由于我们国家普通住宅基本没有新风系统。因此，就对物业公司带来新的管理模式。总包单位应配合建设单位（或房地产开发公司），对物业管理部门进行新风系统操作运行基础知识和基本调试技能、基本维护维修方法的培训。

8.8 如何帮助物业公司编制被动式建筑使用手册?

被动式建筑使用手册可分为《物业管理手册》和《业主使用手册》。

8.8.1 《物业管理手册》的主要内容是介绍新风系统的相关技术，每个建筑构件和设备的特点。比如：保温层的构造，门窗的安装节点，气密层的位置与保护等。

8.8.2 《业主使用手册》的主要内容包括：舒适的室内环境，健康卫生的室内空气，造成建筑损伤的后果，新风系统运行的基本知识和节能运行的操作方法。

8.9 质保期间如何进行管理?

被动式建筑一般为已完成室内装修后交付使用的。主要避免业主入住后的装修对建筑造成损伤。在质保期内，总包单位的主要工作还是在新风系统的运营调试和维护，一般的经验被动式建筑的新风系统从安装到符合设计要求的正常运行，需要 2~3 年的调试时间。

8.10 使用阶段如何进行新风系统调试?

可以对新风设备通过控制器设置所期望的运行模式（四档模式）。

8.10.1 最小值 0 档

运行状态将完全关闭新风机组，是在您感觉中的完全关闭情况。事实上在此情况下新风机组仍然保持一个最小量的通风。此运行种类唯有在长时间的无人的情况下（如度假等）或者在夏季运行中的白天模式下选择使用。

8.10.2 正常使用 1 档

在正常的房间空气负荷下，在冬季和过渡时节最适宜的是运行模式。其适用于白天或夜晚。

8.10.3 提高新风量 2 档

对于提高的房间空气负荷（如有客人到访等）和当运行 1 档是达不到恒温器所设置的房间温度时。可以将运行模式提高到 2 档。

8.10.4 最大值 3 档

对于较大幅度的提高的房间空气负荷或在一个短时间段内的提高的空气量（如厨房做饭时，或者早晚通风等），可以将运行模式提高到 3 档。

8.11 被动式建筑供热系统如何运行?

在温控阀设置所期望的房间温度的标准值。所设定的温度标准值是额定温度值，对此可以理解为，供热之前在一个短暂的时间内会低于设定的温度，而在达到额定温度之后会在一个可控的区间内超过额定温度。

需要的热能的输送是由新风机组对进入的新鲜空气预热来完成的，然后送入各房间供暖设施中。必须指出，在此情况下房间的温度可能会达到 20℃（在室外温度和室内热源，如人，做饭等的共同影响下），通过温控阀使温度得到提升在原则上是可行的。但是这并不表示，温度可以根据温控阀所示的各个温度进行加热供暖。

8.12 被动式建筑可以开窗通风吗?

被动式建筑新风机组的存在意义就是保证室内对新鲜空气的需要，开窗通风通常来说是不需要的。在普通负荷的情况下，以开窗通风保障室内空气的流通是完全不需要的（主要是指 11 月至 3 月底），因为新风机组完全可以保证室内新鲜空气的供应。由开窗（或者半开窗）引起的更多是显著的能量消耗。因为原则上在寒冷的季节中开窗或者半开窗都是应该尽量避免的。如果您习惯上必须进行开窗通风，那么请选择短时间的开窗通风，尽量避免长时间的半开窗状态。在炎热期的夜晚会有明显的降温。在此情况下夜间（20:00~8:00）应采用开窗通风。新风机组应设置在 0 档运行模式。

8.13 被动式建筑辅助供热（冷）设备的运行管理有何要求?

可根据监测设备得到的能耗数据，及时发现可能存在运行问题；

8.13.1 检查进风口过滤网是否清洁，进风是否通畅。

8.13.2 检查过滤器表面是否有污染。

8.13.3 检查热交换器疏水口（排风接头）是否坐实和密封。

8.13.4 检查管网、输水管和水封是否畅通，必要时给予清理。

8.14 新风系统及供热（冷）系统运行维护基本操作方法包含哪些内容?

8.14.1 检查新风系统的风量平衡。

8.14.2 检查风机和调节系统的功能。

8.14.3 测量过滤器压力损失，与初始值进行比较。

8.14.4 将测量值和过滤器状态记录归档，为安排采购和更换提供决策依据，过滤器最大阻力损失大致控制在50Pa。

8.14.5 检查供热系统上升立管排气阀，必要时进行排空。

8.14.6 污水立管上装有机械管道排气阀，用检查是否有异味逸出。

8.14.7 检查新风系统内旁路的挡板位置（用于热交换器夏季旁路运行），反向测试密闭功能。

8.15 业主入住后如何做到节能?

8.15.1 供暖季避免开窗通风。

8.15.2 室内温度适可而止。

8.15.3 浴室供暖一般保持关闭状态，或者不要用它长时间加热。

8.15.4 使用节能家电和节能灯，电气设备不用时完全关掉。

8

涿州被动式建筑监测系统——河北省涿州市办公楼与员工公寓楼

作者：大卫·米库莱柯　伯特霍尔德·考夫曼 等
翻译：董小海

涿州被动式建筑监测系统中期报告

1　导言

众所周知，建筑物监测系统在第一年的首要功能是确定建筑物正确的节能设置以及舒适性数据的收集。既在建筑物进行正确设置之后，最早于一自然年（冬季，夏季，过度季节）之后可以提供准确的能耗数据。

涿州被动式建筑尚未正确运行满一整年，则监测系统收集的数据并不完全。此中期数据报告是应项目甲方的要求，对运行中的数据资料进行一次汇总，以记录建筑物内部的使用舒适性与能耗数据。

两个建筑物的监测系统于 2015 年年底正式开始运行。参照搜集到的数据，在 2016 年夏季之前对机电系统进行了相应调试，所得到的数据在此中期报告中进行了汇总。

此中期报告中所有记录的数据不可以作为项目建筑物性能评价的最终数据，仅适用于业主与建筑物使用者对建筑物进行深入优化的重要参考。为得到正确的年能耗数据，测试时间周期必须满一年。

此中期报告，仅作为迄今为止项目正确运行的数据支持。

2　监测系统

河北省涿州市（距北京市南部 70km）的被动式建筑项目于 2015 年中期完工，项目单体为新建被动式建筑办公楼（3.000m^2）与新建员工公寓楼（2.300m^2）。两个建筑单体均达到被动式建筑标准。业主与项目甲方均为河北新华幕墙有限公司。

两个建筑单体设置监测系统的目的为：

图 1　中国河北省涿州新华幕墙有限公司办公楼与公寓楼，2015 年夏

①作为被动式建筑的两个建筑单体的正确设计与施工的数据记录。

此记录是通过对重要特性，状态（空气状态：温度与湿度）以及供暖（冬季）与制冷和除湿（夏季）的测量来实现的。

②对各构件的功能进行校准与必要情况时的优化。

③在此意义上，检测系统是整体质量保险的一个重要构成部分，特别建议在被动式建筑中进行使用。

④必须指出的是建筑物的机电设备设施（新风与热泵），在运行中以及运行后，为确保其最优的功能性，必须保证各项运行参数设置正确。此运行优化应该 / 可以在监测系统的辅助下于两年之后进入可能的正确设置。

通过监测系统 – 以持续不断对运行参数进行监测来确保最优运行的方式是同样值得推荐的：其设计为，在后期服务技术人员，即现场项目管理人员持续超过两年对测试技术设备设施进行运行与维护，以便在出现功能错误与功能停顿的情况时迅速发现并得以及时处理。此类运行监测推荐使用在各类现代住宅与非住宅建筑项目，以确保其持续的达到节能目标。

技术现状

为测量一个建筑物的运行与舒适性参数通常是在尽可能多的空间内设置温度与湿度感应器。除此之外需要在带有热回收功能的新风机组的四个管道中同样设置温湿度感应器，以对热回收功能的效率进行一个大致的确定。所有的温湿度感应器通过一个 M–BUS 进行连接。所有必要数据可以设置较短的时间间隔，如以 10 分钟为间隔进行收集。

此项目中的供暖与制冷仅使用了电能（热泵），因此能源消耗的确定仅需要设置安装电表。所有的电表也连接入测量网络，数据收集频率为每 10 分钟一次。

除电表外，在热泵处额外设置了尽可能多的热量表。以此来确定热泵的能效，既其在不同运行状态下的确切的 COP 数值。通过对供暖 – 或制冷期进行均值计算，可以推算出其年工作量。下列感应器各自设置在建筑物内部：

感应器与测量数据常规

· 在办公楼与公寓楼内的气候测量工作站（温度，湿度，辐射，降水），感应器与测试数据记录
· 办公楼与停留空间的空气温湿度采集器，分别测量送风温度与室内空气温度
· 地面温湿度采集器
· 新风设备温湿度采集器
· 新风机组的电表

· 热泵（WP）供给侧与用户侧的热量表
· 热泵出口的电表，办公楼消耗与其他

建筑物内设置的感应装置数量如下：
· 53 个温度 & 湿度感应器
· 13 个热能 & 冷能能量表
· 35 个电表

3 中期数据结果

3.1 室外空气

图 2 中展示了涿州 2016 年盛夏时节的室外空气条件作为参考。数据清楚显示，其绝对湿度直至八月底（8 月 24 日）均超过预期的 12g/kg，即由此可知，在设计与实施的过程中必须注意到，中国北方气候区的实际情况和环境条件。在制冷正常工作的同时是否需要适当的除湿或者额外设置必要的除湿，取决于可感与潜在制冷负荷的关系。

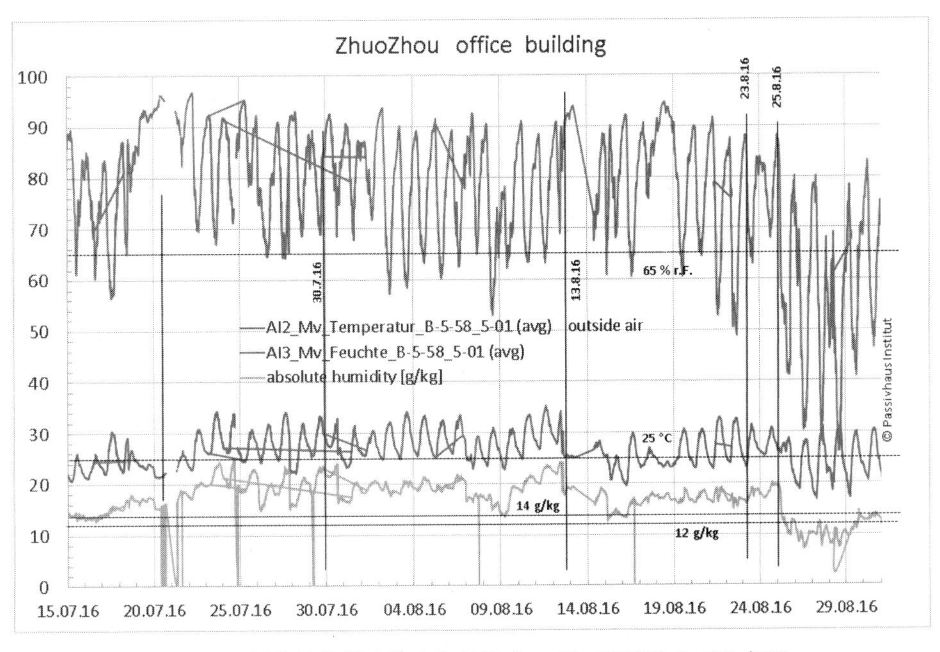

图 2 涿州办公室楼室外空气的温度 & 相对湿度作为对比参照

3.2 建筑物内部环境

对健康最佳的舒适性与人类的幸福感受，同样对于建筑物结构干燥的保持以及由此延长建筑的使用寿命，都在国际中的大量研究报告中进行发表，此中期报告不对此再做赘述。

以整体建筑来看，温度与相对湿度的状态在所有室内空间内基本一致。在 2016 年夏季，根据对设计参数数值的调整，制冷数值得到进一步的优化。这意味着制冷设备的功率（制冷，除湿，新风）适应需求进一步降低。

室内空间内的相对与绝对湿度由此持续的维持在最佳水平：温度≤ 25℃，相对空气湿度≤ 65%，绝对湿度的数据在 12~14g/kg。制冷与除湿亦按照设计运行良好。但是细节上的优化与对缺失运行的修复，随着时间的推移也是十分必要的。此类建筑物必要的调整措施与常规建筑物的优化调整并无较大区别。

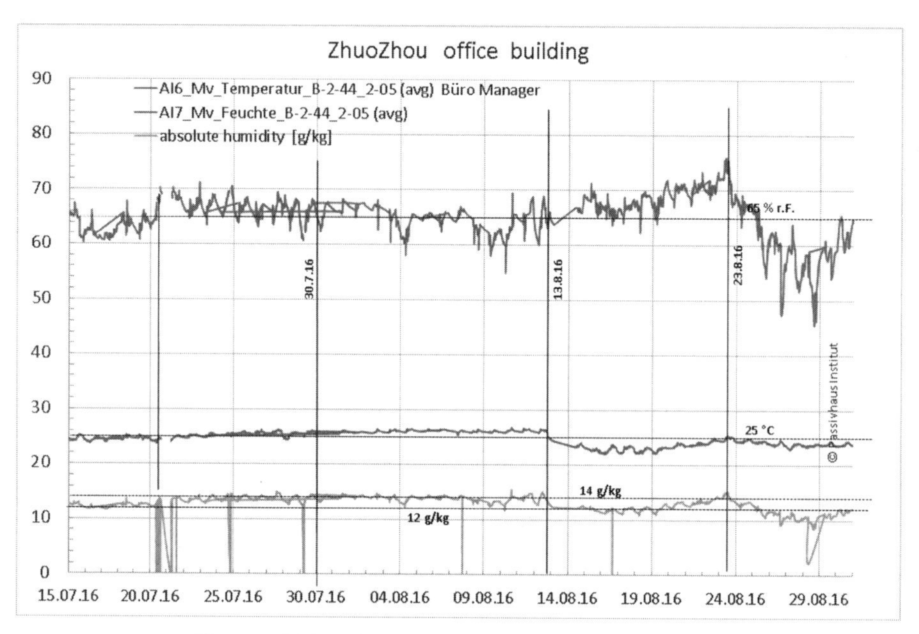

图 3　涿州办公楼的温度与空气湿度（Nr.:B–2–44）
2016 年夏季空气状况，建议数值区间为：湿度约 65% 与最高 25℃
期间建议数值发生过变化：空气的有效除湿与制冷

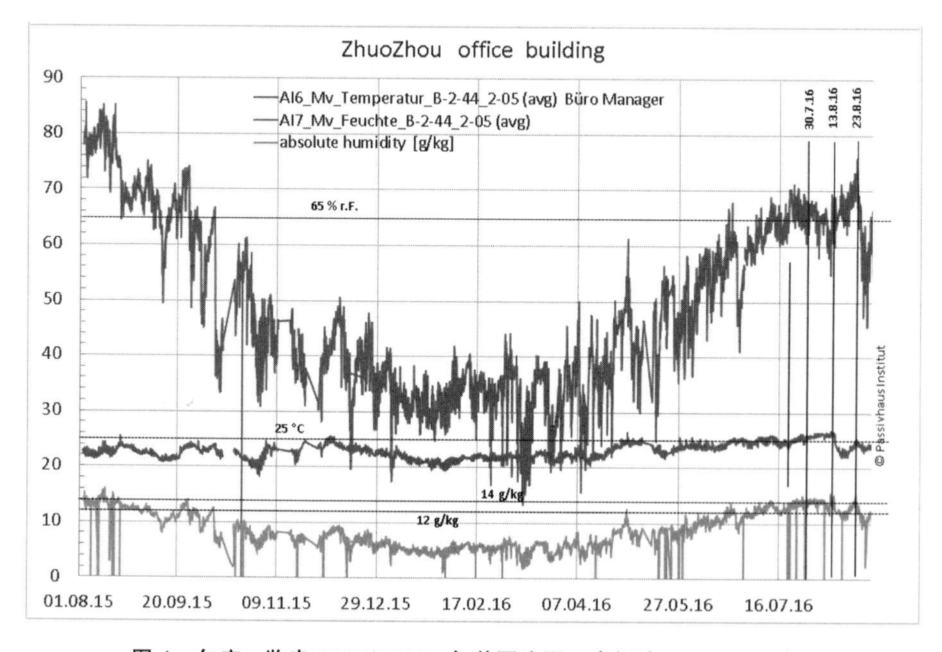

图 4　年度一览表 2015/2016。与前图为同一房间（Nr.:B–2–44）

根据监测，2016 年 5 月初的湿度走向可以发现明显的降低（≤ 50%），而室内温度在缓慢的增加（≤ 24℃），这意味着空气条件的基础设置，在根据设置，逐步改变实现至更适宜的数值。

在 2015 至 2016 年的冬季，室内温度，如≥ 23℃设置相对较高，系统也监测到相关的问题！问题源头并没有找到……此处引起了空气湿度的大幅下降（≤ 30%），推测是导致供暖热需求设计

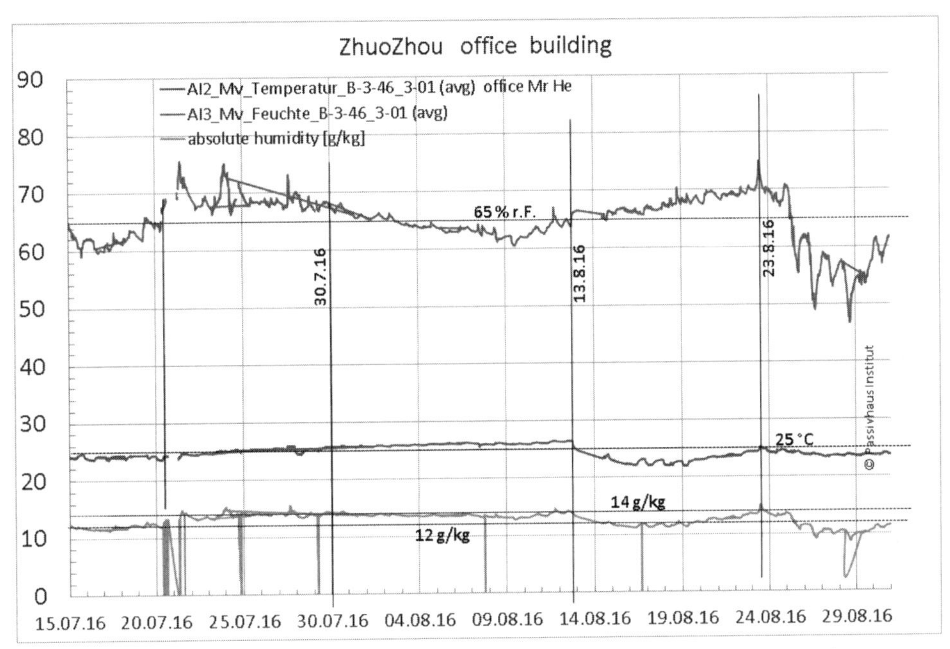

图 5　公司管理人员办公室的温度与湿度（Nr.:B–3–46）（附注见图 3）

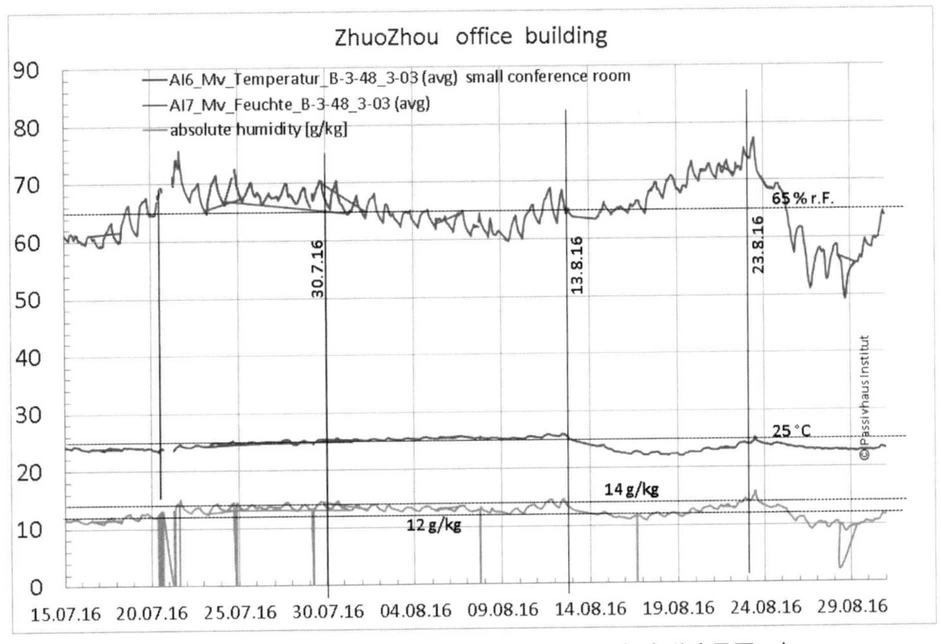

图 6　小型会议室的温度与湿度（Nr.:B–3–48）（附注见图 3）

参数（PHPP）数值过高的重要原因。监测系统监测到的这两处数据现象，均将在 2016 / 2017 的冬季中进行特别关注，并对现有建筑物的冬季调控进行适宜的改变。

此处一个完善的监测系统的意义与目的就得到了充分的体现：仅通过对温度和湿度的走向监测，即可以对设备的功能进行优化，且当出现运行效果不满意的情况下给予及时的调整。

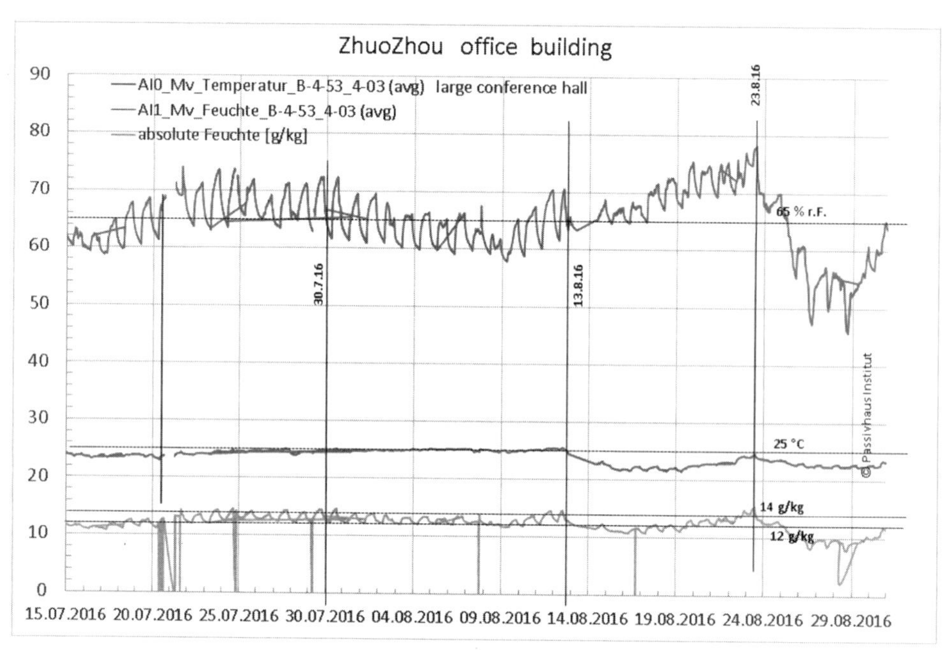

图 7　大型会议室的温度与湿度（Nr.:B–3–53）（附注见图 3）

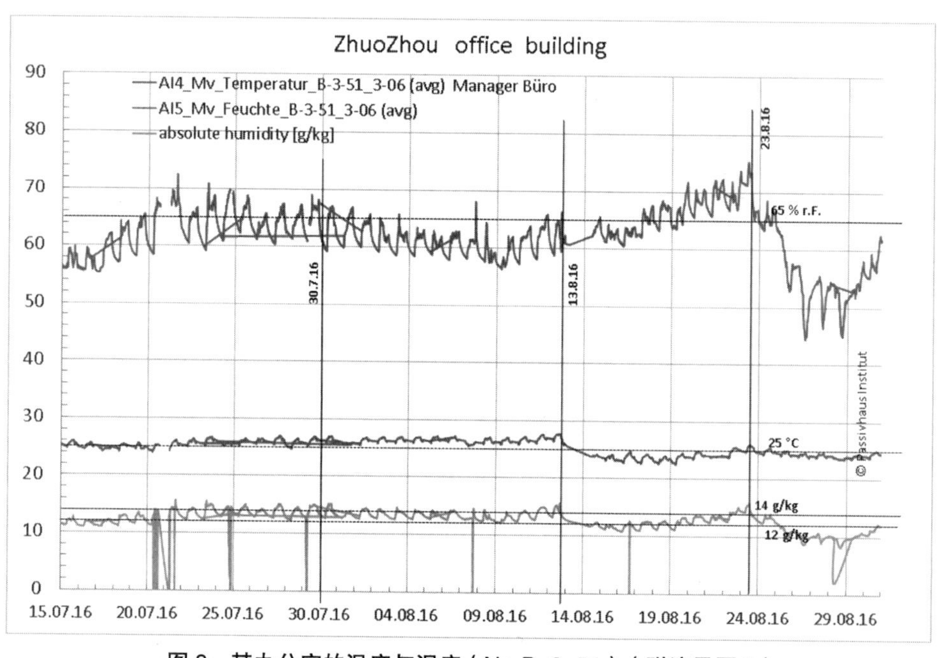

图 8　某办公室的温度与湿度（Nr.:B–3–51）（附注见图 3）

3.3 新风，供暖，制冷 & 除湿，电耗

接下来，对于新风机组，空气供暖与制冷热泵以及辐射板热泵的电耗进行了数据记录。

PHPP 能耗计算中采用的量纲 m^2 是以能耗面积为基准，并不是建筑物常规使用的建筑面积 / 或使用面积！在能耗计算与能耗测量上，中国常规采用的量纲是基于建筑物的建筑面积 / 或使用面积，由此得出较低的计算结果，如果需要进行能耗对比，必须经过统一标准的换算。

采暖与制冷季的电能耗得出下列数据：

采暖季（2015 年 11 月 1 日至 2016 年 3 月 23 日）：

（4.9 +3.5）kWh/m^2a =8.5$kWh/m^2 \cdot a$　　供暖

制冷季（2016 年 5 月 10 日至 2016 年 9 月中旬）：

（2.3 +6.7）kWh/m^2a =9$kWh/m^2 \cdot a$　　制冷与除湿

对于新风控制的优化在 2016 年初进行了首次设置与监测系统同步运行，对于风机的整年能耗将在最终报告中发表。

电耗数据整体良好。监测系统第一整年的测量数据还未完成，因此优化整体建筑物能耗等级的潜力仍然很大。

现在特别需要完成的是等待直至下个冬季结束后的监测数据结果。所有完整数据将在监测系统 – 总结报告中进行发布。

4 结束语

迄今为止监测系统的运行十分成功。

根据对建筑物不间断的优化可以指出，涿州被动式建筑确保了建筑物内部由适宜的温度，湿度

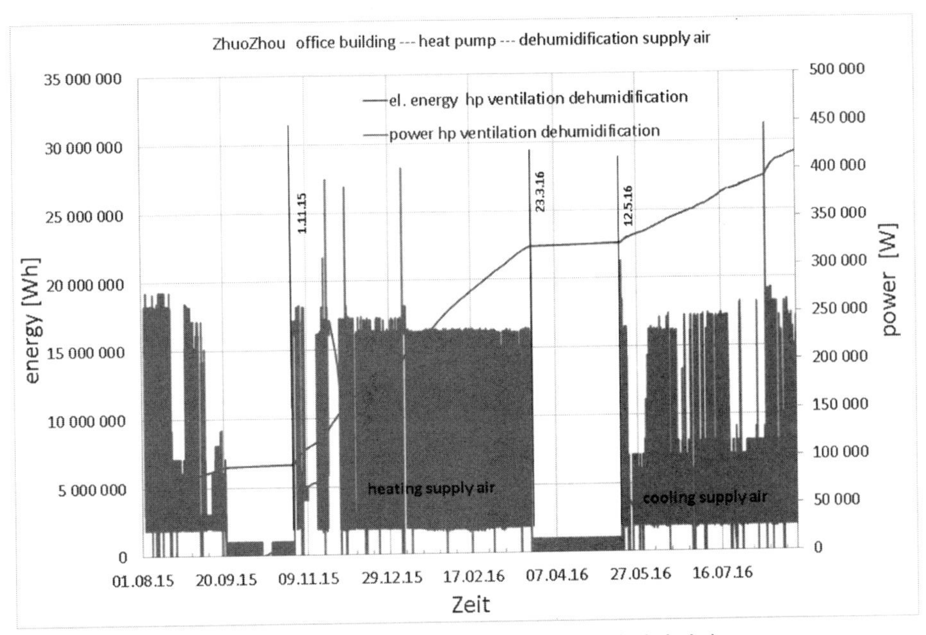

图 9　办公楼空气供暖与制冷热泵的电表（中央）
夏季的制冷运行与冬季的供暖运行完全独立，即春秋两季既不供暖也不制冷

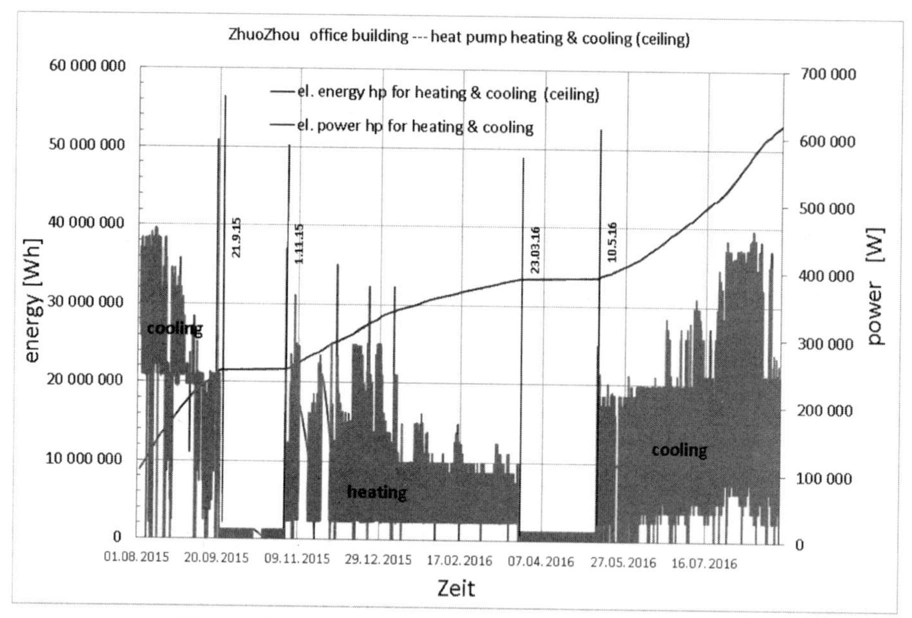

图 10　办公楼供暖与制冷辐射板热泵的电表（中央）
夏季的制冷运行与冬季的供暖运行完全独立，即春秋两季既不供暖也不制冷

与新鲜空气（含 PM2.5 数值）实现了使用者最佳的舒适性。建筑物能耗的中期报告数据很好，而且将通过冬季对设置的进一步的优化调整，获得更好的数据结果。

此外，证明了监测系统是被动式建筑中特别重要的构成部分，没有监测系统的情况下，寻找建筑物待优化环节与能量损耗点的正确位置是十分困难的，且无法选择最节能，最有效的调整措施。

9 从认证标准解读被动式建筑

盛学文

摘　要: 本文对 PHI 新版本被动式建筑认证标准按供暖保温、供冷除湿、通风与气密性指标、门窗、能耗及入住等被动式建筑的几个要点进行了解读，并归纳了被动式建筑在保温、气密性、通风等单项设计中所需注意的要点。

关键词: 被动式建筑；认证标准；供暖保温；供冷除湿；通风与气密性指标；设计

1 概述

建筑是人类用于遮风挡雨的场所，为抵御冬季的寒冷和夏季的炎热，传统的建筑物中，人们在室内采用各种采暖、降温措施通过对室内能量的输入建立起室内外热失衡以营造舒适的室内环境。工业革命为人类带来新的技术和新的生活方式的同时，化石能源的大量消耗引发了能源可持续利用、全球气候变暖等诸多问题。

20 世纪 80 年代起，各国开始认识到这一问题的严重性，各种节能建筑、绿色建筑随之孕育而生。现阶段的节能建筑通常是通过施加保温降低由于室内外环境的失衡造成的能量流失以达到节约能源提高能源效率的目的。

不同于常规的节能建筑，20 世纪 90 年代由奥地利建筑物理学家费斯特教授等人提出并在德国黑森州政府的支持下得以实现的被动式建筑另辟蹊径，通过对建筑物室内外环境的“隔绝”建立并保持室内外的热失衡状态用以构造舒适的室内环境。

严格意义上的室内外环境“隔绝”是不现实的，经济上得不偿失、使用需求受到严重影响。如何找到能源损失的最小化和经济性、使用需求的平衡点，德国被动房研究所在二十多年的研究与实践中给出了答案，被动式建筑也从诸多建筑节能的解决方案中脱颖而出成为一种可实施的标准。

2 认证标准[①]

2.1 供暖与保温

2.1.1 供暖能耗与供暖负荷

根据认定标准，被动式建筑的供暖能耗和供暖负荷分别为 15kWh/m^{2}a 和 10W/m^2。

源于被动式建筑的初期构想，供暖负荷标准依据满足舒适度要求的新风对室内加热的能力确定，基本确定方法为：

假定：

人均居住面积	30m^2/pers
人均所需新风量	30m^3/（h・pers）
保证新风质量的最高新风温度	50℃
设计室内气温	20℃
空气在 20℃时比热容	0.33Wh/m^3/K

此时，有：

30m^3/（h・pers）×0.33Wh/（m^3・K）×（50K–20K）/30m^2/pers=9.9W/m^2

即采用新风供暖时，满足舒适度要求的最大供暖能力为 10W/m^2，该指标与气候条件无关。

通过中欧地区大量的被动式居住建筑的建设实践和监测结果可以确认：当供暖负荷控制在 10W/m^2 时，对于冬冷夏暖地区（中欧地区），15kWh/m^2•a 是供暖能耗的一个较为合适的控制指标。该指标与气候条件有关，北欧及其他寒冷地区会高于这一数值。

老版本认证标准未对这两个指标的关系做明确的描述，2015 年 4 月公布的新版认定指标中明确了两个控制指标的关系，年采暖能耗为基本标准，采暖负荷为替代性标准，明确这一关系充分表达了被动式建筑标准的初衷——在经济合理的前提下，将供暖能耗控制在一个相对低的水平上。

2.1.2 保温层厚度

从达姆斯塔特被动房的保温层厚度与年度采暖负荷的相对关系中可以看出，被动式建筑对保温厚度的要求即非追求极致，也非节能效果的最大化，而是增量成本的有效利用。图 1 为被动房研究所给出的达姆斯塔特被动房保温层厚度与年度供暖负荷的相对关系模拟分析结果。不难看出，保温层厚度在现有基础上增加 16cm，达到 38.5cm 时年度供暖负荷还可降低 60%，但保温层厚度对节能的贡献由 190kWh/（cm・a）锐减至 73kWh/（cm・a），即投入产出比已大大降低，继续加大保温层厚度已不再具有较高实际价值，或从经济上已不具备合理性。

2.1.3 无热桥设计

传统建筑和一般的节能建筑由于无保温或有限的保温措施不存在明显的热桥或对热桥效应并不十分的敏感，一般的节能建筑中，只要避免出现明显的热桥即可满足节能设计的要求。在被动式建

① 现行被动式建筑认证标准英文版参见 http://passiv.de/downloads/03_building_criteria_en.pdf.

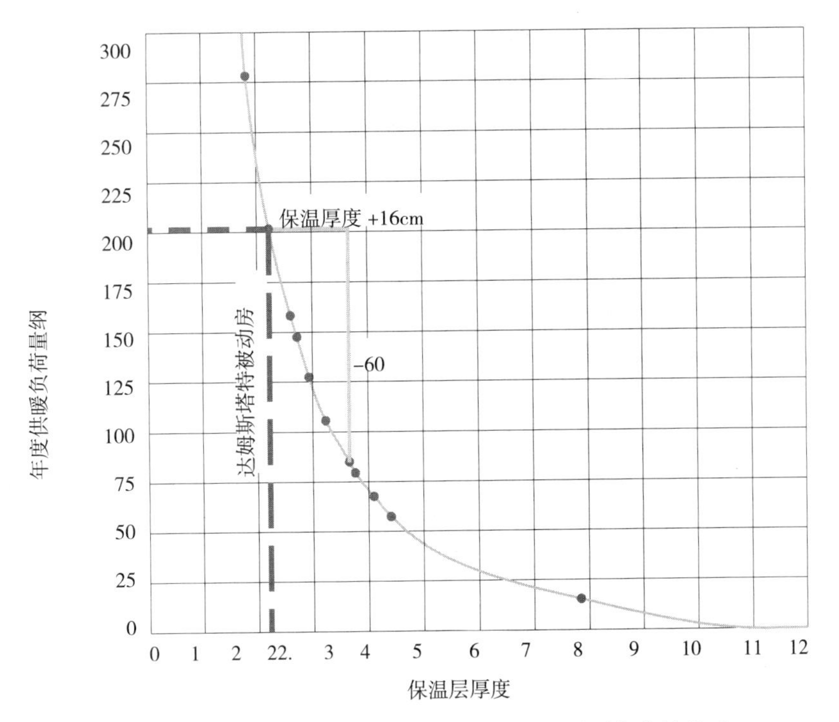

图 1　达姆斯塔特被动房保温层厚度与年度供暖负荷的关系

筑中，为实现室内外的“热隔绝”，使用了连续的、近乎绝热的高效保温外壳，几乎任何保温外壳的断点或构造上的缺陷都会引起致命的热桥损失，设想在3m高外墙上 ψ=0.1W/m•K的通长热桥（如楼板）当热桥损失平摊至外墙表面时，相当的外墙 U 值（K 值）增量为：

$$\Delta U=0.1\text{W/m}\cdot\text{K}/3\text{m}=0.03\text{W/m}^2\cdot\text{K}$$

根据《严寒和寒冷地区居住建筑节能规范》JGJ26—2010中对严寒（B）类地区3层及以下居住性建筑的围护结构热工性能要求，外墙的传热系数（K 值）限值为0.30W/m^2·K，即热桥损失相当于热围护结构 K 值限值的10%，而对于一般寒冷地区的被动式建筑，该增量已达到外墙 U 值限值（U=0.15）的20%，而对于严寒地区来说，该增量已超过 U 值限值（U=0.08）的1/3。

同时，由于整体 U 值的提高，通常会遇到相对于周边环境，热桥损失与周边热围护结构的热损失差异增加，热桥系数增大的情形。

热桥的存在还会引起局部的阴冷区域，在室内暖湿环境中引起结露点及墙面霉变的发生。

因此，无热桥设计和施工对于被动式建筑来说至关重要。

当热桥的线性热桥系数 $\Psi \leqslant$ 0.01W/m·K时该热桥可以忽略，即所谓的“无热桥”，热桥是靠合理的无热桥构造设计和精心的施工达到“无热桥”的目的，合理的无热桥设计通常不会产生增量成本。

2.1.4　舒适性标准与能耗评价标准

与国内现行标准《严寒和寒冷地区居住建筑节能规范》JGJ26—2010不同，被动式建筑采用的舒适性标准为《适中的热环境——PMV与PPD指标的确定及热舒适条件的确定》ISO7730，其中与采暖能耗密切相关的是室内设计温度标准，JGJ26—2010为18℃，ISO7730则为20℃。根据德国被动房研究所的《最小监测》① 室温对能耗的影响约为每开尔文 2kWh/m^2·a。

同时因各地区居民适应性差异，实际的热舒适度标准存在较大差异。一般来说北方地区习惯于较高的冬季室温，而南方地区习惯于较低的冬季室温，实际运行监测中应注意该问题并与认证机构做好充分的沟通。

2.2 供冷与除湿

被动式建筑通常采用遮阳，夜间自然通风等解决方案，在中欧及部分南欧地区实现了 15kWh/m^{2}a 的供冷能耗限值。至 2012 年，被动房研究所启动了加勒比地区的被动式建筑的建设和监测。截至目前，除少量加勒比地区、曼谷及迪拜的被动式建筑实验性项目的简介和监测结果外，尚未发现公开的系统性资料和解决方案。与之相应的是新版认证规范中对除湿能耗未给出明确的指标。

同时，应注意到，中欧地区夏季昼夜温差较大，夏季夜间通风 + 较高的室内热容对平缓夏季室温有着明显的效果，而国内如上海等地区较小的夏季昼夜温差依靠夜间自然通风的效果有待实践的检验。

2.3 通风与气密性指标

2.3.1 气密性指标

被动式建筑是以室内外环境的热隔绝为基础的，因此室内空气质量的保证必须以机械通风为主。对于居住性建筑未采用强制性要求的地区，机械通风的设备费用是必须加以考虑的增量成本。

被动式建筑对气密性的要求主要集中于两点考虑：首先是出于围护结构的保护需求，其次是通风质量和效率的保证。

基于绝大多数保温材料的透水、透气性。在采暖地区的采暖季节，当室内暖湿空气透过保温层与室外冷空气发生接触时将在保温层外侧发生湿热空气的冷凝、结露；同样，在湿热地区的夏季，室外的湿热空气透过保温层与室内凉爽空气接触在保温层内侧形成冷凝和结露。维护结构内部的结露为霉变的发生提供了必要的条件从而直接影响到围护结构的使用寿命。因此，在被动式建筑设计中，必须通过对室内外温、湿度相对关系的分析设定气密层位置。

缺少气密层的围护结构中会因空气渗漏引起无组织通风，此类无组织通风的空气质量无法得到保障。同时，无论是供暖季节还是供冷季节未经加热（制冷）的外界空气的渗入、室内优质空气的泄漏均会引起有效的通风效率大幅度降低。因此，良好的气密性是通风效率基本保障。

被动式建筑中，气密层通常是通过装修的抹灰层来实现的，不会产生额外的支出。大量的工程实践证明，经过精心设计、施工的气密层空气泄露率 n_{50} 的测定值通常可以控制在 0.4h^{-1} 以下，远远低于认证标准中 0.6h^{-1} 的限值。

2.3.2 通风热损失与回收

被动式建筑中，通风热损失是影响整体能耗水平的关键因素之一，为符合被动式建筑超低的能耗标准，通风热回收是关键的措施之一。通常，在被动式建筑中，低于 75% 的通风热回收效率往往导致整体能耗水平的失控。

---

① 《Measurements for checking consumption – “Minimal Monitoring”》详见 http://www.passipedia.org/operation/operation_and_experience/measurement_results/minimal_monitoring.

2.4　门窗

基于室内外热隔绝的需求，被动式建筑对门窗的热物理性能要求较高，应注意的是根据气候区的不同透明构件应满足的 U 值各异，降低标准会导致建筑物整体热物理性能的降低从而难以达成设计目标，提高标准则意味着增量成本的上升和构件性能的浪费。因此，如何选择具有与气候环境和保温水平相匹配热物理性能的门窗构件是被动式建筑成功与否的关键因素之一。

与构件热物理性能同样重要的还有构件的安装方式和构造细节。通常，构造细节的疏忽会导致构件性能的低下。

认证标准中虽未给出新建建筑应满足的门窗 U 值要求，但对被动式改造工程给出了对构件 U 值的基本要求可以作为参考。同时，被动式构件认证中给出了构件所适用的气候区可以作为参考。

2.5　能耗

2.5.1　能耗测算

被动房的能耗是依据“耗能面积”，耗能面积的测算需根据 PHPP 的现行版本的具体规定，由于根据各功能空间的使用频率对使用面积进行了折减，耗能面积较使用面积小。即被动式建筑的能耗测算较之常规的节能建筑严格。

PHPP V9（2015）对耗能面积根据建筑物使用性质（居住性建筑及非居住性建筑）分别做出了规定，表 1 及表 2 给出了耗能面积的基本计算规则。

居住性建筑耗能面积计算规则　　表 1

计入住宅耗能面积的仅包含保温空间内部分，耗能面积可根据未完工的测量面积确定。

下述部分可计入楼层面积：

- 落地窗窗洞窗顶高度与吊顶高度相同且深度超出 0.13m 时；
- 勒脚、踢脚板、内置家具、浴缸
- 梯板下方面积根据高度确定
- 楼梯的休息平台

位置	按 100% 计入	按 60% 计入	不计入
居住面积	人员长期逗留区域，开窗面积不小于地板面积的10%，且不在入射光线后方。		
辅助用房	卫生间 位于住宅内部	位于住宅之外或地下室	
交通面积	走廊、过道住宅内部分	走廊、过道住宅外或地下室内部分	超出 3 级踏步的楼梯 面积超 $0.1m^2$ 的电梯井
柱子、挡墙			面积超过 $0.1m^2$ 时
门窗			入户门、落地窗洞口当深度不足 0.13m 时
无效空间			高度超过二层高度
保温空间外			保温空间外的房间

下述规则适用于所有房间 / 区域

净高介于 1.0m~2.0m 的区域楼层面积折减 50%；净高不足 1.0m 不计入楼层面积

非居住性建筑耗能面积计算规则 表 2

计入住宅耗能面积的仅包含保温空间内部分，耗能面积可根据未完工的测量面积确定。

下述部分可计入楼层面积：

- 落地窗窗洞窗顶高度与吊顶高度相同且深度超出 0.13m 时；
- 勒脚、踢脚板、内置家具、浴缸
- 梯板下方面积根据高度确定
- 楼梯的休息平台

分类	按 100% 计入	按 60% 计入	不计入
使用空间	居住空间、办公用房等 卫生间 娱乐空间 教室及公共空间 储藏室 衣帽间 厨房 实验室 游泳池及周边区域 具有其他用途（不含紧急出口）的交通空间		
设备功能区		设备功能区域 设施用房 强弱电间、空调设备用房等。	
交通面积		走廊、门厅 楼梯休息平台	电梯井 超出 3 级踏步的楼梯板
管道井			设备管道井
无效面积			超出两层层高
门窗			门窗洞口深度不足 0.13m 时
保温空间外			保温空间外的房间

下述规则适用于所有房间 / 区域

净高介于 1.0m~2.0m 的区域楼层面积折减 50%；净高不足 1.0m 不计入楼层面积

2.5.2 供暖、供冷方式

虽然被动式建筑起源于依靠通风解决供暖需求，但认证标准中未提及与之相关的要求。事实上，由于室内外环境的隔绝，被动式建筑仅需在极端天气状况下极少量的能量补充即可保证室内的热舒适性，任何形式的供暖、供冷措施均适用于被动式建筑，唯一的要求是所采用的措施足够高效与经济。

2.5.3 原生态能源消耗

英文“Primary energy”一直以来被译作“一次能源”并引起诸多误解，建议改用“原生态能源”，采用“原生态能源”一词可以自然联想到能源的开采、提炼及输送过程中的损耗及转换效率，更加贴近该词的内涵。

不同形式的能源所对应的“原生态能源”有所不同，相同形式的能源由于其生产、输送过程的差异所对应的“原生态能源”亦有所差异。如同样的电力消耗因其来源不同（水电、煤电、核电、风电）所对应的“原生态能源”各不相同，同样的煤电也会因其发电厂的规模、效率有所差异。

2.5.4 原生态可再生能源

新标准中，开始使用原生态可再生能源消耗指标替代原生态能源消耗指标对建筑物的能耗水平进行

评价，并根据建筑物中可再生能源的制备情形将被动式建筑划分为“传统”、“优质”及“高端”三个档次。

事实上，所谓的“优质”和“高端”分级是在传统的被动式建筑平台上通过各种可再生能源获取技术的引入将被动式建筑拓展成为“能源自给”型建筑或一个小型的“可再生能源工厂”。而传统的被动式建筑则为这一拓展的基础。

其中，“优质”被动房应建立在对建筑物所处地域自然条件、资源评价的基础之上，量力而行；“高端”则代表了被动式建筑与各种新型节能技术结合的发展前缘，属于研究性质的产物。无论建设哪一个“档次”的被动式建筑，均应以传统式被动式建筑为基础，通过对资源与建筑物全生命周期内经济效益的评测确定实施目标。

2.6 非居住性建筑与被动式改造

2.6.1 非居住性建筑

根据国际被动式建筑协会的被动式建筑知识网中的实例介绍，非居住性建筑的设计与建设必须以对建筑物基本业态下的得失热平衡分析作为基础，并通过对学校、养老院、游泳池、医院、小型超市和餐厅的基本业态和得失热平衡详细介绍了得失热平衡的分析方法。

基于得失热平衡分析，针对耗能重点寻求成熟、简单、高效的节能技术制定合理的解决方案。

2.6.2 旧建筑的被动式改造

新版的认证标准首次把旧建筑被动式改造认证扩展至中欧地区以外，认证包括使用被动式构件改造认证和被动式改造认证，改造可分步骤实施。改造通常以外保温为主，对于保护性建筑等不允许改变外观的案例允许采用内保温，当采用内保温达到不透明外维护面积的 25% 以上时应申请特定的内保温被动式建筑认证。

2.7 入住

2.7.1 最低标准与用户满意度

新版认证标准给出了过热概率、过湿概率和最低热防护的最低通用标准，除非对住户满意度不产生显著影响的前提下不得降低标准。

2.7.2 住户培训

因被动式建筑设备的操控及使用方式异于传统建筑，因此应为住户编制居住使用指南。

2.7.3 监测与认证的有效性

对于取得认证的被动式建筑，需通过能耗监测对建筑物的能耗水平进行监测，除第一年试运行期外，对于实际能耗超出应有水平的建筑物需通过实际能耗分析确认影响能耗的关键因素并提出适合的解决方案限期改正，对于非业态特殊要求引起的能耗增加且在限期内无法降低能耗至认证机构认可的合理水平时，认证证书将自然失效。

3　设计要点

3.1　保温设计

3.1.1　保温层材质与厚度

被动式建筑的保温层厚度通常是现行节能标准对当地保温层厚度最低标准的 2 ~ 3 倍，合理的保温层厚度应位于保温层厚度——能耗曲线中最高能效段的终点附近。保温材料的材质应在对建筑物面积、功能允许的前提下尽可能采用廉价的地方性材料以确保增量成本的最小化。

保温层应根据“一笔画”原则在保温空间周边“交圈”，不得出现断点。

除外观不允许改变的保护性历史建筑的改造外，不应采用技术难度较高的内保温。

3.1.2　无热桥设计与节点构造

对于新建建筑，应做到全面无热桥设计，任何可能出现热桥的部位均应通过适当的构造措施消除热桥构造，当且仅当线性热桥系数 $\psi \leq 0.01$W/m・K 时热桥可被视为无热桥设计。

对于所有热桥部位，包括负热桥，均应给出便于施工及施工质量保证的细部做法详图，详图中必须详细标明热桥系数、施工步骤及质量保证方案。

3.1.3　外窗

被动式建筑中所使用的外窗均需热物理性能优异的高质量产品，在外窗选用上除产品的质量保证（PHI 构件认证）、标准的安装方式外，立面设计时窗格分割的优化十分关键，简洁的立面分割可以大大提高外窗的整体物理性能。

除选用认证产品外，设计师还应注意检查、确认产品的各项细节，特别是大尺寸窗框的加强方式。常规的窗框加强方式为在空腔内插入加强钢条，这一措施将大大降低窗框的热物理性能。

涿州新华幕墙厂新办公楼建设中，厂家提供的部分大尺寸窗框采用了常规的框架加强方案（图 2），所幸舒泊尔建筑物理研究所的大卫老师在进货检查中及时发现，并及时协调厂家给出了修改方

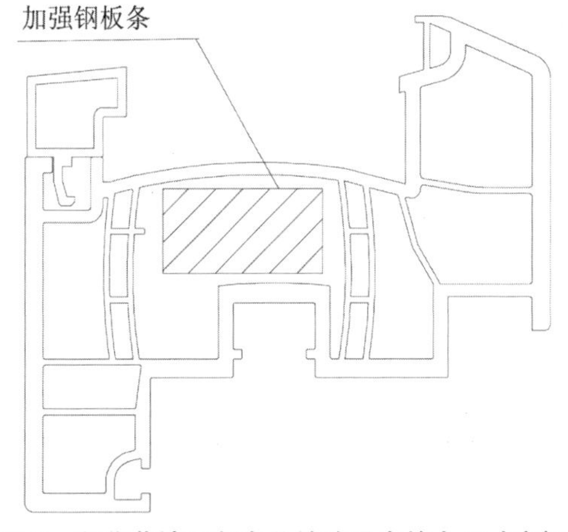

图 2　新华幕墙厂新办公楼建设中的大尺寸窗框

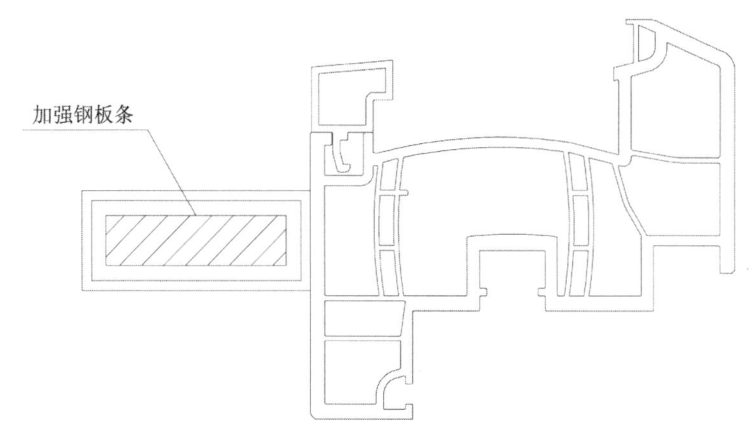

图 3 新华幕墙厂新办公楼建设中的大尺寸窗框加强方式的调整

案（图 3）避免了加强钢板条形成的热桥对窗户性能的不利影响，但终因修改是在施工阶段做出的，加强肋部分的制作有欠精细，且对整体外观效果有一定的影响。

3.1.4 设备管线入户位置的处理

应尽量减少并集中处理设备管线的入户问题，设备管线出入户位置的保温应进行妥善处理以避免附加热桥的出现。处理方式应尽可能简化施工工艺且易于施工质量的保证。

3.1.5 PHPP 与被动式建筑设计

PHPP 是德国被动房研究所为被动式建筑量身打造的能耗分析软件包，包含了被动式建筑认证所需的各种指标的定义和计算方法是被动房认证和设计优化的基本依据。应当注意的是，软件包针对超低能耗建筑的特点进行了大量的简化，该软件包采用的静态模拟算法仅对被动式建筑及类似的超低能耗建筑适用。用于分析常规的节能建筑，计算误差过大，无法作为分析的依据。

3.2 气密性设计

被动式建筑中，气密性与保温处于同等重要的位置，对建筑物整体能耗有着直接的影响。除此之外，气密性的好坏还对围护结构的安全性与耐久性、机械通风效率及室内空气质量具有举足轻重的意义。

3.2.1 气密层的位置

不同的气候区，气密层的位置各不相同，具体地说，应当设置于保温层的暖湿一侧。以北京的平原地区为例，简要分析如下：

冬季室外最低气温约为 –4℃，相对湿度 44%~47%，满足被动式建筑对室内舒适性要求时，室内气温约为 20℃，墙面温度应在 16℃以上，相对湿度在 40%~60%。此时，与室内空气相对应的露点温度为 6℃ ~12℃（图 4）。如将气密层位于外装修层（图 4，绿色）则因室内暖湿空气的外泄在保温层和气密层间发生冷凝损害，在降低保温效果的同时增加外装修层的脱落风险。

夏季室外日最高气温在 32℃以上，相对湿度亦在 60% 以上。与此对应的室外空气露点温度为

23.3℃。即当外墙内表面温度不低于24℃时借用内装修面作为气密层不会产生冷凝损害。

此时，正确的气密层位置应位于保温层室内侧，保温层和墙身之间或室内装修面层位置。相对来说，借用室内抹灰层（图5）构造气密层更为有利，毕竟室内装修面层更加易于维护。

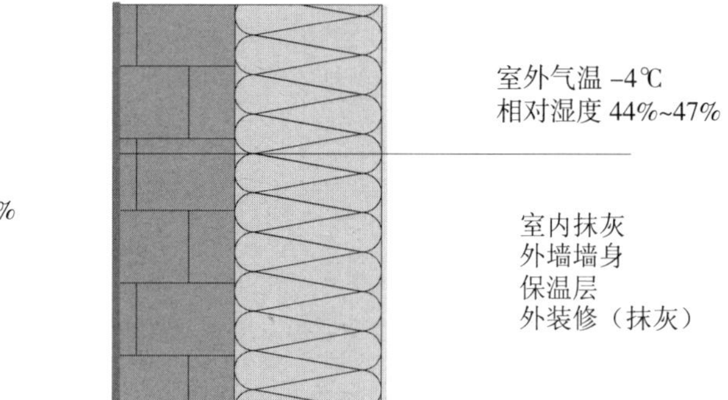

图4　北京冬季的气密层位置与结露损害

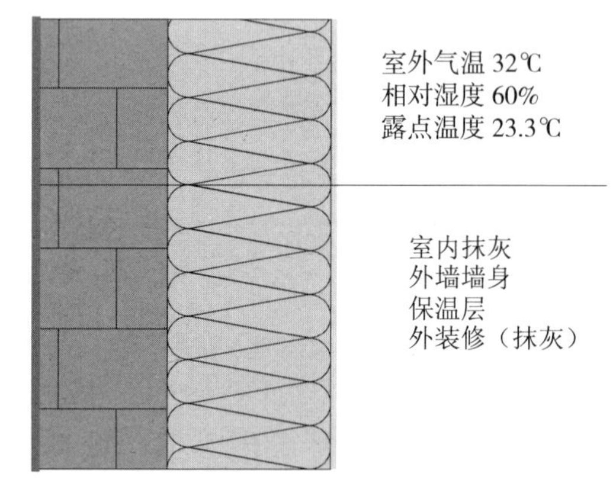

图5　北京夏季的气密层位置与结露损害

湿热气候区的情形则完全不同，上海地区冬季最低气温为1.1℃，与北京类似，室外气温处于室内舒适环境的露点温度以下，需要外保温内侧的气密层防护。与此同时，夏季35℃的最高气温和高达83%的相对湿度所对应的露点高达31.7℃。即外保温外侧气密层的设置同样是必要的。

图6给出了上海地区冬、夏两季对气密层防护需求的差异。

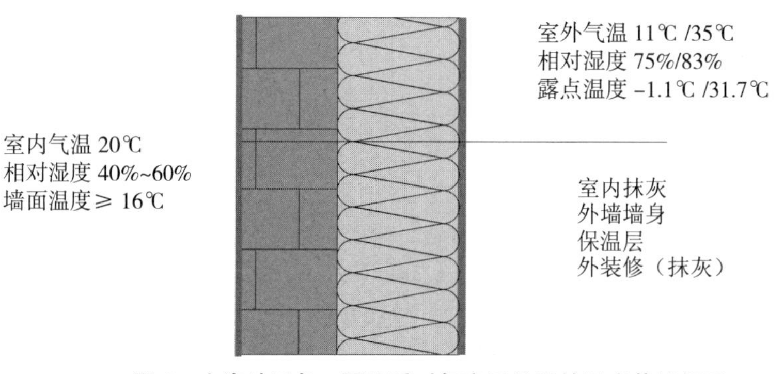

图6　上海地区冬、夏两季对气密层位置的需求截然相反

3.3　通风设计

3.3.1　基本要求

被动式建筑的通风设计应注意两个方面的问题，一是通风量指标的确定，其次是热回收效率问题。

通风量的确定主要是依据室内二氧化碳浓度进行确定的，在被动式建筑中基本控制指标为1000ppm，应注意的是成人与幼儿呼吸量的差异和办公、学校建筑的使用率问题。通常，成人的新风量需求为 $30m^3$/（h·pers），婴幼儿的则根据年龄在 20~$25m^3$/（h·pers）前后。办公、学校等间歇式使用的建筑还需考虑周末停用后室内空气预清洁等问题。

为控制通风能耗损失，被动式建筑的通风热回收系统要求热回收效率不低于 75%。

严寒地区还应考虑新风预热和防霜冻问题。

3.3.2　自然通风

虽然，被动式建筑的通风换气以机械式通风为主要手段，但并不排斥自然通风的使用。在室外空气质量良好的前提下，被动式建筑提倡采用自然通风为辅助通风手段。实测数据表明，采暖季节住户开窗通风所造成的采暖能耗损失仅为 1~$2kWh/m^2$·a①。

3.4　技术的采用

被动式建筑中对于采用的技术措施没有预设门槛和门户之分，任何节能技术只要满足高效、可靠和经济可行，无论是被动式技术还是主动式技术都在被动式建筑的考虑范围，主动式技术的合理采用并不违背被动式建筑在经济可行的前提下，高效、可靠的节约能源的初衷。

4 小结

被动式建筑是众多节能建筑解决方案中已通过实际建造验证的经济可行、可实施的解决方案之一，被动式建筑的要点在于：

- 最大限度地确保建筑物的室内舒适度水平，包括执行最高的舒适性标准和最佳的住户满意度反馈。
- 在满足基本能耗限定值的前提下追求效费比的最大化。
- 能源效率最大化与增量成本最小化的统一。
- 鼓励探索可再生能源的制备和使用。

通过室内外热环境的隔绝，被动式建筑以合理的增量成本和极少的能量消耗构筑出满足舒适性要求的室内环境。被动式建筑采用的基本手法包含五个方面的内容，即：

① 详见 http://www.passipedia.org/operation/operation_and_experience/user_behaviour 用户行为分析。

· 满足效益最大化要求的良好保温系统；
· 高性能门窗系统的使用；
· 无热桥设计与施工；
· 良好的气密性；
· 高效的通风热回收技术。

相信，经过精心设计、精心施工的被动式建筑将帮助住户们构建一个经济、舒适、温暖的家。

10

浅谈被动式建筑与BIM技术的结合运用

陈　璐

摘　要：在资源紧缺的今天，建筑领域朝着低能耗，高效率的方向发展，而被动式建筑与BIM这两大方向，将环境概念建立在经济、节能和可持续发展的基础上。本文探讨这两大技术的共同点与发展趋势，以及二者在未来发展中有机结合的可能性。
关键词：被动式建筑；BIM；建筑节能；建筑设计

引　言

当今社会能源紧缺，伴随建筑业的迅猛发展，自然资源领域消耗巨大，不可再生能源、淡水、天然材料、可耕地等正走向枯竭，温室气体的排放量也大幅增加。而如何创造节能建筑甚至是产能建筑，以及以何种技术手段充分实现建筑与节能的一体化设计，成为当今建筑课题的重中之重。众所周知，建筑师从设计初期就选择正确的节能标准和节能措施，才能真正设计出节能的建筑，这就产生了被动式建筑。但是当今建筑的复杂程度，远远超过二维图纸的表达，因此在条件复杂，不确定性存在的情况下，必须借助软件进行模拟，从而达到建筑设计施工一体化，建造出科学、严谨、节能高效、完成度高的被动式建筑。

1　被动式建筑

1.1　被动式建筑的概念

被动式建筑，是基于被动式设计而建造的节能建筑物。“被动式建筑”无需安装“主动”的制热和冷却系统（比如，锅炉、地热蒸汽泵、空调等）。被动式建筑可以用非常小的能耗将室内调节到合适的温度，非常环保。

被动式建筑的概念最早源于瑞典隆德大学的Bo Adamson教授和德国被动式建筑研究所（Passivhaus Institut）的Wolfgang Feist博士在1988年5月的一次讨论，之后Feist博士一直致力于建筑节能的研究，在 1991 年建造了世界上第一所被动式建筑，并于 1996 年成立了被动式建筑研究所（PASSIVE HOUSE INSTITUTE，简称 PHI）。在 20 年后的今天，PHI 已经形成一整套成熟的技术及认证标准，并已成为国际最权威的被动式建筑研究机构。

目前，被动式建筑最重要的五要素为：保温、气密性、外窗、热桥、新风系统。

1.2 被动式建筑的发展

在德国，建筑能耗占德国能耗总量的 40% 左右。德国从 1977 年颁布第一部保温法规到 2012 年进一步修改建筑节能条例（EnEV），共经历了六个节能阶段，建筑采暖能耗已由最初的 220kWh/（m^2·a）下降到 2014 年 30kWh/（m^2·a）的水平。在过去 20 年里，通过一系列措施，德国新建建筑单位居住面积的采暖能耗降低了 40% 左右，在此基础上，到 2020 年和 2050 年，采暖能耗应分别再次降低 20% 和 80%。

在奥地利，2008 年奥地利建立了建筑能效认证制度，它根据建筑采暖需求将建筑划分为几个等级，分别为 A++，A+，A 到 G，其中 A+ 相当于被动房的标准，采暖需求≤ 15kWh/（m^2·a），A++ 是最优等级，即采暖能耗和总能耗最低。低能耗建筑中居住建筑的能耗标准被划分为两种，一种有机械通风的建筑，一种是不含机械通风的建筑。被动房的指标等同于德国的指标体系。

在我国，居住建筑从第一部建筑节能标准开始，经历了“四步节能”过程。新建供暖居住建筑在 1980 年至 1981 年住宅通用设计能耗的基础上，于 1986 年，1995 年和 2005 年分别将建筑节能标准提高了 30%，50% 和 65%。目前国内部分地区（如北京、天津、新疆、浙江）居住建筑方面已经开始执行节能 75% 的标准。住房和城乡建设部每年评审全国范围低能耗建筑示范项目，其规定是必须满足强制节能标准的基础上，对能耗控制有创新突破，比当地现行节能设计标准的设计节能率再降低 5% 以上，但低能耗建筑和被动式建筑的标准体系，认证制度并没有真正建立起来。对于室内环境，能耗限值没有相应规定。国家还没有针对超低能耗建筑的补贴和激励政策，更关键的是缺乏实现超低能耗建筑的技术手段和产品，相关产业和施工工艺比较滞后。

1.3 被动式建筑的标准

被动式建筑最初指德国 PASSIVE HOUSE INSTITUTE 认证的建筑，因而执行德国被动式建筑能耗标准，即：

热负荷：Pmax，heat ≤ Psupply air，max（所有气候）；

年均空间采暖需求：Qmax，heat ≤ 15kWh/（m^2·a）（取决于气候）；

年均空间制冷需求 Qmax，cool ≤ 15kWh/（m^2·a）（取决于气候）；

气密性：n50 ≤ 0.6h−1（所有气候）；

年均一次能源需求：Emax，prim ≤ 120kWh/（m^2·a）（所有气候）；

超温频率：tmax，θ ＞ 25℃≤ 10% tuse（所有气候）。

目前中国按照此标准已建成的项目有上海 2012 世博会的汉堡馆，河北新华幕墙公司办公楼等。

而根据中国现有国情，为大力推广被动式建筑，政府或某些机构会制定具有中国特色的被动式建筑能耗标准，从而获得类似的认证或获得相关机构的技术指导，如秦皇岛“在水一方”项目等。

1.4 被动式建筑的一体化设计

在被动式设计中，需要多种手法一体化结合加以实现，并在各阶段把控细节与完成度，才能建

造出达到标准的被动式建筑：

概念设计阶段：对建设场地、朝向、风力、温湿度、建筑空间、体型、能源供应的规划和控制；

方案设计阶段：对保温气密门窗方案、热桥节点控制，对新风方案、节能方案的控制；

施工图设计阶段：根据计算确定节点选择适用的材料，各专业细部协调，以及概预算和对增量成本的控制；

施工阶段：质量全过程监控，相关人员培训，监理人员对施工细节的把控，分包商的选择，样板施工示范，以及对建筑成品保护。

针对被动式建筑的设计复杂性和施工精确性，以及两者相互协调的统一性，建筑市场需要一款专业性强，各专业协调性良好，效率高的辅助工具。于是 BIM 这一新生代工具成为了建筑师最好的选择。

2 建筑信息模型（BIM）

2.1 BIM 的概念

BIM 是“建筑信息模型”的简称，该信息模型综合了所有的几何模型信息、功能要求和构件性能，将一个建筑项目整个生命周期内的所有信息整合到一个单独的建筑模型中。运用 BIM 技术，建筑师在设计过程中创建的虚拟建筑模型已经包含了大量设计信息，只要将模型导入相关的分析软件，就可以得到相应的分析结果。通过相应的 BIM 应用软件，在方案设计的初期阶段就能够方便快捷地得到直观、准确的建筑性能反馈信息，帮助建筑师及时对方案做出分析和调整。

2.2 BIM 的发展

1975 年，“BIM 之父”——乔治亚理工大学的 Chuck Eastman 教授创建了 BIM 理念至今，BIM 技术的研究经历了三大阶段：萌芽阶段、产生阶段和发展阶段。BIM 理念的启蒙，受到了 1973 年全球石油危机的影响，美国全行业需要考虑提高行业效益的问题，1975 年“BIM 之父”Eastman 教授在其研究的课题“Building Description System”中提出“a computer-based description of-a building”，以便于实现建筑工程的可视化和量化分析，提高工程建设效率。

IAI 组织（the International Alliance forInteroperability）在 1997 制定了 IFC 标准（the Industry Foundation Classes）。IFC 标准可以储存 2D、3D 建模的 CAD 绘图信息，还能容纳 3D 中各对象的各项属性及信息（如某根梁对象的钢筋用料、表面处理、设计规范、成本信息等）。4Bentley Systems 在 2000 年制定了 Green Building XML（gbXML）标准。这一标准促进了存储在 CAD 建筑模型的信息转换成建筑信息，使各种建筑信息模型间传递模型信息，特别是建筑设计模型和性能化分析模拟软件间有了良好的接口。到目前 Autodesk、Bentley 等主要商业建筑信息模型软件公司已经采用了这个标准。

根据已有的 BIM 应用软件及其特征，国际标准组织设施信息委员会（Facilit IES Information Council）给出了一个定义：建筑信息模型（BIM）是利用开放的行业标准，对设施的物理和功能特性及其相关的项目生命周期信息进行数字化形式的表现，从而为项目决策提供支持，有利于更好地实现项目的价值。

2.3 BIM 一体化设计

基于 BIM 技术可进行从设计到施工再到运营贯穿了工程项目的全生命周期的一体化管理。BIM 的技术核心是一个由计算机三维模型所形成的数据库，不仅包含了建筑的设计信息，而且可以容纳从设计到建成使用，甚至是使用周期终结的全过程信息。

由此发现，BIM 软件表达直观，符合被动式建筑的设计过程，且建筑信息容量大，二维信息与三维甚至四维信息转换自如，成为被动式建筑不二的辅助技术。

3 BIM 技术在被动式建筑设计中的运用

3.1 可视化设计

对于建筑行业来说，可视化的真正运用在建筑业的作用是各个构件的信息在图纸上并不仅仅采用线条绘制表达。被动式建筑的各构造节点复杂多样，因此 BIM 提供了可视化的思路，让建筑师将以往的线条式的构件形成一种三维的立体实物图形展示在人们的面前，得到一种能够同建筑场地、构件之间形成互动性和反馈性的可视，并自动计算和准确记录三维立体设计的所有信息。这就意味着建筑师可以在初期阶段准确地把握面积和体量，并可以从很多视角审视设想中的建筑方案，而不仅是从审美方面进行考虑。

现阶段市场中，BIM 可视化软件常用的包括 Revit、3DS Max、Artlantis、AccuRender 和 Lightscape 等。

3.2 专业协调性

被动式建筑在方案设计阶段，各专业协调性复杂，建筑信息从建筑专业传递到结构、暖通等专业，相互之间信息变化大，从而要求各专业间信息的同步进行和可持续性的多方面协调。

以新风系统设计步骤为例，最初暖通专业对新风系统提出要求、隔声措施、确定辅助热源方案，到建筑专业确定新风机房位置，送回风管线路由，再到设备机房和安装空间的要求，以及隔声、管道走向，确定额定体积流量和风量，和热负荷计算、设计管道尺寸、保温、导流槽等，最终到甲方选择新风机组，并返回建筑新风机组的安装条件等一系列步骤，均可通过 BIM，将建筑信息从建筑专业传递到结构、暖通专业，进而无缝连接到施工、管理乃至建筑使用后的物业管理。这一系列的过程，建筑信息被不断完善，最终使建筑的可持续有了科学的判断依据和管理手段。

当然 BIM 的协调作用不仅仅是解决被动式建筑的设备与建筑之间的协调，还可以解决各专业间的碰撞问题，例如：电梯井布置与其他设计布置及净空要求之协调，防火分区与其他设计布置之协调，地下排水布置与其他设计布置之协调等。

现阶段市场中，常见的 BIM 模型综合碰撞检查软件有鲁班软件、Autodesk Navisworks、Bentley Projectwise Navigator 和 Solibri Model Checker 等。

3.3 场地与建筑的模拟

被动式建筑除了复杂的构造节点以及新风系统，还应用自然界的阳光、风力、温湿度等要素，

以规划、设计、环境配置的建筑手法来改善和创造舒适的室内外环境，尽量不消耗常规的能源。BIM 还可以帮助设计师针对每一特定要素进行分析，包括：气候特征分析（利用 BIM 绘制出逐日的气象参数数据及焓湿图）、风环境分析（利用 BIM 模型，通过 IFC 数据导入 CFD 软件中分析外环境气流流场）、日照采光分析（运用 Virtual Environment 软件进行初期的日照和阴影遮挡等模拟）、遮阳分析（用 Ecotect 软件对太阳辐射做出统计来降低空调的能耗）。除此之外，BIM 还可以对设计上需要进行模拟的一些东西进行模拟实验，例如：节能模拟、紧急疏散模拟、热能传导模拟等；在招投标和施工阶段可以进行 4D 模拟（三维模型加项目的发展时间），也就是根据施工的组织设计模拟实际施工，从而来确定合理的施工方案来指导施工。同时还可以进行 5D 模拟（基于 3D 模型的造价控制），从而来实现成本控制。

3.4　设计的优化

被动式建筑本身的节能构造节点相对于传统建筑而言更加细致和完善，在设计过程中也加以优化；而 BIM 技术同样也起到优化设计的作用。"优化"受三样东西的制约：信息、复杂程度和时间。没有准确的信息做不出合理的优化结果，BIM 模型提供了建筑物的实际存在的信息，包括几何信息、物理信息、规则信息，还提供了建筑物变化以后的实际存在。

在 BIM 模拟与碰撞检查后，可以优化被动式建筑一些特殊的构造节点。这些内容看起来占整个建筑的比例不大，但是占投资和工作量的比例和前者相比却往往要大得多，而且通常也是施工难度比较大和施工问题比较多的地方，对这些内容的设计施工方案进行优化，可以带来显著的工期和造价改进。在造价方面，被动式建筑本身属于前期有较多的增量成本，而后期运营过程中节能高效，从而节约运营成本和后期能源成本。而 BIM 技术可以把项目设计和投资回报分析结合起来，设计变化对投资回报的影响可以实时计算出来，这样业主对设计方案的选择就不会主要停留在对形状的评价上，而更多的可以使得业主知道哪种项目设计方案更有利于自身的需求。

目前主要的 BIM 方案软件有 Onuma Planning System 和 Affinity 等。BIM 造价管理在国外运用较多的有 Innovaya 和 Solibri，而鲁班软件是国内 BIM 造价管理软件的代表。

3.5　设计施工运营一体化

基于 BIM 技术可进行从设计到施工再到运营贯穿了工程项目的全生命周期的一体化管理。例如：针对于被动式建筑的复杂性和某些特殊材料施工的工序，对施工进行模拟和计算以便制定施工进度和施工顺序；针对于被动式建筑某些特殊构造节点的复杂性，某些 BIM 软件可将现场施工图片和进度上传至管理平台，方便建筑师及监理人员对于施工细节和完成度的把控等。

现阶段市场中，美国运营管理软件 ArchiBUS 是最有市场影响的软件之一。

4　结语

BIM 建筑信息模型的建立，是建筑领域的一次革命。此技术不但可以极大提高建筑设计行业的整体效率，而且还可以在建筑全生命周期内，优化设计、保证建筑设计质量，从而实现被动式建筑的设计、可持续设计方面的优势，为建筑设计的"绿色探索"注入高科技力量。虽然在现阶段，BIM 技术在我国的建筑运用乃至被动式建筑的运用上还有很多不足，但随着整体建筑行业的进步和计算机技术覆盖全行业的大趋势，BIM 技术在被动式建筑设计中的应用会是未来建筑行业的最大发展趋势之一。

主要参考文献

[1] 清华大学建筑节能研究中心，中国建筑节能年度发展研究报告 2008[M]. 北京：中国建筑工业出版社，2008.
[2] 罗智星，谢栋编著 . 基于 BIM 技术的建筑可持续性设计应用研究 . 2010.
[3] 李慧敏，杨磊，王健男编著 . 基于 BIM 技术的被动式建筑设计探讨 . 2013.
[4] 云鹏 .ECOTECT 建筑环境设计教程 [M]. 北京：中国建筑工业出版社，2007.
[5] 赵昂 .BIM 技术在计算机辅助建筑设计中的应用初探 [D]. 重庆：重庆大学硕士论文 .

11

三亚长岛旅业酒店三星运营标识介绍

王 龙 孙屹林 邵 怡 高海军 李 鹤 郭 鸣 张强阶 李兆皇

1 项目简介

三亚长岛旅业酒店项目（三亚海棠湾喜来登度假酒店、三亚御海棠豪华精选度假酒店）位于海南省三亚市海棠湾B1区7号地块，主要由喜来登度假酒店、豪华精选度假酒店、后勤区及别墅组成。项目总用地面积19.26万m^2，建筑总占地面积2.3万m^2，总建筑面积10.89万m^2，地下建筑面积5.42万m^2，绿地率60.3%。建筑高度27.6m，其中地上6层，地下3层。

项目总投资2.14亿元，于2011年08月08日竣工。2012年1月该项目获得绿色建筑设计标识三星级认证，2015年12月通过绿色建筑运行标识三星级认证（图1）。

图1 建筑总平面效果图

2 主要技术措施

2.1 生态绿化设计

项目由于是五星级酒店，场地绿化率高达62%。种植植物采用适应三亚当地气候的植物，并采用乔木、灌木和地被相结合的复层绿化形式。种植植物包括大王棕、老人葵、面包树、柳叶榕、黄槿、旅人蕉、高山榕、散尾葵、鱼骨葵、霸王棕等。不仅可以美化场地环境，还可以改善场地雨水渗透功能，调节场地微气候。

在喜来登度假酒店、宴会厅和海边餐厅屋顶进行了绿化设计，绿化面积为2925.54m^2，占屋顶可绿化面积的比例为47.96%。主要种植锡兰叶、棕竹、朱槿和蜘蛛兰等乡土植物（图2）。

图2 屋顶绿化

2.2 被动节能设计

考虑项目所在地三亚的夏热冬暖的气候特点，围护结构设计考虑夏季的隔热要求。本项目外墙采用厚度250mm的钢筋混凝土；屋顶采用厚度40mm聚苯乙烯泡沫塑料；外窗采用铝合金无色透明中空玻璃，酒店客房采用阳台自遮阳和内遮阳设计。围护结构设计满足节能标准要求，采用的材料也符合当地材料使用要求（图3）。

图3 围护结构遮阳图

本项目位于海南省三亚市，气候属热带季风气候，全年高温，分雨、旱两季。夏季为西南季风，冬季为东北季风。项目根据本地气候和夏季主导风向，建筑主要朝向选择本地最佳朝向南北向或接近南北向，主要朝向避免夏季东西向日晒；建筑群体组合合理设计，建筑间距综合考虑日照、通风等因素；建筑之间形成气流通道，主导风顺畅到达各建筑物，利用建筑向阳面和背阴面形成风压差。建筑周围立面的通风口开启较多，建筑外窗可开启面积大于30%，南北两侧风口位置对称分布，室内空间通透，易形成“穿堂风”，有利于室内自然通风和采光（图4）。

图4　酒店大堂图（通风和采光良好）

项目酒店设置大面积外窗，可有效改善室内的自然采光效果。宴会厅等区域采用下沉式庭院设计，也可提高该区域的采光，减少人工照明的使用（图5）。

图5　下沉式庭院图

2.3　太阳能热水系统

项目采用太阳能热水集中供水系统，供酒店客房和后勤厨房用热水，辅助热源采用螺杆式热回收机组提供的热水。在屋顶设置总面积为980.66m^{2}的真空管集热器，集热效率50%，太阳能集热系统采用强制循环间接加热系统，在地下水泵房设置集中热水箱，热水箱容积为180t。该系统设置热量表对集热器提供的热水量进行计量，2014全年太阳能热水系统提供的热水量占建筑年热水需求量的比例为26.08%（图6）。

2.4　非传统水源利用

项目采用了中水和雨水利用系统。中水采用市政提供的中水，主要用于部分区域室外绿化浇洒和景观补水。雨水为收集场地和屋面的雨水，经过滤、消毒处理达标后用于其他部分室外绿化浇洒、道路冲洗和地库冲洗。非传统水源的利用率达到38.76%（图7）。

图 6　太阳能热水图

图 7　中水、雨水机房

2.5　高效空调冷源

项目位于夏热冬暖气候区，项目设置空调系统在夏季制冷。选用 2 台制冷量为 2637kW 的封闭型离心式冷水机组和 2 台制冷量为 1301kW 的全热回收螺杆冷水机组（当其中一台检修时，其他设备至少满足 75% 的冷量需求），提供 7~12 度冷冻水。离心式冷水机组其中一台为无极变频型，一台为定频；全热回收螺杆冷水机组为双机头 12.5%~100% 的 8 级调节型。机组采用台数和变频运行控制策略，机组的部分负荷系数均满足标准的要求，在部分负荷下仍能高效运行。全热回收螺杆冷水机组提供的热水作为太阳能热水系统的辅助热源，可有效提供其能源的综合利用效率（图 8）。

2.6　排风热回收系统

项目喜来登度假酒店、豪华精选度假酒店客房区域共采用 10 台全热交换器进行排风热回收，总风量为 85000m^3/h；豪华精选度假酒店内的全日餐厅、后勤南区的多功能餐厅、男女

图 8　高效空调冷源

更衣室、后勤北区的小型会议室、宴会厅以及员工餐厅采用柜式显热回收型空调机组进行排风热回收，共设置 14 台机组，总风量为 373400m^3/h。热回收装置的额定热回收效率均不低于 60%。

2.7　智能化系统

项目智能化系统主要包括楼宇设备自动控制系统、空气质量监测系统、能源监测系统、酒店客房控制系统、视频监控系统和综合布线系统等。系统功能完善，如楼宇设备自动控制系统对各冷水机组、空调机组、通风机、照明系统和给排水水泵等进行运行状态和参数的监测、控制；空气质量监测系统设置在多功能厅等人员密集场所和地下车库，对室内的空气质量进行监测和联动控制；能源监测系统记录冷热源机组、太阳能热水系统等的能耗；酒店客房控制系统监测各客房的人员状态、室内温度、风速等参数状态等（图 9）。

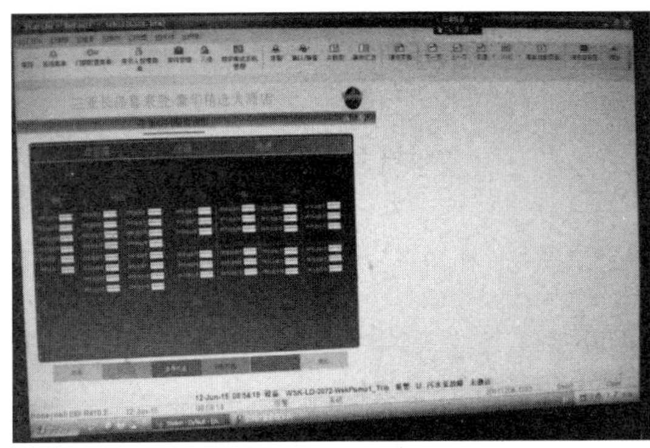

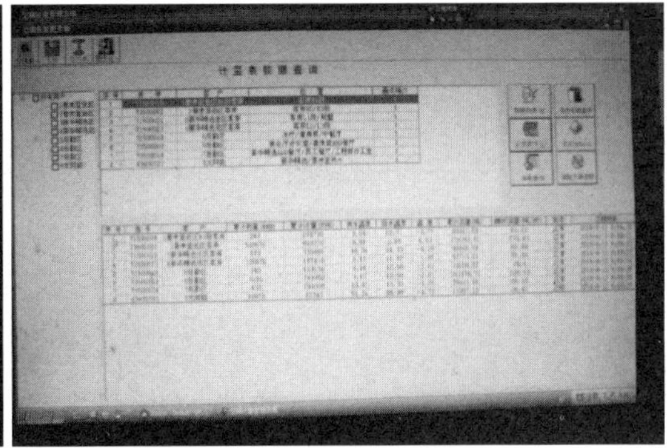

图 9　楼宇设备自动控制系统和能源监测系统

3　实施效果

项目 2014 年 5 月到 2015 年 4 月的全年实际运行能耗为 10324.14MWh，单位面积能耗指标为 86.68kWh/m^2，节能率为 63.18%（图 10、图 11）。

实际建筑全年能耗（2014.5~2015.4）　　表 1

	照明	空调	动力	特殊用电	总和
全年能耗（MWh）	2996.68	4074.48	868.32	2384.67	10324.14
百分比	29.03%	39.47%	8.41%	23.10	100.0%

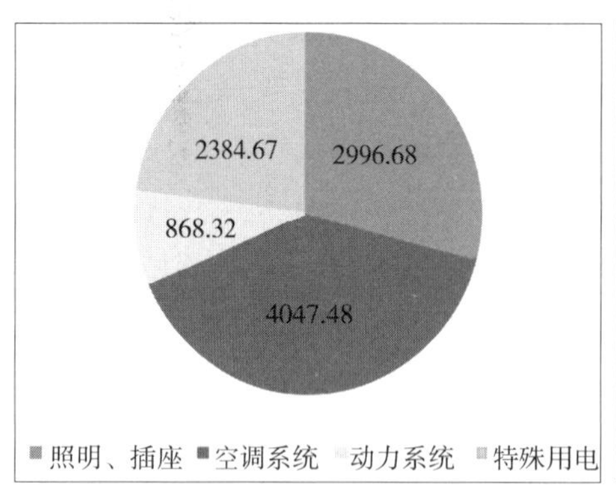

图 10　建筑实际运行全年能耗构成

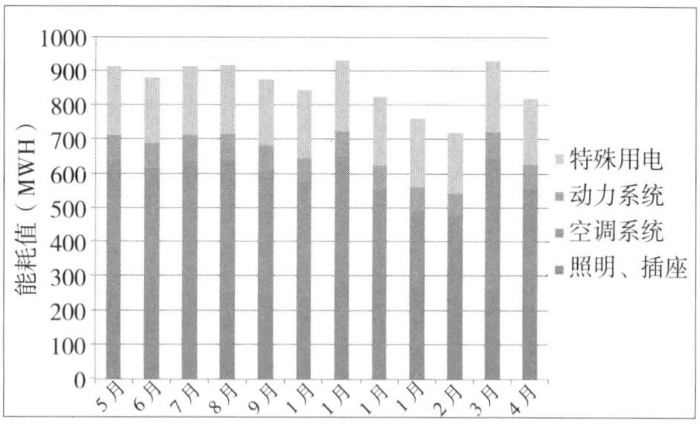

图 11　建筑运行逐月能耗（2014.5~2015.4）

根据 2014 年 5 月 ~2015 年 4 月的水表统计数据，本项目每年雨水利用量为 49396m^3，每年中水利用量为 127267m^3，每年非传统水源利用量为 176663m^3，非传统水源的利用率达到 38.76%（图 12~ 图 14）。

实际建筑全年水耗（2014.5~2015.4）　　表 2

	1 月	2 月	3 月	4 月	5 月	6 月	7 月	8 月	9 月	10 月	11 月	12 月	合计
雨水	5479	3674	4266	4806	2910	2061	3784	5842	5387	3230	4599	3358	49396
中水	14181	10965	12751	11148	10236	10542	13701	6762	4009	9602	11515	11855	127267
非传统水源利用量	19660	14639	17017	15954	13146	12603	17485	12604	9396	12832	16114	15213	176663
总生活用水量	34403	39501	52364	36909	39588	41377	34533	33917	29095	32847	39716	41529	455779

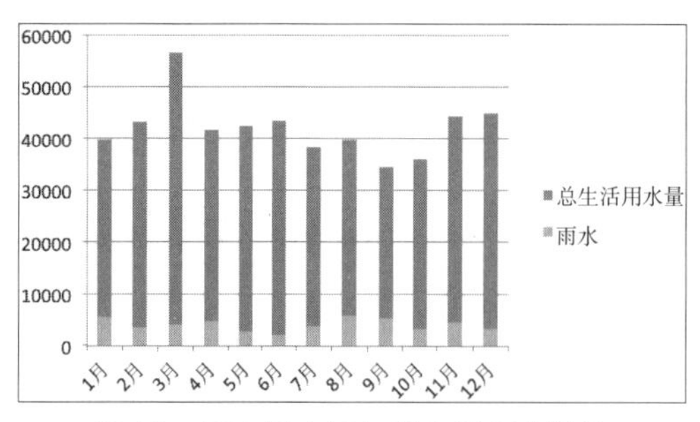

图 12　雨水用水量与总生活用水量比

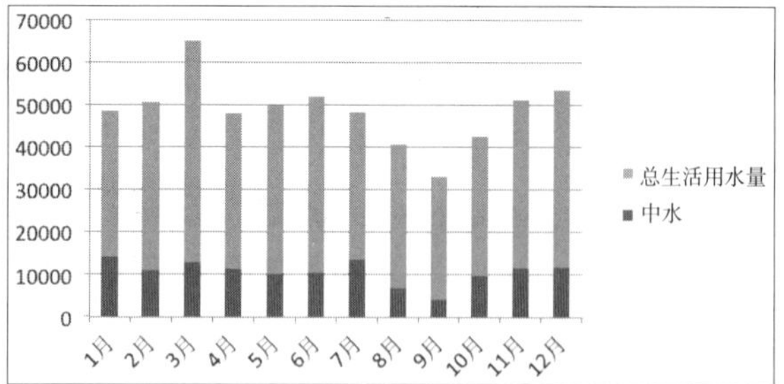

图 13　中水用水量与总生活用水量比

室内污染物浓度检测：项目投入使用后，进行了室内污染物浓度检查，见表 3。检测结果符合绿色建筑标准的要求。

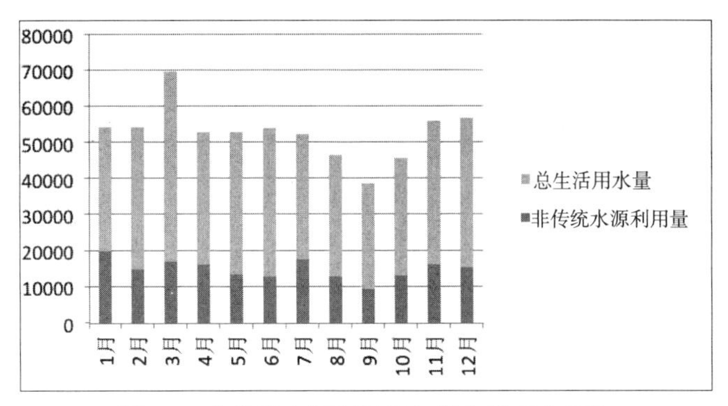

图 14 非传统水源利用量与总生活用水量比

室内污染物浓度检测值表 表 3

房间类型	氨（mg/m³）	氡（Bq/m³）	甲醛（mg/m³）	苯（mg/m³）	TVOC（mg/m³）	污染物浓度是否超标
喜来登 3018 房间	0.1	0.01	0.05	0.1	94	否
喜来登 3026 房间	0.1	0.01	0.06	0.2	94	否
喜来登 3033 房间	0.1	0.02	0.05	0.1	96	否
喜来登 3048 房间	0.1	0.02	0.06	0.1	77	否
喜来登 3050 房间	0.1	0.00	0.05	0.1	38	否
喜来登 4029 房间	0.1	0.02	0.05	0.1	67	否
喜来登 4036 房间	0.1	0.02	0.06	0.1	98	否
喜来登 4048 房间	0.1	0.02	0.05	0.1	49	否
喜来登 4056 房间	0.1	0.01	0.05	0.1	42	否
喜来登 4058 房间	0.1	0.01	0.05	0.1	53	否
喜来登 5021 房间	0.1	0.00	0.05	0.2	79	否
喜来登 5032 房间	0.1	0.02	0.05	0.1	69	否
喜来登 5033 房间	0.1	0.02	0.05	0.2	71	否
喜来登 5051 房间	0.1	0.02	0.05	0.2	100	否
喜来登 5063 房间	0.1	0.02	0.06	0.1	25	否
喜来登 6030 房间	0.1	0.00	0.05	0.1	64	否
喜来登 6038 房间	0.1	0.00	0.06	0.1	93	否
喜来登 6049 房间	0.1	0.02	0.05	0.2	76	否
喜来登 6055 房间	0.1	0.00	0.06	0.2	40	否
喜来登 6083 房间	0.1	0.02	0.05	0.1	96	否
喜来登 7017 房间	0.1	0.01	0.05	0.1	58	否
喜来登 7035 房间	0.1	0.02	0.06	0.1	48	否
喜来登 7048 房间	0.1	0.00	0.05	0.2	69	否
喜来登 7059 房间	0.1	0.02	0.05	0.1	65	否
喜来登 7075 房间	0.1	0.00	0.05	0.1	37	否
5 号别墅客厅	0.1	0.01	0.05	0.1	54	否

续表

房间类型	氨（mg/m^3）	氡（Bq/m^3）	甲醛（mg/m^3）	苯（mg/m^3）	TVOC（mg/m^3）	污染物浓度是否超标
豪华精选度假酒店 308 号房间（卧室）	0.5	0.02	0.05	0.2	107	否
豪华精选度假酒店 309 号房间（卧室）	0.5	0.02	0.05	0.2	41	否
豪华精选度假酒店 310 号房间（卧室）	0.4	0.04	0.08	0.2	47	否
豪华精选度假酒店 323 号房间（卧室）	0.4	0.03	0.07	0.2	115	否
豪华精选度假酒店 325 号房间（卧室）	0.5	0.04	0.06	0.2	13	否
豪华精选度假酒店 329 号房间（卧室）	0.5	0.05	0.06	0.2	32	否
豪华精选度假酒店 333 号房间（卧室）	0.6	0.02	0.07	0.2	73	否
豪华精选度假酒店 331 号房间（卧室）	0.5	0.04	0.07	0.1	64	否
喜来登度假酒店 4008 号房间	未检出	未检出	0.041	0.039	29.6	否
喜来登度假酒店 4003 号房间	0.179	未检出	0.043	0.034	133.5	否
喜来登度假酒店 4002 号房间	未检出	未检出	0.046	0.050	未检出	否
豪华精选度假酒店 801 号房间（卧室）	未检出	未检出	0.049	0.035	29.6	否
豪华精选度假酒店 101 号房间（卧室）	0.151	未检出	0.042	0.043	未检出	否
豪华精选度假酒店 108 号房间（卧室）	0.150	未检出	0.038	0.041	29.6	否
标准要求	≤ 0.6	≤ 0.09	≤ 0.1	≤ 0.2	≤ 400	—

室内噪声检测值：项目选取多个典型房间进行背景噪声的检测，其检测结果见表 4，均符合绿色建筑标准的要求。

室内背景噪声检测值表 **表 4**

检验点	昼间 dB（A）	夜间 dB（A）
喜来登度假酒店 4008 号房间	32.3	31.4
喜来登度假酒店 4003 号房间	36.3	33.8
喜来登度假酒店 4002 号房间	34.3	29.6
豪华精选度假酒店 801 号房间（卧室）	38.2	28.3
豪华精选度假酒店 101 号房间（卧室）	25.4	22.3
豪华精选度假酒店 108 号房间（卧室）	26.4	23.4
标准要求	≤ 40	≤ 35

4 成本增量分析

项目增量成本主要包括雨水回收及处理系统、节水灌溉系统、节水器具、太阳能热水系统、节能灯具、室内空气质量监测系统等。总增量成本为 1673.77 万元，单位面积质量成本为 153.68 元。该项目年可节约运行费用为 349.25 万元，静态投资回收期为 4.79 年。

5 总结

项目根据宾馆建筑的建筑特性和海南省的气候特点设计并采用了相关绿色建筑技术体系。在运行将近四年的时间里，通过高效的物业管理使设备合理地运行，有效地节约了资源，保护了环境并减少了污染，为人们提供了健康、适用和高效的使用空间，与自然和谐共生。

该项目作为海南省第一个公共建筑运营三星级项目，其采用的相关绿色建筑技术具有一定的借鉴意义，并为推动该区域的绿色建筑发展起了良好的示范作用。

注：单位面积能耗指标中包含酒店地下室洗衣房能耗

本文作者：

检测单位 – 中国建筑科学研究院上海分院：王龙、孙屹林、邵怡

设计、咨询单位 – 建学建筑与工程设计所有限公司：高海军、李鹤、郭鸣

建设单位 – 三亚长岛旅业有限公司：张强阶、李兆皇

12

绿色城市（Green City）与智慧城市（Smart City）——以韩国松岛新城、瑞典马尔默为例浅谈对城市未来的一些思考

张　洁

摘　要：韩国松岛新城自21世纪初2004年开始建设至今，一直以致力于建设智能城市为目标，作为全球第一个智能城市，经过十多年的建设、运营，智慧城市实践在韩国松岛新城建设、运营过程中的一些问题也逐渐显露出来。瑞典的马尔默从一个工业城市转型成生态城市，是另一个城市设计实践的典型案例。本文浅析几点想到的问题以期能对绿色城市、智慧城市设计有借鉴作用。

关键词：绿色城市；智慧城市；松岛新城；瑞典马尔默；数字技术；城市活力

导　言

“绿色城市设计”强调充分运用各种节能减排和环境友好的设计方法和技术。松岛新城和瑞典马尔默似乎代表了两种典型。前者完全靠人工填海新建，数字网络技术的运用是其各种智能技术的基础。后者则注重从工业污染区改造而来，建设生态平衡的居住环境。

几年以前，“智慧城市”开始成为一股城市景观的潮流，似乎是一种让人激动的新模型，技术与日常生活的结合，一种让每个人更方便、舒适的城市体验。去年英国经济创新和技能部门组织的一个关于智慧城市的背景文章中，预计到2020年每年全球市场用于智慧城市系统包括交通、能源、卫生和健康的投资约4000亿美元。很显然这是个巨大的市场机会，自然会成为吸引许多公司寻找新市场和政府吸引投资的热点。

在今天竞争激烈的城市文化下，许多成熟的城市比如阿姆斯特丹、波士顿和斯德哥尔摩正在把智慧城市和他们的设计产品紧密结合。新计划城市的设计也从一开始就把智慧城市作为设计目标，印度目前准备建设100个智慧城市，而作为未来的最终使用者的我们，应该考虑如何评价智慧城市的成功。韩国仁川附近的松岛新城是智慧城市展现成果的好例子。

韩国松岛新城建筑于仁川附近1500英亩黄海回填区上，距离首尔56公里，是历史上最大的私人地产开发区。2015年竣工，该地区计划包含80000个公寓，4600000m^{2}办公和930000m^{2}零售。65层的东北亚洲贸易中心塔楼是韩国的最高建筑。计算机系统与房屋、街道和办公室结合形成了大范围的网络系统。松岛新城是韩国前总统李明博一系列为韩国摆脱60年依赖出口生产制造业的经济模式，推动绿色低碳发展举措的其中一项。2009年韩国政府为刺激经济增资380亿美元，其中80%用于绿色建筑投资。于2010年通过的低碳绿色发展框架计划把此项投资增加到836亿美元用于之后

5 年的发展。松岛新城超过 40% 的区域为绿地，包括 0.4 平方公里公园，26 公里长的自行车道，数量庞大的电力交通设备充电区和一个垃圾回收系统以减少用垃圾车运送。另外，这是世界首个其主要建筑均符合甚至高于 LEED 标准的城市。

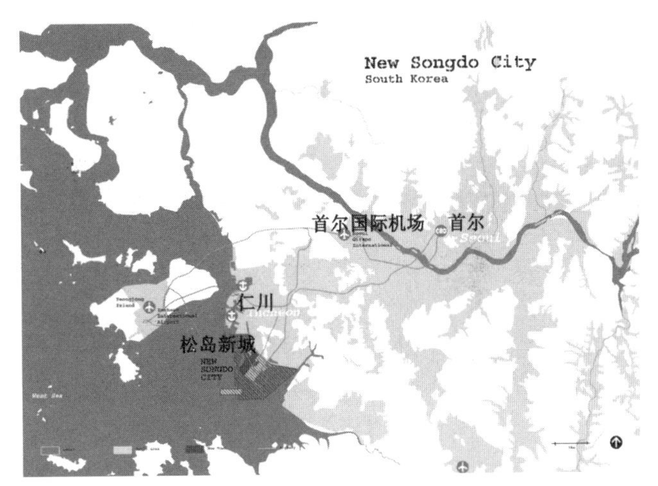

图 1 松岛新城的区位（图片来自网络）

新城 2014 年计划开设 3 个大学校园。这样在距离首尔 40 英里外的国际经济特区一共有 4 个大学，包括纽约州立大学石溪分校在海外的第一个分校。该校区由仁川自由贸易区和仁川大都会政府及知识经济部共同出资建立。这项计划是韩国政府为建立具备拥有世界竞争力的大学的国际贸易区而投资 350 亿美元中的一部分。

松岛新城最激动人心的部分在于整个发展计划仅用了 400 亿美元，据说可以整体售卖和复制。松岛新城的所有产品和服务全部由开发商 Stanley Gale 承包，创造了第一个“盒子里的城市”。从门把手到电梯到网络供应商，整个城市可以在短期内完全复制建设另一个“新松岛新城”。但是仅仅迅速的复制一个城市的想法和智慧城市的创新理念本身就有点矛盾。当然松岛新城的模式如果经济性和可适应性更好，必然能缓解城市住房紧张的问题，只有这种模式能更好地解决适应当地文化和气候条件的问题。毕竟我们都从 20 世纪探索“万能模式”城市的吸取了教训，不能再犯这种错了。

“在智慧城市，数字技术应更好的应用于公众服务，更好的利用资源对环境的影响最小。”——欧盟委员会①，在松岛新城，公共服务的各个方面都数字化且对所有居民开放。有 3000 个志愿者目前正在测试这一系统，用 Cisco 的视频系统与他们的医生、语言老师或家人联系。每个公寓的地板都会自动对其承重变化做出反应，如果检测到发生突发的摔倒情况，会自动联系急救服务中心。整个城市的垃圾回收系统自动化程度非常高，只需要 7 个人服务于 35000 居民。虽然不是智慧城市的必要条件，松岛新城比许多韩国拥挤的大城市都更开放、绿化面积更多。

松岛新城由世界知名的 OMA 和 KPF 事务所设计，结合了几个知名的城市模型包括萨凡纳的邻里公园、威尼斯风景画般的海峡和纽约中央公园，但结果却很平庸。这似乎是所有现代智慧城市的通病。尽管提供了可靠的公共服务，建成环境都摆脱不了生硬和缺乏特色。松岛新城从外观来看可以搬到世界任何其他地方。这是个充满玻璃幕墙塔楼，宽大的高速公路，企业化和干净、不知名的人行道的环境。看上去像 20 世纪 60 年代 CIAM 倡导的现代城市，这种模型曾经被认为是解决城市问题的万能灵药，经实践证明是失败的模型，许多社区为此付出了不小的代价。许多社会学家和历史学家认为这种模型增加了城市犯罪率，加剧阶层划分，公共设施不便于到达。

新建城市往往适应性较差（由于大量涌入的居民，人口老化问题，设施更新的问题），由于设计时缺少多样性不具备老城市在面临变化时的自适应性。独特的城市属性通常要很长时间形成。城市基础设施如何应对城市的飞速发展也是个问题。

现在我们看到遍布亚洲和非洲的新城市都是为城市的富有阶层设计的。这些开发都是由利益驱动。一个为城市穷人设计的智慧城市应该是什么样？真正的穷人无法负担智慧城市必须的个人物品（电脑、智能手机、可靠的网络连接），这些可能造成阶层差距的加大，犯罪率提高，尤其在飞速发

① 来自网络：http://ec.europa.eu/digital-agenda/en/smart-cities.

图 2　宽大的城市道路和高楼林立的商务办公区（图片来自网络）

展的经济阶段，这些问题是需要尽量避免的。

现代智慧城市的另一特点是其高度的安全性。从开始设计，智慧城市就好像是为儿童设计的，而不是独立的有自主能力的成人，在松岛，有一个实验计划是为每个儿童佩戴 GPS 定位手环，松岛新城的每一个居民都有智能门卡。这个门卡同时可用来乘坐地铁、支付停车费、看电影、租用公共自行车等。这个门卡是匿名的，不会泄露个人信息，如果丢失可迅速挂失，同时重设门锁。现在在西方发达国家网络技术的普及正在引发隐私安全的争论，而在亚洲却被视为显示技术力量的机会来吸引外国投资。①

基于这些批评，许多智慧城市可能被认为是“缺乏特色、缺乏灵活性”。当我们为松岛的数字创新惊叹时，这座城市骨子里却是老派的。交通也许是智能的，公路设计却是 50 年前的。智能技术如何能积极的影响改变我们生存环境？所有人都希望看到这个问题能得到妥善的解答。

在最近的全球城市规划的潮流中，我们仍然不知道怎样才算是一个好的城市设计。一座城市不仅仅是一个可以任意拼装组合的问题，建筑学学生都学过完形原则：整体大于个体相加的总和。但对于城市来说，尤其是规划设计的城市，这个原则需要更深入的理解。一个真正的智慧城市不仅强调社会的每个层面，而且城市的各个部分，为自发性、可变性和创新性。最终，城市是居民和其意志的反应。松岛新城的实践恐怕更多是值得反思的。

简·雅各布斯认为城市多元化是城市生命力、活力和安全之源。相比松岛新城，马尔默可能较好的印证了这一点。

瑞典的马尔默曾经是一个污染严重的工业中心。自 2000 年以来，该城市政府关停了工厂，并承诺到 2020 年将马尔默打造成为碳平衡城市，到 2030 年这座城市将可以完全依靠可再生能源运行。笔者在现场考察看到的完全是一个宜居环境，很难让人相信这里居然是经过工业用地改造建成的。

笔者亲身在社区中行走有两点感受最强烈：

其一是“水”。

在这里各种水景贯穿于整个社区，运河、池塘、湿地以及各种雨水收集设施形成了整个生态系统及景观系统。水景贯穿、组织整个社区的空间环境，从公共区域码头、广场到每家每户的后院。

其二是丰富的街景。

虽然该区域和别的新建住区一样也是统一规划、建设的，包括别墅、联排、多层住宅各种住宅建筑以及公共设施。但设计的色彩丰富、空间组织变有化且具有宜人的尺度，让人有“这是一个经过多年演变自然形成的社区”的错觉。这里的街景有类似中世纪城镇的面孔，也因此充满了活力，这种活力恰恰是很多新建社区最为缺乏的。

① 出自 2005 年 10 月 5 日纽约时报文章“韩国高科技乌托邦”。

图3　湿地、水体既是景观要素也是生态要素（作者自摄）

图4　有组织雨水排放、收集系统（作者自摄）

图 5　湿地植物净化系统创造宜居的生态社区环境（作者自摄）

图 6　气动垃圾收集装置（郭鸣摄）

图 7　码头建筑色彩选择与以白色为主，与环境更加协调

图 8　有活力的色彩设计和多样有序的街景（作者自摄）

图 9　滨海区沿街餐饮、商业、广场组成社区公共空间（作者自摄）

结　语

松岛新城是建筑在科技网络技术的智慧城市，马尔默是由工业区改头换面来的生态社区典范。松岛新城注重人的生活和信息技术的紧密联系，是未来城市生活必然趋势，马尔默则关注人与环境的关系，用技术达到人与自然的平衡。但其内核仍是回归人的“传统”生活，目标还是满足居住的需要，社交的需要。毕竟，这才是城市空间过去、现在、未来的根本功能。

13

城市固废与绿色建筑

谭佩斯

摘　要：无论是城市，城镇还是乡村，凡是有人类居住的地方，映入眼帘的首先是建筑。无论什么建筑，要保证一年四季室内的舒适温度，都离不开能源，尤其是石化能源。在石化能源日趋枯竭的今天，建筑如何减少对石化能源的依赖，逐步过渡到自然能源时代？最大限度地减少建筑的能耗（减少量为85%），将城市天天产生的固废垃圾转变成我们的替补剩余能耗需求（生产量仅15%），让城市的生活环境更和谐，舒适，健康，不让能源－人类赖以生存的资源－成为社会危机和人类战争的燃点。城市固废的再生和绿色节能建筑可以帮助我们实现这个“梦”！

关键词：生态保护；生活质量；资源再生；智慧城镇

“城市垃圾就是放错了地方的资源”，大家对这句话都不陌生。

人类进入到21世纪后，科学技术有了未所预料突飞猛进的发展，这次的飞跃将把人类带入一个怎样的生存空间－是现代人类追寻和探索的课题－这是一场新世纪的革命，人类与地球，人类与自然，人类与资源，人类与发展，人类与健康之间的和谐发展，生存与发展的平衡如何实现呢？

从历史的视角来看，人类的发展是必然，发展需要资源，从资源的争夺而导致战争，从资源的枯竭而导致新的技术革命，资源是有限的，也是无限的，所谓的资源的无限就孕育在资源的循环利用之中。

现代城市的发展和建设是人类进步的核心环节，城市的运转就像钟表，由多个齿轮组合，给人们提供准确的时间点，我们的生存管理，我们的城市运行，就得通过各个循环链的组合＝钟表里面的齿轮组合，相互作用，相互制约，相互支持……这也就是循环的道理吧！

循环链组合的和谐，质量，效果，节点在高新科技的支撑，21世纪什么科技是高新科技，它们的发展趋势又是什么？科学家告诉我们：代表人类发展的高新科技，首先要给人类带来舒适和健康，其次要对人类生存的环境给予保证，不造成土壤，水源和空气的污染，再次在工艺流程中运营成本要低以及同数量原料产值要越来越高。

就拿新一轮城镇发展来说吧！　就拿城镇的主体建筑来说吧！保持建筑的室内温度对人类的生活是至关重要的，咱们如何把人们居住的建筑能耗降低，又如何找到补充建筑所需要的那部分能耗，而不对环境气候造成污染呢？这是我们这里要探讨的问题：

我在这里给大家讲个故事，一个真实的故事，这要从记者对维也纳市长的一次采访说起：

2014 年，维也纳市在全球第一次“智慧城市”的评选中被列为第一名，之后世界百家记者对维也纳市长进行了采访，市长 Häupl 先生非常轻松地说道：作为市长，我的任务就是，让我的市民通过最节省的方式过上最舒适的生活……时隔 2 年，2016 年 2 月，全球最具公信力的城市生活质量调查机构《美世生活质量调查》对全球 229 个主要城市进行排名，维也纳市居第一位，（中国上海和北京分列第 101 位和 118 位），之后，记者们再次对维也纳市长 Häupl 先生进行了采访，这次，市长先生又讲了一句话：为维也纳市创建生活质量高，社会安全的环境是我们的工作……

高生活质量，对市民来说，第一的就是住房，什么样的住房能够让市民的生活提高质量呢？民意测验的回答是：少花钱，更舒适。怎么做到呢？维也纳市政府努力建造更多的低能耗的住房，减少市民用于冬季取暖的费用，例如：普通建筑用于取暖的费用每 m^2 每年平均需要 150 元，被动式超低能耗建筑每 m^2 每年仅需要不到 15 元，对市民来说是一笔不小的节省……维也纳市政府对被动式超低能耗的建筑政策上给予补贴，分配上优先低收入家庭，营造了一个和谐的社会环境……

那么，这与城市固废 = 垃圾又有什么关系呢？维也纳市政府有一个通过市议会立宪的城市规划方案，确定了城市资源与能源的发展方向：到 2050 年，城市对石化能源不能再依赖，石化能源就是煤，石油和石油天然气。怎样做到不依赖呢？市政府在规划中确定：对市区建筑逐步完成向低能耗建筑的发展，对旧建筑进行低能耗改造，实现市建筑对能源需求的最小化 = 减少 70%，与此同时，逐步完成通过自然能源和城市固废的能源转化覆盖城市能源的需求缺口 = 30%，仅维也纳市的每日垃圾处理转换热能，到 2014 年就已经完成了城市热能需求的 38%，我们一起来看看城市的垃圾都去哪里了？变成什么了？

变废为宝，合理利用，再生循环，促进经济，科技领先，规划保证，机制监督，政策支持

维也纳市垃圾再生能源链条由 4 个垃圾焚烧厂组成，其中 2 个是生活垃圾处理厂（城市生活垃圾），1 个是有毒垃圾处理厂（医院，工业，化工垃圾），1 个是生物质混合垃圾处理厂（城市生活垃圾和植物有机废料树叶等），均采用世界一流的先进技术，通过综合技术规划，实现了保护生态和形成新产业经济效益的目标，城市建筑垃圾必须定点收集，100% 再生利用处理。

单一垃圾处理项目设备达到每小时处理 32 吨垃圾量，日常垃圾，生物质垃圾和特殊有害垃圾分类处理，2009 年维也纳市率先实现了无垃圾堆放，2015 年实现城市历史填埋垃圾 100% 再处理，成为目前世界上变废为宝经济转换效益最高的“垃圾再生能源亮点城市”，连续 20 年被评为世界宜居城市前 3 名，自 2008 年越级为第一名，至今位居榜首。

在处理垃圾的同时生产能源，热电转换率达到了 85%，垃圾覆盖了市区 38% 的热能需求，通过新技术的应用，形成了冷暖供应循环系统，每 Mwh 热电生产平均减少 250kg 二氧化碳排放，垃圾在湿焚烧工艺程序中无需再加入其他助燃材料，因此维也纳垃圾湿焚烧排出的废气经过 4 个技术程序的处理后对空气实现了无污染。

例如：Spittelau 垃圾焚烧厂位于维也纳市中心区，每日废气排放含毒量低于一辆装有尾气滤清器的小轿车废气的有害物质排放量，同时对二噁英进行了两个技术环节的阻止和净化，常年远远低于欧盟规定的 0.1 的标准，焚烧的废渣 5% 再回收，废水净化后循环使用，实现了无公害垃圾处理。

它们像 4 个漂亮的姐妹，携手带给维也纳市民绿色清洁的能源，带来清新的空气和世界宜居城市的桂冠。

图 1　维也纳垃圾热电公司（1969）
（资料来源：http://static.panoramio.com/photos/original/54557689.jpg）

图 2　维也纳垃圾焚烧公司（1955）
（资料来源：http://static.panoramio.com/photos/original/90082559.jpg）

图 3　维也纳特殊垃圾焚烧热电公司（1970）
（资料来源：https://thaiindustrialoffice.files.wordpress.com/2015/06/modernisierung_von_kesselanlagen_8_overlay.jpg）

图 4　维也纳综合垃圾焚烧公司（2008）
（资料来源：https://abload.de/img/vie13-030472sh8.jpg）

维也纳垃圾焚烧厂废气指标常年保持数值：

	实际测定值	欧盟规定值 0
粉尘	0.2	10
HCl	0.8	10
HF	<0.2	0.7
SO_2	0.8	50
CO	33	100
NO_x	28	100
Kohlenwasserstoff	<1	10
Pb，Zn，Ni	<0.034	4
As，Co，Ni	<0.002	1.0
Sb，As，Pb，Cr，Co，Cu，Mn，Ni，V，Sn	<0.018	0.5
Cd	<0.001	0.1

Cd，Tl	<0.02	0.05
Hg	0.011	0.05
PCDD / PCDF（二噁英）	0.015	0.10

维也纳 4 个垃圾焚烧厂的废气，由维也纳市政府监察局专属机构进行 24 小时每秒检测。

维也纳垃圾焚烧，废气，废渣处理技术程序：

①过滤设备
②湿过滤处理 I 级和 II 级（喷水过滤）
③过滤设备
④ R 处理设备
⑤过滤设备
⑥炭过滤设备
⑦设备
⑧筛查设备
⑨排放检测设备

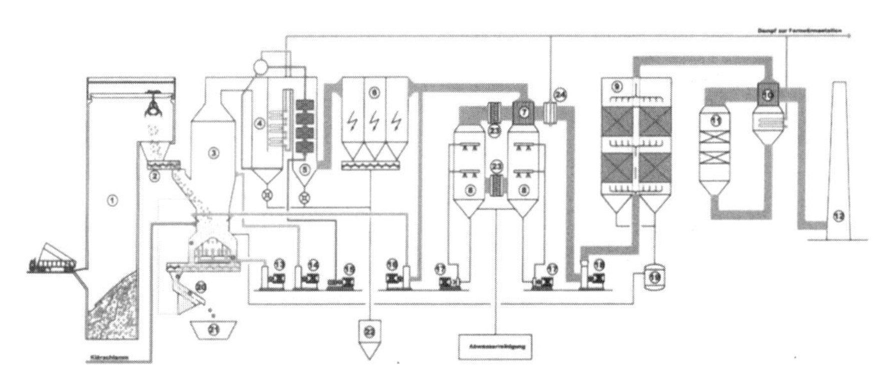

图 5　维也纳垃圾湿焚烧无再污染工艺流程图
（资料来源：维也纳能源公司介绍）

维也纳垃圾湿焚烧厂技术工艺流程图解说明：

垃圾堆放→垃圾滑道→焚烧炉篦→能减提→湿除渣→电子过滤→喷水湿洗→粉尘过滤→磁性过滤→活性炭过滤→废渣堆放→渣筛除→废气检测

垃圾是处理了，但是垃圾处理项目的投资回收，运营成本是怎样的呢?

维也纳垃圾焚烧厂投资与产出：

热能和电能效益：

维也纳市 4 个垃圾焚烧厂全年共计生产热能 5160Gwh，总产值约计 42 亿 RMB（30 亿来自销售热能，其他来自垃圾处理费，2010 数字），覆盖维也纳市供暖市场需求的 38%，计划到 2015 年达到 50%，现在的热能供给约计 29 万户住宅（热能 1652Gwh）和 5831 户大型企业（热能 3508Gwh），全年垃圾处理量为 96 万吨，员工 1198 人，每年的 CO_2 减排效果为 120 万吨以上，平均每 1Mwh 减少 132kg 的 CO_2 排放（燃气取暖每 1Mwh 减少 250kgCO_2 排放，燃油取暖每 1Mwh 减少 400kg CO_2 排放）。

维也纳垃圾热能热度为 150 摄氏度，垃圾热值 8800kJ/kg，垃圾产热的同时发电，电力一般先满足垃圾焚烧厂自己的工艺流程设备用电，剩余部分外销，垃圾处理再利用效益值总计可达到 85% 以上。

制冷能源效益：

2009 年维也纳垃圾焚烧厂增建制冷设备，投资额约为 4 亿人民币，通过现有的供暖系统和设备，逐步实现冬天供暖，夏天供冷的能源体系，并增添了废水净化和循环使用系统设备，净化后的废水可以满足设备 70% 的用水量，大大降低了垃圾湿焚烧运营成本，减轻了市政污水处理的负担。

提炼可再利用物质效益：

市政污水处理厂的剩余污泥，各种有毒物质，如汽油桶，医院垃圾，工业有毒，生活有毒垃圾等均是垃圾处理厂的“上等配餐”，从焚烧后的余渣中还可以重新提炼金属物质再使用。

咱们一起来看看维也纳有毒垃圾处理厂的配餐：

图 6　污水污泥作为特殊垃圾处理原料
（资料来源：维也纳能源公司介绍）

图 7　特殊垃圾处理化工油桶作为原料
（资料来源：维也纳能源公司介绍）

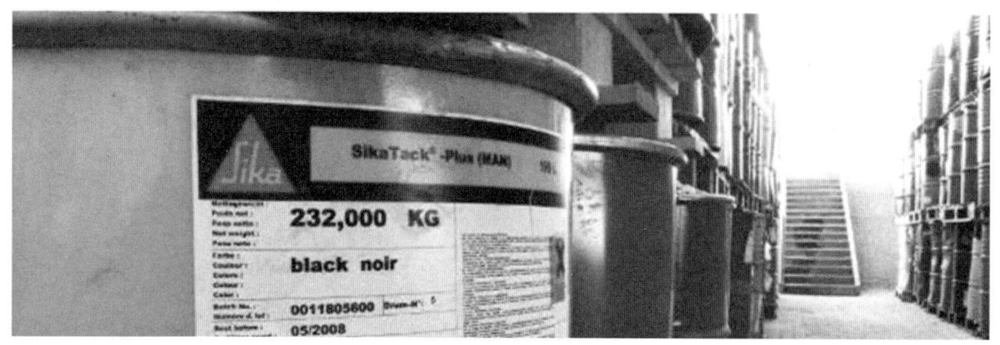

图 8　有毒原料桶作为特殊垃圾焚烧原料
（资料来源：维也纳能源公司介绍）

废气减排和污水再使用效益：

维也纳垃圾焚烧厂的余渣经过分选处理，与废气回收余渣合并，提出重金属再利用，多种用途，排烟达到世界顶级清洁度，废渣经过处理后的余渣统一进行堆放（德国境内），废水部分实现了循

环使用，部分由维也纳市政污水厂统一处理，达到奥地利饮用水 97% 的指标后排入多瑙河。

社会环境效益和经济资源效益：

2009 年维也纳市垃圾实现无堆放，无填埋，垃圾成为城市再生能源的主力军。维也纳市 4 个垃圾焚烧厂均实现了预测的经济效益和投资回收，例如：Spitterlau 垃圾焚烧厂，1969 年投入使用，1985 年收回投资（市政贷款利率 3%），通常投入的垃圾焚烧厂的资金回收在 15–18 年，贷款利率在 4 % 以下 。维也纳 2008 年投入使用的 Pfaffenau 垃圾处理厂总投资为 22 亿 RMB，建设周期 3 年，年产量 41 万 Mwh 热电，投资回收期限预算 15 年。

维也纳垃圾焚烧厂对城市环境的减排效果：

- 维也纳市自 20 世纪 80 年代以来，连续位于世界最宜居城市前三名，2014 年世界第一次评选“智慧城市”被列为榜首
- 垃圾无填埋，全处理，再利用
- 废水净排放
- 废气无害（单一垃圾处理厂每天废气中含有毒物质不超过一辆民用汽车的量）
- 废渣再利用和无害处理
- 垃圾处理厂从外观给城市增加亮点和新颖
- 每年 CO_2 排放量达到或者大于 120 万吨

维也纳垃圾再生利用的循环程序：

①建立垃圾再生利用体系，由市政府专门机构负责，环境机构监督

②垃圾再利用体系建立在垃圾回收利用的基础上，先分拣（70%），再处理（30%）

③再处理垃圾以再生能源为终极产品，电，热（冷），气，油

我们一起来看看城市生活垃圾的基本组成。

Zusammensetzung des Restmülls aus Haushalten 家庭垃圾构成比例

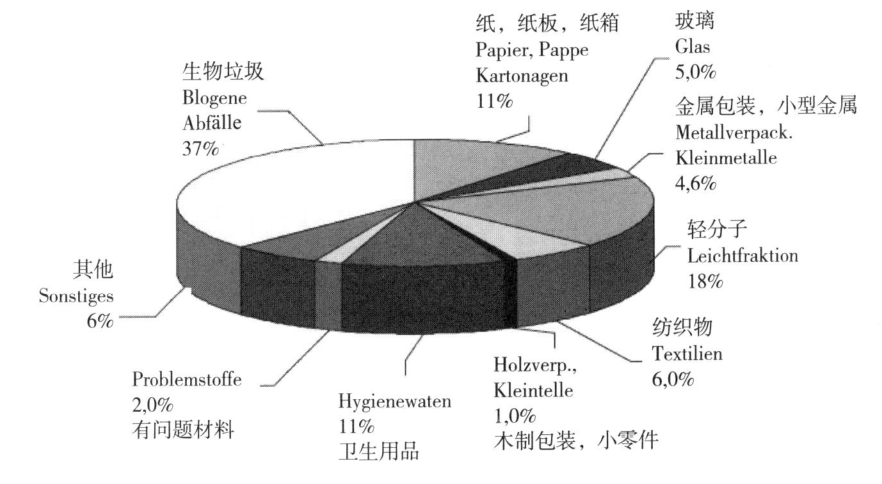

图 9　家庭垃圾构成比例

从图 9 我们可以看到，如果我们认真地进行垃圾再利用分拣，可以循环利用的垃圾占 70% 左右，剩余的垃圾数量就大大减少了，这样既可以实现宝贵资源的循环使用，又可以减少对垃圾处理的大型投资，岂不乐乎！

维也纳垃圾处理技术的优势和亮点：

①健康 = 市民生活环境有保障（无有害废气，废渣，废水）

②舒适 = 垃圾处理为城市居民提供了热能冷能，减少对石化能源的依赖

③和谐 = 垃圾热能价格低，可以首先优惠社会弱势群体

④节省 = 废物的循环利用降低了人类对资源的消耗，福祉子孙

现在大家就知道了，维也纳市是怎样提高居民生活质量的一角了，在现代社会和城市发展进程中，城市固废的再利用和绿色建筑起着非常关键的作用，它们好似一对孪生姐妹，相互依存，相互利用，它们可以给我们带来健康和舒适，也可以给我们带来发展和创造更好生活的基础。

说到这里，“城市固废和绿色建筑”的故事就算讲完了，咱们又可以回到文章的初始，人类在新一轮城镇发展和建设中，如何因地制宜，将资源，能源，水源和建筑节能这城市发展的基础 4 要素串联成有机高效的“循环链条”和相辅相成的“齿轮组合”，这是我们大家都要动脑筋想办法的事，是大家共同的责任，利用现代科学家们的研究成果和高新技术，把自己的生活管理的更加健康，把自己的生活调整到更加舒适的水平，还要给子孙留下尽量多的资源和生产条件。

注：以上数据信息资料均摘自维也纳市科技创新技术发布文件。

14

生态城镇和绿色资源管理——人类未来科学与智慧城镇

谭佩斯

摘　要：随着国家的发展，随着生活水平的不断提高，大家对自然环境的保护意识，对身体健康的标准要求，对怎样爱护自己的家园地球，对怎样节省自然资源留给后人，越来越被更多的人群所关注和重视，成为了“热点话题”，成为政府工作的重点。

环境与经济，保护与发展，健康与自然，舒适与节省，政府机构，社会学家，科技研究，既要生存，就要发展，让我们一起去看看，这对矛盾的焦点在哪里，怎样解开这个结?

关键词：石化能源；建筑能耗；垃圾资源；生活质量

浏览过人类历史长河的人们都知道，地球上的任何生物，从他们（它们）诞生的那一刻至今，都是在探索生存的路上走着，人类亦如此。

自自然科学突飞发展的 17 世纪至今，自人类发明了电，发现了石化能源，进入电子信息时代，到现在的互联网 +，乡村，城镇，城市的不断发展扩大，超过了人类的预想，人口也在不断增加。

进入 21 世纪以来，人们逐渐感觉到了发展中的问题，城市太大了，建筑越来越离不开暖气和空调了，石油的危机，煤炭对环境的污染，雾霾来了，工业污水破坏了土壤和河流原有的纯净，饮用水出现了污染，食品也不安全了。怎么办?

图 1　维也纳美家宫

图 2　维也纳一区大教堂

图 3　维也纳斯特凡市中心大教堂

图 4　维也纳城市公园

进入 21 世纪以来，人类就开始讨论生态的保护，城镇的智慧发展，人类未来科学带着大家逐步去探索者，舒适的生活和健康的保证。智慧城市，智慧发展是当今非常时髦和流行的词汇。

2014 年全球第一次进行了 Smart City 的评比，在 200 多个选出的城镇中，奥地利首都维也纳脱颖而出，被评为第一名。为什么维也纳市被评为第一名？这要追忆到 19 世纪了。

当时奥地利的皇帝弗兰茨 · 约瑟夫，也就是茜茜公主的丈夫，考虑到维也纳民众的需要和城市的发展，将皇家御用水源开放为公共水源，下令在四周设立保护区，并修建的至今仍然在使用中的维也纳饮水渠，将雪山的饮用水从数百公里之外引到市区，供市民享用，现在维也纳全市的饮用水可以直饮，饮用水质量为世界城市之最。同时还下令在城市中心修建了“快乐公园”供市民们休闲和娱乐，公园里的摩天轮自 19 世纪末一直工作到今天，成为旅游观光的一景。

图 5　奥地利污水处理排放质量标准

图 6　奥地利污水 C-MEM 膜处理设备

政府对水源有国家级《水法》，饮用水源如何保护，城市的污水雨水要统一收集和处理，必须达到相当于国家饮用水标准 97% 的质量后，才可以排放到自然水域或者循环使用。对工业污水和特殊污水，建立时时监测的处理系统，必须膜过滤处理，一旦监测报警，工厂立即停产并罚款，对土壤有害的污水处理后的污水必须进行厂内循环使用，不得外排。

第二次世界大战后，维也纳市满目疮痍，建筑损毁达到 70%，重建是当务之急。当时的市长通过市议会的讨论确定 – 建筑物的修复尽可能按照原来的图纸 – 恢复城市原有的风貌，同时保留城市的公共轨道交通，这个决定，保留了城市历史文化的印记，奠定了世界古都的发展基础，为后人留下了宝贵的城市资源，著名的维也纳歌剧院战后基本损毁，完全按照当年的图纸修复，至今依旧是世界歌剧的顶级舞台，皇帝时代开始修建的市内有轨电车依然处处可见，特别是大雪之日，唯独它不受风雪的阻碍，为市民出行提供不中断的交通。

FAZIT

VIELE ANWENDUNGEN

图 7 奥地利工业污水处理案例

图 8 奥地利生活污水处理案例

图 9 奥地利维也纳皇宫

图 10 奥地利音乐家俱乐部，新年

1955 年，奥地利宣布独立，开始了自己的经济发展，十年的艰苦奋斗，工业和建设有了飞速的前进。随着城市的发展，人们发现了一个非常重要的问题，经济的发展也给环境带来了压力和破坏。市议会在执政的社会民主党的倡议下，通过了城市发展规划，这个规划是按照城市发展百年制定的，每十年修订一次，属于立法文件，修订必须通过市议会，每位市长都要按照规划发展和管理这个城市。从 20 世纪 50 年代末，维也纳就开始修建垃圾焚烧厂，发电制热供给城市的居民。20 世纪 70 年代，维也纳市修订城市发展规划，按照城市未来 400 万人口的需要，扩建和修建供水系统，污水处理系统，垃圾回收利用和再生能源系统，规划其中一条为：到 2015 年维也纳将成为无垃圾城市，就连历史遗留下来的填埋垃圾也要全部清理干净，2015 年 12 月 30 日，维也纳市完成了这个规划，成为世界上第一个没有垃圾填埋的城市，城市垃圾每天运输到 4 个垃圾焚烧厂，再生电能和热能覆盖了城市 40% 的能源需要，资源垃圾还通过分拣出口到周边国家，这里的垃圾改变了以往“被放错地方的资源”的身份，成为今天城市替代能源的主力军。

说到这里，我们不禁联想到奥地利的一个边陲小镇古兴，这里在东西欧冷战时期曾经近乎荒芜，1994 年通过镇政府的发展规划，将这里的植物生物质废料经过气化技术转换为电，热，气和燃油，小镇如今成为世界上第一个无碳排放的城镇，来往技术交流的人络绎不绝，他们的实践向人类说明

图 11　维也纳艺术设计风格的市中心垃圾焚烧厂

图 12　奥地利推广被动式建筑大量减少煤电厂的分析图

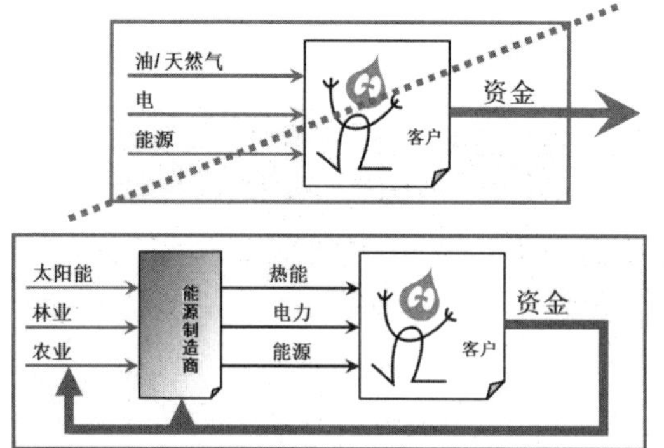

图 13　奥地利无碳市古兴生态能源循环示意图

图 14　奥地利古兴市生物质再生能源公司

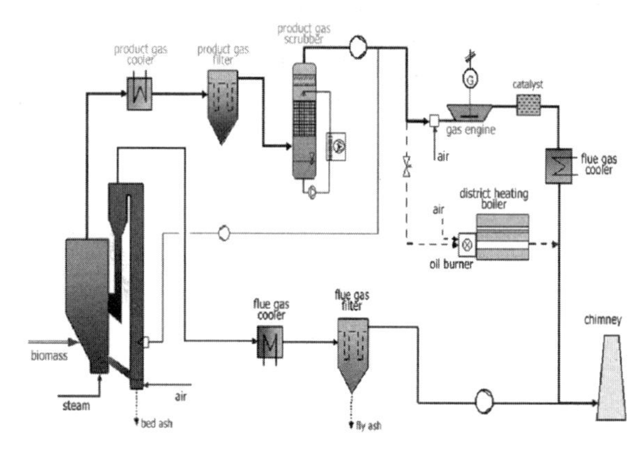

图 15　生物质技术工艺流程图

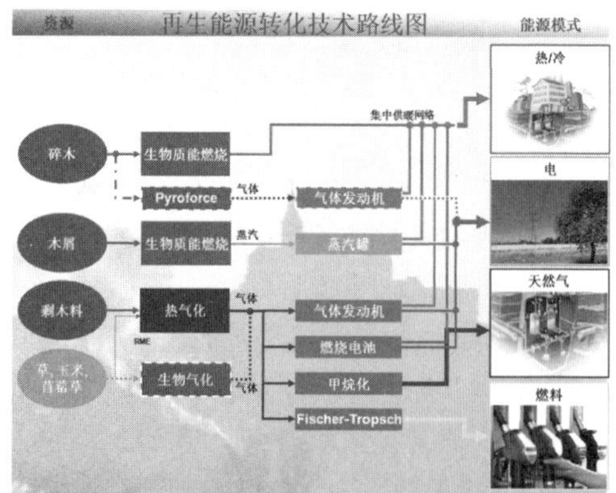

图 16　古兴市生态能源供应原料和产品路线图

了一个问题：随着科学和技术的发展，人类非石化能源化的梦是完全可以实现的，小镇的能源供应，无论是取暖还是汽车的加油，都没有石油，天然气和煤炭的踪影，这个小镇的能源 100% 来自再生能源，这里是欧洲乃至世界的再生能源技术中心，在这里，人们可以从了解技术，考察项目，到技术设计和技术配套，收获一条龙服务。天天来自世界各国前来考察的代表团都可以在这里体验到无碳生活的感受。更重要的是，这种内循环的发展模式给小镇带来了勃勃生机和经济效益。

20 世纪开始，市政府又颁布了新的规定，政府鼓励建筑节能，对旧建筑改造和新建建筑，达到每 m^2 15kWh 保温能耗以下的项目，给予增量补贴，支持建筑能耗节省在 85% 的技术设计和实施，将建筑能耗标准作为建筑销售的法定标准之一，建筑总能源需求保证在每 m^2 40kWh 以下，由城市废物再生能源替补，逐步实现建筑摆脱对石化能源的依赖，维也纳是世界上人均被动式建筑平方米最多的国家，也是世界上百万以上人口城市 PM2.5 常年平均值不超过 10 的唯一城市。

2009年12月18日欧盟决议：
（发布于欧盟 2010 年6月18日欧盟组织专刊）
“要最大限度地利用建筑潜在的能源”

自2020年起，所有新建建筑必须达到“近零能耗建筑”标准

此项规定意味着：
– 新建建筑要达到零排放建筑标准
– 建筑物所需余下能源由再生能源替代

对建筑物的改造也必须实现最大限度地发掘其内在的能源潜力

图 17 欧盟对被动式建筑的政策要求

欧洲建筑能耗标准
以奥地利为例
效率比例尺 (对比物为冰箱)

A++	≤	10 kWh/m²a
A+	≤	15 kWh/m²a
A	≤	25 kWh/m²a
B	≤	50 kWh/m²a
C	≤	100 kWh/m²a
D	≤	150 kWh/m²a
E	≤	200 kWh/m²a
F	≤	250 kWh/m²a
G	>	250 kWh/m²a

零排放建筑级
低碳建筑级
标准建筑级

图 18 低能耗建筑能耗标准图

就城市智慧发展一事，我们采访了 Dr.Alfred Pitterle 阿尔弗莱德·皮特勒博士，维也纳自然资源与生命科学大学教授，联合国国际智慧城市建设顾问（www.boku.ac.at），教授告诉我们，城镇的智慧发展之目的是：保证居民自由舒适和谐的生活之核心是：循环有效地利用自有资源发展经济，之结果是城市的发展与民众的要求实现统一，智慧城市评比的五项最基础的条件为：

城市居民对食品质量和价格安全满意度实现 90%，
城市居民饮水源安全达到 100% 以及污水再利用实现 97%，
城市垃圾 90% 再回收，10% 无害处理，
城市能源供应最大限度地实现循环利用和非石化能源化，
城市的交通要少噪声，低能耗，减少存放车辆的土地使用。

在此基础上，从环境健康，医疗卫生，教育科技，文化传承，娱乐休闲等方面进行互为辅助的规划，按照人类对未来和现实的需要规划出前景，合理使用地球资源，充分保护地球环境，联合国已经在就人类发展和城市发展进行深入的研究和制定评定标准。

说到这里，我们又想到了，食品是城市居民每天必备的物质，食品的质量是保证人类健康的基础，价格又是实现居民满意度的衡量条件，用于日常生活的费用支出不得高于人均收入的 12.5% 也是智慧宜居城市的标准条件，要实现这点，对政府机构来说，可不是一件容易的事，规划和协调是以科学数据为前提的艰巨任务，要建立多层面的立体交叉社会发展组件系统，才有可能完成这个任务，而基础则在于城市的顶层设计和科学规划。

顶层设计，科技创新，资源循环，管理系统，法律执行，政策奖惩，智慧新城

图 19 奥地利维也纳 21 世纪“湖城”规划示意图
（无碳排放城区）

21 世纪是人类在其历史发展的长河中将会飞速发展的一段，人类的科学技术也将出现质的飞跃，解决能源是发展的基础，能源又来自资源，在人类集中居住的城镇的生态发展规划和对地球资源的循环式管理，减少二氧化碳对地球气候变化的负面影响，也就成了“人类学”和“人类发展学”研发的方向。

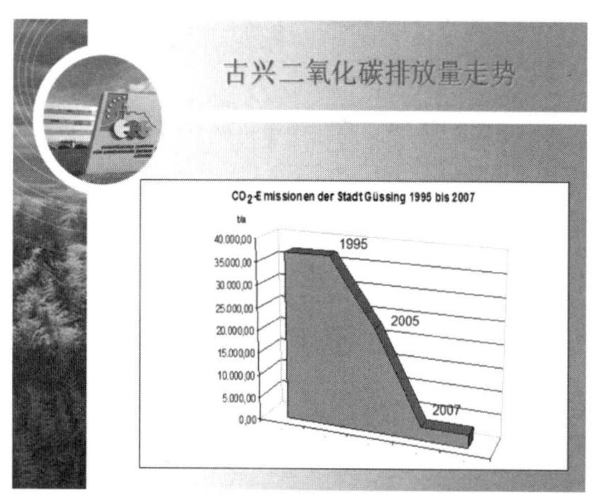

图 20 奥地利古兴市二氧化碳排放减量示意图

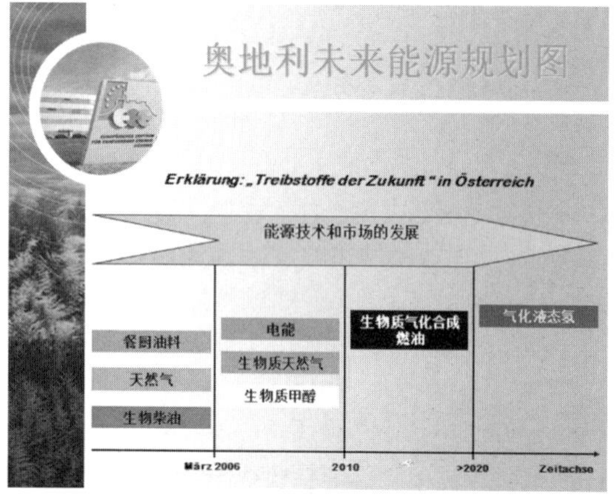

图 21 奥地利未来能源规划发展示意图

了解一下欧洲智慧城市的发展经验，吻合咱们国内的新城镇建设任务，怎样组合这个复杂多变的客观环境，才能让城市真正的智慧起来，成为人们安宁舒适的生活保证呢？让我们大家一起来探索，实践，总结，改进，让智慧城市的利好融入每一个城镇居民的生活之中。

15

结构工程师在被动房建设中的作用

朱晓丽

摘　要：被动房质量保证的前提是精准设计，精心施工。在被动房建设全过程中的每个阶段，结构工程师都是不可或缺的，是被动房多级质量保证体系的重要因素之一。
关键词：结构工程师；被动房建设；作用

被动式超低能耗建筑，20 世纪 90 年代诞生于欧洲，目前已发展为全球发达国家的节能宠儿，现已大踏步地推开国门，来到中国。被动房建造过程，意味着房屋粗放式建造方式被精细化建造方式所替代。

被动房，不就是节能吗？不就是外墙保温加太阳能加地热吗？这关结构工程师什么事呢？这是许多人心中的疑问。其实，在被动房设计和建造的全过程中，每个环节都需结构工程师参与，不可或缺。

在被动房的建设全过程中，结构工程师除了具备设计主体结构的专业知识和经验外，还应具备哪些被动房相关的专业知识，才能胜任其工作呢？这就要求结构工程师首先要了解被动房的节能特点及技术控制点，具备足够的被动房方面的专业知识储备，才能胜任相应的工作需要。

下面就被动房建设（设计、施工）各阶段分别阐述结构工程师在被动房精准设计，精心施工中的重要作用。

1　方案设计阶段

在方案阶段，普通建筑只要求结构工程师考虑上部结构的结构形式及结构主材，结构形式是框架结构还是砌体结构呢，结构主材是采用木、钢、砖的呢，还是采用钢筋混凝土的呢，但无需考虑房屋的基础形式是天然浅基础，还是桩基。因为在此阶段，基础形式的不同，对建筑师和暖通工程师来说，根本与他们没有关系。但被动式建筑就大大不一样了，被动房一体化设计要求结构工程师早期参与建筑设计。在方案阶段，就需要将基础方案与供暖方案融合，对是否利用地热应该做出决定。结构师需要事先了解工程地质条件，初步确定基础方案，使供暖方案能与基础方案有机结合。在项目的后期出现的许多状况，往往是方案阶段设计考虑不周造成的。

2010 年上海世博会城市最佳实践区内的汉堡之家，就是一个很好的案例。由于地面 35 米以下才是可承重的坚硬土层，故桩端需落至这一较深土层作为持力层，这正好跟利用地热较好地结合。基础共有 100 根钢筋混凝土桩，其中利用了 42 根桩，在桩身中贯穿管道系统。[1] 将其与地下管网连接，以采集地热。各层楼的采暖和制冷主要依靠各楼层的楼板埋管系统。[2]

2 施工图设计阶段

施工图设计阶段，如何避免结构性热桥，是结构工程师需考虑的设计重点。什么是结构性热桥？就是由于梁、柱、板等结构构件穿入保温层而造成保温层减薄或不连续所形成的热桥。这种热桥能量损失较大，可能会造成结露、发霉现象。

外凸阳台，普通建筑设计时常用悬挑结构。而在被动式建筑中，结构工程师应该意识到，外凸阳台的结构构件（线性热桥）会穿透保温层，是结构热桥的部位，是明显的热桥薄弱环节，应该在设计中尽可能避免。

欧洲国家被动房设计中，往往采用无热桥的阳台专用构件。该构件由高性能的保温材料和高强度水泥板构成，通过高强度钢筋联结安装在室内地板与阳台板之间，从而有效阻断阳台热桥。阳台的设计应遵循了“最节能”原则。阳台与建筑连接部分越长越易导热，德国用阻断热桥方式连接。由于目前无法完全引进该产品和施工工艺，且考虑到国内建筑设计规范的限制，目前国内已建被动房项目采用了一些折中的构造设计。如被动房项目秦皇岛“在水一方”C 区，阳台板与主体结构断开，中间缝隙填充保温板填满阻断热桥，阳台板靠挑梁支撑，保温材料将挑梁整体包裹。而建学公司的国际合作项目—河北涿州新华玻璃幕墙公司办公楼的宿舍外凸阳台，则设计为独立的钢结构，在外立面（外保温）的前面，成功完成此处无热桥设计。

由于建筑结构原因，在合理造价范围无法完全避免热桥，此时应告知建筑师，需在其他部位增加保温厚度予以弥补。

结构断桥的应用在国外低层被动式建筑中是一种常用的手法，但这种处理手法与我国现行的结构规范尚有冲突，有待进一步研究及实践。

此外，外墙材料的选择也很需慎重，框架结构、剪力墙结构的外墙填充墙，需选用热惰性、气密性等综合性能较好的砌体，不宜选用密度小于 500kg/m^3 的加气混凝土砌块、普通单排孔或双排孔砌块和其他轻质的或大空洞的砌块。

3 建造阶段参与项目管理

目前国家关于被动房的施工和验收标准还未出台，许多监理单位、施工单位对被动房材料、施工工法、最终应达到的成果要求不了解、不熟悉。这就更需要有被动房设计及被动房项目管理方面有成功经验的设计公司，在被动房建造的全过程中提供尽可能多的技术支持。

被动房的建造过程就是设计图纸正确落实的过程，施工单位必须编写建设工序。因为对于某些工法中，施工顺序起决定性作用。例如，在实心墙体内侧，抹灰层作为气密层必须一直连续做到楼板上，而这只有在做地坪前才有可能。因为被动房用材与普通房有很大差异，故施工方法也有很大差异，再加上施工要求比普通房更细致、更严格。如外墙保温板施工时，施工人员必须按照正确的

施工工艺和顺序排板，计算和布置锚栓、连接、锚固板材，避免出现通缝、裂缝或板材之间缝隙过大等质量问题。

设计公司委派现场参与土建建造全过程的通常是结构工程师。参考国内外的技术资料，结构工程师在参与项目管理时，具体可结合维护结构保温、气密性、无热桥施工、噪声消除等方面进行质量控制，确保被动房建成后检测结果达到图纸要求。

3.1 围护结构保温

3.1.1 非透明外围护结构

非透明外围护结构，即屋面、外墙、地面或不采暖地下室的顶板。

保温层应连续完整，严禁出现结构性热桥，应采用外保温系统，外保温系统的连接锚栓应采取阻断热桥措施。外保温体系应该干净均匀的黏贴在平整的基墙上。禁止在保温层内出现 4mm 以上的缝隙。[4] 因为穿透性的接缝非常容易引起结露，对建筑造成伤害。保温层如有较大空腔，应及时采用保温材料封堵，可用保温板塞缝，或用发泡胶封堵。保温材料需充分遮挡，防止水、水泥、砂浆对保温性能的影响，如玻璃棉吸水则丧失保温性能。

外墙外保温材料，地上通常采用 EPS 板、地下通常采用 XPS 板。保温板厚度大于 200mm 时，应分两层错缝铺装，层与层之间严禁出现通缝。第一层保温板铺装完成后的厚度应与凸出墙面的窗框的厚度一致。[3] 外墙保温板为双层时，板上下左右优先采用榫槽连接方式；内、外层上下左右板块均错缝粘贴，以达到更好的保温密封效果。[5]

楼面保温材料的厚度宜大于 30mm，厚度超过 60mm 的保温板宜分两层错缝铺装。构件穿透保温层时，必须进行密封处理，可采用预压膨胀密封胶带将缝隙填实。楼板、墙体中的洞口，必须用 10mm 以上的水泥砂浆保护层覆盖。[2]

3.1.2 透明外围护结构

透明外围护结构，即外墙门窗。

（1）原材料检查：

1）检查外墙门窗气密等级、水密等级和抗风性能、外门窗规格、分格形式及玻璃规格。

2）检查外门窗的玻璃是透明材料 Low-E 中空玻璃还是真空玻璃，玻璃的传热系数 U 值，玻璃的太阳能得热系数 g 值，外门窗框型材是木材的或塑料的，其传热系数 K 值，外门窗的玻璃间隔条，耐久性良好的暖边间隔条。外门窗的传热系数 K 值。

3）外门窗至少应采用三道耐久性良好的密封材料密封，每扇窗至少两个锁点。[2]

（2）安装构造：

1）被动房窗户是安装在主体外墙外侧，以实现更好的隔热效果。外窗借助于角钢或小钢板固定，整个窗框的 2/3 被包裹在保温层里，形成无热桥的构造。

2）检查实际供应的暖边间隔条的窗与洞口间采用隔热处理连接件；窗户两侧和上部的窗框应尽可能多地用保温材料覆盖。除预留纱窗、遮阳装置等设施的安装空间外，外窗洞口保温板的第二层宜尽量覆盖窗框。

（3）检查外墙门窗洞口密封材料的连接：

1）薄膜一边有效地粘结在门窗框上（或副框上），另一边通过兼容性强的专用胶粘剂粘结在墙体上，薄膜应褶皱地（非紧绷状态）覆盖在墙体和门窗框上，薄膜之间的搭接宽度应不少于

15mm。

2）外墙门窗洞口处，门窗框与外墙表面，外墙窗与洞口间隙采用自粘性的预压膨胀密封带，在门窗框出厂前就预先粘好，预压膨胀密封带应与窗框同时安装，膨胀后的预压密封带应将门窗框与外墙之间的缝隙填实。

3）窗框与外墙连接处采用防水膜密封系统。室内侧采用防水隔汽密封布，室外侧使用防水透气密封布。这类密封布应具有不变形、抗氧化、延展性好、不透水、寿命长等特点。密封布含自粘胶带，能有效粘接在窗框或副框上，再通过专用粘结剂粘结在墙体上。窗台设置金属挡水板。窗台板应有滴水线构造。窗台板的作用是保护保温层不受紫外线照射老化材料，而不是普通的铝合金间隔条。

4）外窗安装后应与外墙保温层在同一垂直面，导流雨水，避免雨水侵蚀和破坏保温层，保持窗台的干净整洁。窗框与保温系统间安装塑料连接线条。这是一种由密封条和网格布构成的材料，安装后实现柔性防水连接，保证构造无裂纹。

5）外窗洞口上边沿部位安装塑料滴水线条。这种塑料线条带加强网布和滴水线条，可以减少外墙立面污水流入屋檐部位或流到外窗表面。

3.2 气密性

最常见缺陷是外部构件气密性节点处理不正确。因为我们不希望出现空气交换量不断波动，空气流动方向不断变化。寒冷的冬季，进风量加大，换气次数会增加，才能使新风系统保证新鲜空气的供应，保证房屋的湿度平衡。按设计好的施工工序施工非常重要，参与各工种：抹灰、木结构安装、窗户安装，必须向后续工种交代次序的重要性。

施工质量控制关键点：

1）砌体和混凝土砌块等实心墙的内侧抹灰粉刷，必须一直做到混凝土楼板，然后再做地坪；木结构盖板接缝必须用密封胶带完全盖住，然后再做内装修；木结构建筑，要在建筑构件内装修层的背后，使用一层薄膜仔细地贴在外部构件的接缝上。

2）门窗的气密性，首先要求洞口尺寸准确，对洞口、墙面进行修整，洞口偏差控制在 ±5mm，外墙面垂直、平整度控制在 0~5mm，然后再安装门窗。门窗框边与墙之间嵌入膨胀胶条，门窗与墙之间内外贴一道防水密封布，确保密闭防水效果。

3）外墙穿墙管孔、模板拉杆孔，用聚氨酯发泡胶填充密实，然后内外刮抗裂砂浆并压入网格布。对卫生间、厨房通风道、排水管穿楼板处进行发泡填塞密实处理，对通风道的通风口边缘用胶密封。连通室外的强、弱电线管进行打胶封闭，墙面下线管、线盒先刮石膏，再加入线管、线盒。外墙插座最好采用气密性空墙插座盒。

4）构件管线、套管（如电线套管）穿透墙体气密层时必须进行密封处理。处理方法如下：

①位于现浇混凝土墙体上的开关、插座线盒，应直接预埋浇筑；

②位于砌体墙体上的开关、插座线盒，应在砌筑墙体时预留孔位，安装线盒时应先用石膏灰浆封堵孔位，再将线盒底座嵌入孔位内，使其密封；

③在墙体内预埋套管时，接口处应使用专用密封胶带密封，与线盒接口处同时用石膏灰浆封堵密实；

④套管内穿线完毕后，应使用密封胶封堵开关、插座等的管口。

3.3 无热桥施工

检查窗户节点是否与设计一致；窗户是否位于保温层内，卷帘安装是否能完全防止结露。墙脚

与底板的热桥效应。灯具等安装是否采用热断桥锚固件。安装锚固件之前，应先在保温板由钻头形成的孔洞内注入聚氨酯发泡剂，然后安装锚固件。验收时采用红外成像法克帮助发现薄弱环节。

3.4 管道关键节点构造

楼内管道应包覆保温材料。通风管道包裹保温材料后的传热系数是否符合设计要求，下水管道应包覆 20mm 厚的保温隔声垫。楼板结构层表面应设置厚度不小于 50mm 的隔声垫。金属管道与安装卡件之间应用隔声垫隔开。

3.5 新风系统

检查新风主机、新风风管连接的噪声隔离,防止固体传声。检查过滤器,检查新风吸入口、排风口。

4 结语

被动房质量保证的前提是精准设计，精心施工。结构工程师在被动房建设的各个阶段，即方案设计阶段、施工图设计阶段、被动房建造阶段，都必须参与进来。结构工程师不可或缺的专业知识是被动房多级质量保证体系的重要要素之一。

主要参考文献

[1] 汉堡之家—隐形能源建筑 .

[2] 2010 上海世博会汉堡之家 HAMBURG HOUSE，EXP2010 SHANGHAI. 世界建筑，2010（02）.

[3] 河北省工程建设标准《被动式低能耗居住建筑节能设计标准 DB13(J)/T177–2015》.

[4] （德）贝特霍尔德•考夫曼，（德）沃尔夫冈•费斯特 著 . 德国被动房设计和施工指南 . 徐智勇 译 . 北京：中国建筑工业出版社 .

[5] 被动房“绿色”引擎 . 中国建材报 2015–12–2.

16

浅谈屋顶绿化在低能耗建筑的应用

王　灵

摘　要：屋顶绿化不但可以大大改善屋顶的保温隔热性能和降低使用能耗，同时还可以增加建筑的绿化面积及提高建筑物的品质，可谓一举多得。随着建筑用地的日趋紧张，屋顶绿化的推广应顺势而为。本文从工程实例出发，谈谈屋顶绿化的合理应用以及结构设计中需重点注意的几个问题，供同类工程参考。

关键词：低能耗建筑；屋顶绿化；保温隔热

1　引言

低能耗建筑，简单来讲，就是建筑本身能耗水平远低于常规建筑的建筑。为了有效地降低建筑物的能耗水平，最重要的问题就是要解决好建筑物的保温隔热性能，才能最大限度地降低建筑供暖供冷需求。要提高建筑物的保温隔热性能，关键技术点在于建筑物周边围护结构和屋顶层的保温隔热。

作为一名结构设计工程师来说，要提高围护结构的保温隔热性能，似乎是心有余而力不足。但是针对要提高屋顶层的保温隔热性能来说，则可以从保温材料选取、屋面节点做法、屋顶绿化技术难点等方面给出一些建议。以下重点介绍屋顶绿化设计相关问题。

2　屋顶绿化合理应用

近年来，建筑用地日趋紧张，但是绿色建筑和低能耗建筑的推广又势在必行，屋顶绿化技术也就顺势发展起来了。屋顶绿化不但可以大大改善屋顶的保温隔热性能和降低使用能耗，同时还可以增加建筑的绿化面积及提高建筑物的品质，可谓一举多得。地方政府为推广屋顶绿化，同意将满足一定覆土厚度要求的屋顶绿化面积计入总绿化率。采用屋顶绿化后，结构自重增加，土建造价肯定相应增加；但是，相应可减少地面绿化占地，从而增大建筑物的建筑密度，也可进一步增大业主实施的积极性。图 1~ 图 3 列出了几个典型的屋顶绿化应用成功案例。

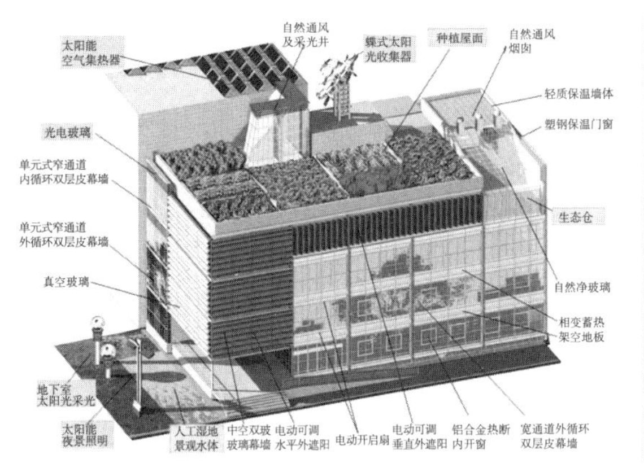

图 1　清华大学低能耗示范楼屋顶绿化

图 2　上海自然博物馆屋顶绿化

图 3　深圳大梅沙万科中心屋顶绿化

研究者经过对清华大学低能耗示范楼绿化屋面温度变化的理论分析和实测研究[1]，进一步验证了绿化屋面的表面温度比常规屋面更低，降温效应明显，在炎热的夏季高温时段效果更甚。所以，综合下来，绿化屋面不仅可以改善屋面的保温隔热性能，降低房间室内温度；同时绿色植栽还可起到净化二氧化碳、粉尘与空气中的重金属，减缓都市热岛效应、调节微气候、增加保水性能等作用；再者，还能在视觉上给人带来绿色和美好的环境舒适感，可谓一举多得。

3　屋顶绿化技术难点分析

笔者近年设计的虹桥丽宝广场项目位于虹桥商务核心区，政府在控制性规划中就明确提出了创造新型生态低碳环保社区的目标，对节能环保提出了很高的要求。

该项目集合了多种绿化来提高建筑物的品质，不但在地下室错落复层的下沉式广场设有集中绿化，而且在屋顶及层层渐退式内收的露台及屋顶上设有多层次之屋顶绿化，局部立面还有辅助的垂直绿化，创造了视觉景观的绿色连续性。多项绿化措施的综合应用，最后成就了绿意盎然的都会花园，为现代化的都市商务区及繁忙的交通枢纽，提供了一处绝佳的生态园地。项目效果图见图 4。

图 4　虹桥商务核心区虹桥丽宝广场效果图

该项目主体结构有 5 个塔楼，采用钢筋混凝土框架结构，标准柱网 8.4m×8.4m，地下 3 层，地上 7~8 层。地下室顶板作为上部每个塔楼的嵌固端。每个塔楼的屋顶和露台均设有的屋顶绿化，典型的屋顶绿化的剖面示意图详见图 5。

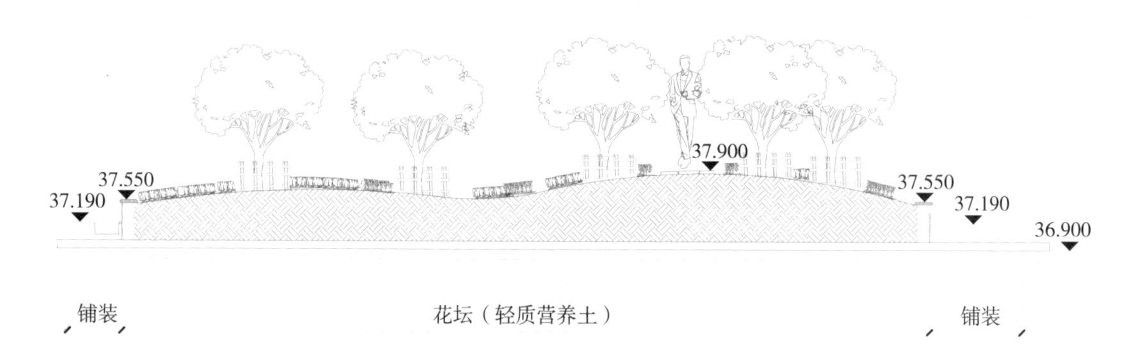

图 5　虹桥商务核心区虹桥丽宝广场屋顶绿化剖面示意图

在该项目的屋顶绿化的设计过程中，主要碰到了以下技术难点：

3.1 屋顶绿化的覆土厚度的合理确定

针对地下室顶板处的地面层的集中绿化，绿化覆土的厚度需要至少 1.50m；但针对屋顶绿化及露台绿化而言，由于覆土厚度与土建造价息息相关，经业主多轮沟通，绿化局同意绿化覆土厚度需要至少 0.60m，但需保证屋顶绿化面积 50% 以上的绿化覆土厚度达到 1.00m，并最终写入绿化局的正式批文中。

3.2 屋顶绿化的覆土材料的选择及容重的合理确定

针对地下室顶板处的地面层的集中绿化，绿化覆土一般选用普通的种植土，容重约 15.0~16.0kN/m^3，覆土自重部分对结构造价的影响幅度不大；但针对屋顶绿化及露台绿化而言，如仍选用容重 15.0~16.0kN/m^3 的普通种植土，按 1.00m 的覆土厚度来计，则覆土自重约 15.0~16.0kN/m^2，相当于常规屋顶绿化活荷载 3.0kN/m^2 的 5 倍多，所以相应的屋顶层结构板厚、梁断面、以下各层柱断面等均需加大很多，相应会增加结构造价，对业主而言绝对是难题。

借鉴其他屋顶绿化的设计经验，改用轻质营养土作为屋顶绿化种植土，容重控制在 7.0kN/m^3 以内，减轻了一半以上的覆土自重，所以结构梁、板、柱断面的增加幅度均减小，节省了结构造价。为有效控制屋顶绿化覆土的实际容重在设计允许范围内，结构施工图总说明及景观施工图总说明中均明确了屋顶绿化覆土的具体材料及容重要求，不得随意更改。

3.3 屋顶绿化的分层做法建议

屋顶层的屋面做法做得如何，严重影响到屋顶层的保温隔热性能。对低能耗建筑而言，首先也应解决好屋顶层本身的保温隔热节点处理，注意处理好相交节点的处理，避免出现热桥；其次才是采用屋顶绿化来改善屋顶层的保温隔热性能。

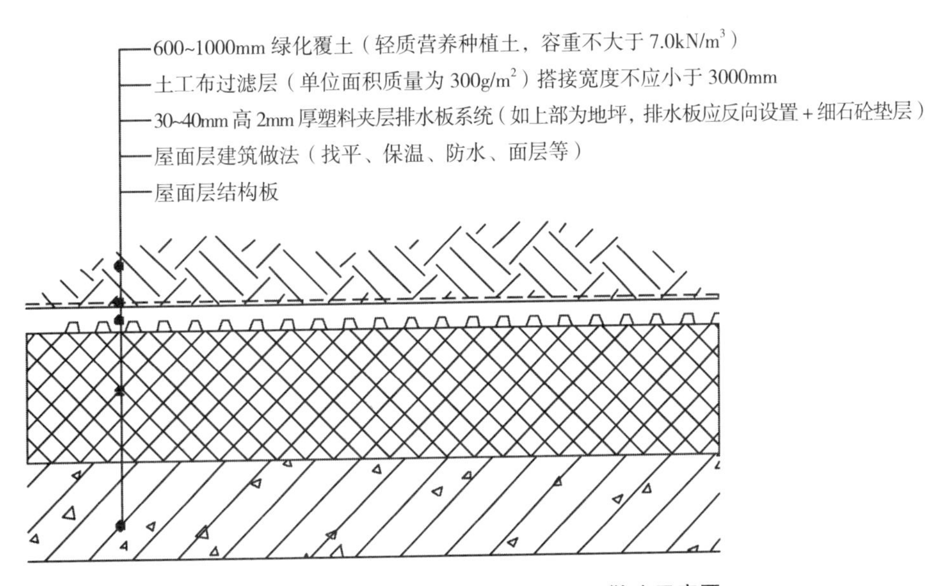

图 6 虹桥商务核心区虹桥丽宝广场屋顶绿化屋面做法示意图

因此，要处理好屋顶绿化的屋面做法及相关节点，建议需重点注意几方面：①在屋面结构板施工过程中，混凝土浇捣完毕后，及时做好混凝土的养护。②及时施工建筑屋面做法，保证连续性，不要出现热桥。③施工塑料夹层排水系统。④上铺土工布过滤层，最后完成轻质营养土及景观小品的施工。典型的屋顶绿化的屋面做法示意图详见图 6。

4 小结

随着绿色建筑以及低能耗建筑的大力普及，屋顶绿化的推广势在必行。从结构设计来看，只要合理解决好了覆土厚度、覆土容重、屋面做法这几个基本问题，屋顶绿化是值得大力推广。

主要参考文献

殷立峰，李树华 . 清华大学低能耗示范楼绿化屋面的温度分布特征，林业科学，43（8）：144-147.

17

建学第一期“国际被动式建筑设计师培训班”简介及体会

朱晓丽

摘　要：建学总部组织了第一期“国际被动式建筑设计师培训班”，全体学员参加了 PHI 全球被动式建筑设计师统一考试。笔者现就培训和考试的内容及个人学习体会，与大家共享。

关键词：被动式建筑设计师；培训；考试；体会

1　时代背景

被动式超低能耗建筑，是应对全球气候变化，保护环境，大幅度降低建筑的采暖和制冷能耗的先进技术的产物。被动房的概念建立在低能耗建筑的基础上。1988 年瑞典隆德大学（Lund University）的 Bo Adamson 教授和德国的 Wolfgang Feist 博士首先提出这一概念，他们认为“被动房”应该是不用主动的采暖和空调系统就可以维持舒适室内热环境的建筑。1991 年在德国的达姆施塔特（Darmstadt）建成了第一座被动房（Passive House Darmstadt Kranichstein），1996 年，Wolfgang Feist 博士在德国达姆施塔特创建了被动房研究所（Passive House Institute，PHI）。

被动房相较普通建筑节能减排达 90% 以上，理论上可使供热能耗降至“零”，空气湿润度维持在 40%~60%，室内 CO_2 浓度控制在 1000ppm 以内，而建造成本仅增加 8%~10%。除改善大气质量外，对民生领域也有切实的好处。比如，人们可以不用交采暖费，免受雾霾、室内灰尘的影响，政府亦可大幅降低基础设施投入。

2014 年全国住房城乡建设工作会议提出，新一轮的城市化改造将力推被动房，十年内达到 50% 覆盖率的目标。发展绿色低碳被动房符合中国国情，它将撬动千亿元建筑产业，成为未来主流建筑的一场革命。

“建学”的名称，顾名思义，就是“建造 + 学习”的意思。我国的建筑产业格局正在发生变化，朝着低能耗、高舒适性的理性方向发展，我辈岂能落后？建学公司作为绿色建筑设计先锋企业，一直致力于结合国际先进技术而进行建筑设计。

2015 年 1 月 12 日，中国被动式建筑联盟成立大会暨第一次全体会议召开。本次会议组成的“被动式建筑联盟”共有 23 家单位，建学作为唯一一家施工图设计单位受邀参加。本联盟的成立对“被动式建筑”在国内的大力推广和实施将具有里程碑的意义。

2015 年 6 月 18 日，建学参与设计的被动房项目“河北新华幕墙公司办公楼”，获得 PHI 被动房认证，由德国达姆斯塔特国际被动式研究所费斯特教授颁发“被动式建筑”证书。

2015 年 6 月 19 日受中科院建筑设计研究院有限公司邀请，我公司董事长冯康曾率队，建学被动式建筑研究中心顾问 Dawid Michulec、总工田山明及欧中环境协会会长赵尚峰，来到中科院北京建筑设计研究院会议室进行了被动式建筑技术交流。

目前，建学公司不仅具备被动房设计业绩，还拥有被动房气密性检测设备和检测团队。

2 关于培训

建学总部组织的第一期“国际被动式建筑设计师培训班”，于 2015 年 10 月在北京谭阁美酒店（TANGRAM）举行。开班仪式上，建学前任董事长张钦楠先生、现任董事长冯康曾女士、欧中环境协会赵会长、谭会长分别发表讲话。冯康曾董事长指出了学习被动式建筑的重要性，阐明了公司未来发展的方向，并对培训班学员寄予厚望。

本次培训机构为奥地利希波尔和波尔建筑物理和研究公司（Schoberl & Poll GmbH BAUPHYSIK und FORSCHUNG），培训讲师为奥地利希波尔建筑物理和研究公司设计师、德国达姆施塔特被动建筑研究所（PHI）被动建筑培训教师 Dawid Michulec（大卫·米库莱柯）及助理董小海，培训教材采用德国达姆施塔特被动建筑研究所（PHI）2015 年最新教材。

本次培训为建学内部封闭式培训，共 22 名学员，分别来自建学全国各分公司。培训时间为 10 月 4 日至 10 月 13 日共十天。结合 10 月 10 日的 PHI 考试，培训日程安排如下：

Day1 2015.10.4 被动式建筑概述（Passive House Introduction）

Day1 2015.10.5 被动式建筑非透明维护结构（Passive House Opaquen Envelope）
—保温（Insulationg）
—热桥（Thermal Bridging）
—气密性（Airtightness）

Day3 2015.10.6 被动式窗户（Passive House Windows）
被动房改建（EnerPHit）

Day4 2015.10.7 被动式房屋设备（PH Building Services）
—通风（Ventilation）
—供暖与制冷（Heating and Cooling）

Day5 2015.10.8 PHPP 的计算

Day6 2015.10.9 考试准备、示例、模拟题

Day7 2015.10.10 上午：自我复习 下午：考试（PHI 全球统考）

Day8 2015.10.11 上午：考察建学公司与奥地利希波尔和波尔建筑物理和研究公司（Schoberl & Poll GmbH bauphysik und FORSCHUNG）合作设计的河北新华幕墙有限公司被动式低能耗办公楼（工程地点：河北涿州）
下午：考察位于河北廊坊的威卢克斯总部办公楼（主动房）

Day9 2015.10.12 上午：中国建筑科学研究院曹教授——被动式超低能耗建筑新风系统设备和设计
下午：PHPP 算例

Day10 2015.10.13 上午：PHPP V9.2 版（德文版）新增内容介绍
下午：清华大学袁镔教授——节能建筑的被动式设计策略

左下图为冯康曾董事长（前排左五）、张钦楠总顾问（前排左六）、培训师大卫老师（前排左七）、欧中环境协会会长谭佩斯（前排左八）、助教董小海（前排右一）与本期学员合影；右下图为建学冯康曾董事长与清华大学袁镔教授在培训课堂上亲切交谈。

3 关于考试

PHI 认证考试有哪几种？拥有何种专业背景才有资格参加考试呢？是不是只有建筑师才能参加呢？答案是 NO。

PHI 全球性资格考试分被动式建筑设计师和被动式建筑咨询师两种，建筑相关专业如建筑、暖通、结构、给排水、电气专业教育背景的工程师均有资格报名参加被动式建筑设计师考试，考试通过可获得其资格证，从事被动式建筑设计工作；其他专业教育背景的人员可报名参加被动式建筑咨询师考试，考试通过可获得其资格证，从事被动式建筑咨询工作。

被动式建筑设计师/咨询师认证是由“被动式房屋之父”之称的 Wolfgang Feist 教授建立的国际权威机构德国 Passive House Institute（PHI 被动式房屋研究所），针对被动式房屋设计和咨询而设立的个人认证。该证书为国际认证，并由 PHI 颁发。获得该证书，则表明设计师或咨询师已获得被动式建筑相关项目规划或顾问服务的知识和经验，全球统一考试时间，每年 4 次，具体时间见 PHI 官网（http://passivehouse.com/）。获得该认证的两种方式，一种是通过 PHI 组织的全球统一认证考试，另一种是本人负责的项目获得 PHI 被动式房屋认证。

目前该考试已经悄然来到中国。本期所有学员参加了 2015 年 10 月 10 日的考试，考试时间为 3 小时，试卷总分值为 141 分，71 分为合格线。试卷共 37 页，内容面广量大，普遍感觉考试时间不够用。考试时需出示本人身份证，并用英文填写个人信息及公司信息，共 2 页。

考试 tips：

1）不可用铅笔等修改的笔答题，包括画图题，不许使用手机、不许拍照、不许带走。

2）规划好每个问题花费的时间，先做分值大的题，写出解题计算过程，即便最后答案错误，完整的计算过程仍能获得很多分数，别忘了计算过程中带着“量纲”。

3）“点对点”，如果一个多选题是 3 分，确保选 3 个答案。

4）在设计绘图题中，尽可能分色，如气密层颜色 A、保温层颜色 B，新风管道颜色 C、回风管道颜色 D。

5）考试大多数为计算题，我们这次考试计算题就涉及窗户的 U 安装值计算，气密性 n_{50}+ 值计算，计算热回收效率 ηHR、保温墙体热传导，复合墙体，填充保温材料木龙骨复合墙体的 RT 值计算，还有经济类的计算题如计算月平均年金等。

6）设计绘图题为一道大题，设计一个单独家庭的房屋（也就是我们所谓的独立小别墅），要求画出平面、立面、剖面，设备间位置，确定功能分区，即确定送风区、新风区（起居室、书房、卧室）、回风区（厨房、浴室、卫生间、杂物间）和过流区（走廊），热外壳、气密壳。画图时，新风机组要放在热外壳内，窗户的 g 值要写上，绘图至少要准备 4 种颜色的笔（热外壳、气密壳、新风、回风），窗户气密要求要注明，墙体保温材料的 λ 值要求、阳台固定处热桥要表达，新风机组的热回收率 $\eta \geqslant 0.75$，$Pe=0.45Wh/m^3$，气密 $n_{50} \leqslant 0.6$，统统都注上，这样就保险，尽量信息都上图。

7）大样图设计，本次考试就有要求画出被动房地下室的地面构造详图、被动房风管穿外墙构造详图等。

4 学习体会

第一期培训班于 10 月 13 日下午落下帷幕，个人感觉收获颇多。感谢总部提供此次学习平台，让我有机会聆听国内外一流专家教授的授课，接触到国际最前沿的知识和技术，了解建筑产业的未来发展方向。

被动式建筑设计师，是一体化设计师的概念，与目前国内普通意义上的建筑设计师有很大的不同。被动式建筑设计师不仅要在预设计阶段进行基本情况调查、预设计和方案设计，确定目标，估算初步费用，满足城市建设规划和建筑物朝向，被动房建设的复杂性要求被动式建筑设计师必须具备所有参与建设的知识，并融会贯通；在项目早期就要组织暖通工程师、建筑物理专业人员、结构工程师介入新建建筑的设计。

培训期间，冯康曾董事长已 80 高龄，坚持与我们一同学习，不落一节课并参加考试，时刻鞭策着我们不可懈怠，奋勇前行；有在日本工作经历的盛学文高工白天参加培训，晚上翻译资料，10 天时间完成了 PHI 最新的被动房标准的中文版，并分享给大家，让我感受到建学人的孜孜不倦；课堂内外，有涉外设计项目经验的张洁建筑师等多名学员用流利的英语与老师直接对话，提问，让我感到建学人的勃勃生机。作为一名结构工程师的我，各种被动式名词术语对我来讲都是头脑风暴，涉及结构热桥、结构断桥、XPS 板的抗压强度时，才略感亲切。能与来自建学各分公司、不同专业背景的同仁们一起，有机会开启被动式建筑这扇门，投入到这项先锋事业，让我深感压力，既忐忑又充满激情。

任何新生事物的实现过程都是克服困难的过程，被动房本土化还面临着很多的挑战。被动式建筑在中国才刚刚起步，中国面向未来的建筑，必将沿着低能耗建筑、超低能耗被动式建筑、零能耗建筑、零碳排建筑及未来的产能建筑之路不断前行，任重而道远。

本书编写人员

姓　名	毕业时间及学校	学　历	职　称	工作单位
张钦楠	1951 年美国麻省理工学院	大学	教授级高工　一级注册建筑师	建学建筑与工程设计所有限公司总顾问
冯康曾	1960 年清华大学土木系工民建专业	大学	教授级高工　一级注册结构工程师　被动式建筑设计师	建学建筑与工程设计所有限公司
田山明	1984 年北京建工学院土木系	大学	高级工程师　被动式建筑设计师	建学建筑与工程设计所有限公司
李　鹤	2005 年同济大学暖通空调专业	硕士	高级工程师　注册公用设备工程师（暖通空调）　被动式建筑设计师	建学建筑与工程设计所有限公司
大卫・米库莱柯	维也纳技术大学土木工程专业，环境工程专业	土木工程硕士 环境工程硕士	建筑物理学家　被动式建筑培训师、设计师	奥地利希波尔建筑物理研究有限公司
考夫曼	—	博士	—	德国达姆施塔特被动式建筑研究所
王　龙	2012 年同济大学	硕士	工程师	中国建筑科学研究院上海分院
孙屹林	2009 年东南大学	本科	工程师	中国建筑科学研究院上海分院
邵　怡	2004 年上海理工大学	本科	高级工程师	中国建筑科学研究院上海分院
高海军	1990 年沈阳建筑工程学院 1993 年天津大学 2002 年华东政法学院 2003 年美国西南大学	硕士	高级工程师　注册公用设备工程师（暖通空调）	建学建筑与工程设计所有限公司
郭　鸣	2005 年同济大学	本科	工程师　一级注册建筑师	建学建筑与工程设计所有限公司
郭占庚	1992 年德国斯图加特大学	博士	—	森德（中国）暖通设备有限公司
盛学文	1985 年清华大学土木系工民建专业	大学	高级工程师　被动式建筑设计师	建学建筑与工程设计所有限公司
朱晓丽	1992 年东南大学 土木系	硕士	高级工程师　被动式建筑设计师 一级注册结构工程师	建学建筑与工程设计所有限公司
张　洁	2005 年西安建筑科技大学	硕士	建筑师　被动式建筑设计师 一级注册建筑师	建学建筑与工程设计所有限公司
谭佩斯	1979 年北京外语学院	大学	—	奥地利欧中环境发展促进协会
王　灵	2004 年同济大学 土木系	硕士	高级工程师　一级注册结构工程师	建学建筑与工程设计所有限公司
董小海	2007 年维也纳技术大学数学系	大学	工程师　被动式建筑咨询师 特种德语翻译	奥地利欧中环境发展促进协会
陈　露	2013 年内蒙古工业大学	大学	建筑师	建学建筑与工程设计所有限公司

后 记

张钦楠先生是我国推行节能建筑的先驱，在亚当森教授和弗斯特教授首次提出被动房概念时，我们已有机会把中国的建筑节能做得更好，但不幸由于某些客观原因中断了我们与他们的合作，同时，从主观上说“大跃进”式的建设不仅忽视了建筑节能，甚至把“经济、适用、在可能的条件下讲求美观”的建筑指导方针抛到九霄云外。20 多年来作为国家支柱产业之一的建筑行业确实为国家的经济发展做出了不小的贡献，但是它们在耗能、CO_2 排放、污染环境、浪费及制造雾霾方面的“贡献”也是首屈一指的。

张钦楠先生在本书“序”中提醒我们在实施“建 + 学”的过程中，不要忘记中国的一句古话—“机不可失，时不再来”。

在能源浪费的同时，伴生了 CO_2 的大量排放和雾霾的肆虐，仅靠行政手段采取停产、减产和车辆限行限号，只是应急措施。2016 年《联合国气候变化框架公约》已正式生效，习近平主席在巴黎大会上发言提到——“中国是遭受气候变化不利影响最为严重的国家之一，应对气候变化不仅是中国实现可持续发展的内在要求，也是深度参与全球治理，打造人类命运共同体，推动全人类共同发展的责任担当”。作为建筑行业的专业人员，我们的责任担当首先是推动和发展低能耗和超低能耗等绿色节能建筑。

2016 年从中央到地方各级政府都在提倡和支持被动式超低能耗建筑的试点工作，这对我们来说是个大好时机，被动式建筑并没有什么高深的理论，但是它要求的是精细化：精细的能量平衡计算和精准的施工，在建造过程中要找回我国历史上的大工匠精神，也希望我们的建筑师把建筑设计从注重美观更多的转向对建筑物理的研究。本书是我们初探被动式建筑的总结，希望对同行有所借鉴，也希望指出不足之处。

冯康曾
2016.12